抗仔猪腹泻饲用抗生素替代品的研究与开发

KANG ZIZHU FUXIE SIYONG KANGSHENGSU TIDAIPIN DE YANJIU YU KAIFA

张恒慧／著

中国纺织出版社有限公司

图书在版编目（CIP）数据

抗仔猪腹泻饲用抗生素替代品的研究与开发 / 张恒慧著. -- 北京 : 中国纺织出版社有限公司, 2023. 11

ISBN 978-7-5229-1195-3

Ⅰ. ①抗… Ⅱ. ①张… Ⅲ. ①仔猪－腹泻－饲料－配制 Ⅳ. ①S858. 28②S828. 5

中国国家版本馆 CIP 数据核字（2023）第 213903 号

责任编辑：毕仕林　国　帅　　责任校对：王蕙莹　　责任印制：王艳丽

中国纺织出版社有限公司出版发行

地址：北京市朝阳区百子湾东里 A407 号楼　邮政编码：100124

销售电话：010—67004422　传真：010—87155801

http：//www.c-textilep.com

中国纺织出版社天猫旗舰店

官方微博 http：//weibo.com/2119887771

三河市宏盛印务有限公司印刷　各地新华书店经销

2023 年 11 月第 1 版第 1 次印刷

开本：710×1000　1/16　印张：16

字数：262 千字　定价：98.00 元

前　言

仔猪腹泻是当前集约化养猪条件下出现的高发病症，是导致初生仔猪死亡的主要病因之一。仔猪腹泻不仅对养猪业具有严重危害，同时也对整个猪肉消费群体甚至关联产业也有着深远的影响。此外，因腹泻造成的间接经济损失如人力资源的耗费、猪舍不能有效利用、其他疾病的再感染等也给养猪业造成巨大的经济损失。因此，寻找绿色、高效、经济、可行的仔猪腹泻防治途径，是当前畜牧兽医领域科研人员和养猪行业关注的重大问题。抗生素在饲料养殖中的应用使我国的畜禽产品从奢侈品发展成为日常消费品，其历史功绩不可否认。然而，随着饲用抗生素的大量使用甚至滥用，养殖行业出现的抗生素残留以及超级细菌等问题日益突出，已经严重影响了我国畜禽产品的质量安全和养殖行业的可持续、高质量发展。

随着我国禁止饲料中添加抗生素生长促进剂政策的落地实施，替代抗生素的产学研工作已经成为饲料禁抗后时代畜牧领域的重点工作方向和迫切需要解决的行业需求。抗生素禁用后造成的动物疾病防控压力亟须行业和市场上出现有效的抗生素替代品以维持畜禽养殖业的稳定和发展。因此，研发高效、绿色、安全的抗生素替代品已经迫不及待。本书内容包括仔猪腹泻概述、抗仔猪腹泻疫苗、特异性卵黄抗体、生物活性肽、植物源活性物质等。

本书的出版得到了太原工业学院、大连理工大学博士后流动站大连赛姆生物工程技术有限公司企业工作站的大力支持，受中国博士后科学基金（2023M730480）、山西省应用基础研究项目（201801D221279）、山西省高等学校科技创新项目（2020L0625）、太原工业学院青年学术带头人资助计划（2022XS03）的资助。在从事抗仔猪腹泻的十余年研究工作及本书的撰写过程中，国家“杰青”、大连理工大学徐永平教授一直都给予着无私的帮助，从科学问题到行业发展，徐老师的教导始终是笔者学术道路上的最大助力，李晓宇副教授、王丽丽副教授、尤建嵩博士在研究工作中也提供了大量的帮助，这也促成了本书的成稿，在此一并表示诚挚的谢意。

本书的编写参考、借鉴和引用了大量国内外教材、著作、学术论文、学位论文和研究报告等文献资料，限于篇幅，不能在文中一一列举，敬请作者见谅。在此，谨向所有参考文献的作者和单位致以最诚挚的感谢！由于作者学识水平所限，本书难免存在疏漏和不当之处，敬请各位同行和广大读者批评指正，以便再版时修订和完善。

著者

2023 年 9 月

目　录

第1章

绪论

1.1 仔猪腹泻概述

仔猪腹泻是当前集约化养猪条件下出现的高发病症，是导致初生仔猪死亡的主要病因之一。据报道，因腹泻导致的仔猪死亡占仔猪死亡总数的39.8%。在国内，每年仔猪腹泻的平均发病率为46.5%，死亡率为15.0%，由仔猪腹泻造成的直接经济损失高达10亿元。在国外养猪业发达的国家如美国，仔猪断奶前死亡率约为15.5%，荷兰为11.5%~14.2%，这种全球范围内的仔猪高死亡率主要源于仔猪腹泻。

仔猪腹泻不仅对养猪业具有严重危害，同时对整个猪肉消费群体甚至关联产业也有着深远的影响。一方面，对于养猪从业者来说，仔猪腹泻增加了仔猪的死亡，也影响仔猪的生长，给养殖户造成直接的经济损失；另一方面，“禁抗”前在养殖过程中使用抗菌类药物对患病仔猪进行治疗，不但要承担昂贵的药费，同时滥用抗生素会增加细菌的耐药性并产生大量的残留药物，使猪肉成为药物食品（drug-food），对猪肉消费者的健康产生不良影响，而且致病菌类型繁多且其抗原变化快，使用抗生素等药物的防治手段并不总是有效，仍然难以有效地解决养猪业中的腹泻问题（施启顺，1999）。此外，因腹泻造成的间接经济损失如人力资源的耗费、猪舍不能有效利用、其他疾病的再感染等也给养猪业造成巨大的经济损失。因此，寻找绿色、高效、经济、可行的仔猪腹泻防治途径，是当前畜牧兽医领域科研人员和养猪行业关注的重大问题。

1.1.1 常见仔猪腹泻的类型和病因

仔猪腹泻是一种典型的多因素性疾病。导致仔猪腹泻的因素种类繁多，归纳起来可以分为两大类：一类是非感染性腹泻，包括饲粮因素、应激、母猪异常和消化功能失调等；另一类是感染性腹泻，即病原微生物引起的腹泻，主要由细菌、病毒和寄生虫感染引起（Cas et al.，2004），其中产肠毒素大肠杆菌（ETEC）是最主要的致病菌（Do et al.，2005）。从断乳前腹泻仔猪中分离到 ETEC 的概率为 45.6%，其频度比猪球虫（23%）和轮状病毒（20.9%）感染的总和还多（李玉华，2006）。Alexander（Alexander，1994）等发现，全球范围内由 ETEC 引起仔猪断奶前腹泻而造成的仔猪平均死亡率的约 11%，在丹麦为 25%（Ahrens et al.，1994），给养猪业带来了巨大的经济损失。仔猪大肠杆菌病在临床上主要包括新生仔猪黄痢（yellow scour of newborn piglets）、仔猪白痢（white scour of newborn piglets）、断奶仔猪腹泻（post-weaning diarrhea of piglets，PWD）和断奶仔猪水肿病（porcine edema disease，ED）等。

仔猪黄痢，又称为早发性大肠杆菌病，为新生仔猪的一种急性、高度致死性疾病。发病时间一般在出生后几小时至 7 日，1~3 日龄更为多见。主要特征是突然发病、排黄色水样粪便、内含凝乳小块、肛门阴户红肿、迅速脱水和电解质失衡。本病发病率占仔猪的 2%，死亡率高达 70%~90%。母猪第一胎所产仔猪的发病率与死亡率较高，但在有感染史或已经经过免疫的猪群中的发病率则低得多（Welin et al.，1990；Jin et al.，2000）。

仔猪白痢，又称为迟发性大肠杆菌病，多见于 8~28 日龄仔猪，以 2~3 周龄猪常发。生后 2~4 周龄仔猪免疫能力弱，而这一时期初乳中的抗体减少，病原性大肠杆菌在肠道中大量增殖，因此容易发病。病猪的体温正常、食欲下降、消瘦、被毛粗糙、发育迟缓，粪便为乳白色或灰白色糊状稀粪并带有腥臭味。剖解病变以胃肠卡他性炎症为主，胃内常积有多量凝乳块，病程较长，即使康复后也有可能成为僵猪。本病发病率因地区而异，发病率约 6%，其中约 30% 的哺乳仔猪出现发育迟缓，致死率在 10% 以内（陈甜甜，等，2008；李永明，1990）。

断奶仔猪腹泻，该病常发于断奶时或断奶后数日，与新生仔猪腹泻相比，该病病因复杂，发病率较低，并且会引起严重的发育迟缓。在农户或养猪场里，断奶仔猪腹泻的发病率都比较高，一般在 25%左右，高的可达 70%以上，死亡率达 15%~20%，给养猪造成重大的经济损失（陈良富，2007）。

断奶仔猪水肿病是溶血性大肠杆菌引起的肠毒血症，常发生于断奶 1~2 周内的仔猪。临床症状为眼结膜、咽部、胃大弯、肠系膜等部分组织水肿，食欲不振，精神沉郁，运动共济失调。本病发病率低但死亡率高，潜伏期较短，通常生长快、体大健壮的猪只易发，在哺乳期发生过黄白痢的仔猪或者正在发生严重腹泻的仔猪一般不发生该病（Melin et al.，2004；Berczi et al.，1968）。

1.1.2　产肠毒素大肠杆菌（ETEC）性仔猪腹泻

1885 年，德国细菌学家 Escherich 首次从婴儿粪便中分离出大肠杆菌（*E. coli*），当时人们普遍认为它是一种人和动物肠道中的常居菌，通常没有致病性。直到 20 世纪中期人们才发现有一些特殊血清型的大肠杆菌对人和动物有一定的致病性，尤其对婴儿和幼畜，经常引起严重的腹泻和败血症。据 1992 年统计，全世界每年由大肠杆菌引起的腹泻病达 30 亿多人次，我国年发病人数约 8 亿多人次。

另据何明清报道，1 月龄以内的仔猪黄痢发病率可达 76.8%，白痢可达 68.1%，其中产肠毒素大肠杆菌（Enterotoxigenic *Escherichia coil*，ETEC）是最主要的致病菌。玉红宁等在 1995~1999 年对四川等地规模化猪场的流行病学调查发现，由 ETEC 引起的仔猪黄、白痢的发病率达 20%~60%，混合感染死亡率可达 60%以上。在大力发展集约化养殖的今天，病原性大肠杆菌对畜牧业的影响已经越发受到广大畜牧工作者的关注。

1.1.2.1　ETEC 性仔猪腹泻发病症状

ETEC 性仔猪腹泻一年四季均有发生，但多发于冬季受凉和夏季无乳的仔猪，发病高峰期在 1~4 日龄和 3 周龄。发病时通常全窝感染，病猪表现为脱水，可视黏膜苍白，尾部有时坏死，排泄黄白色、水样、有气泡的恶臭粪便。初染病猪体温一般不会升高，精神尚好，有食欲，如不及时治疗，病情可逐渐加重，精神萎靡、拱背、怕冷，严重时粪便失禁，发病 3~5 天后死亡。

1.1.2.2　产肠毒素大肠杆菌的病原特点

大肠埃希氏菌（*Escherichia coli*）俗称大肠杆菌，属于肠杆菌科（Enterobacteriaceae）埃希氏菌属（*Escherichia*），菌体大小为（0.4~0.7）μm×（1.0~3.0）μm，大多周身有鞭毛，能运动，某些菌株有菌毛，无芽孢，兼性厌氧，在普通培养基上生长良好，菌落直径 2~3 mm。病原性大肠杆菌和动物肠内正常非致病性大肠杆菌在形态、染色反应、培养特性和生化反应方面并无区别，但其抗原构造却不尽相同。目前已知的大肠杆菌抗原主要有菌体（O）抗原、表面（K）抗原以及鞭毛（H）抗原。这些抗原中除了 O 抗原外，其他抗原不一定在同一菌株上全部表达，而且即使是同种抗原，由于化学组成及其结构等方面的差异，导致了在免疫学方面表现出不同的抗原特异性。根据病原性大肠杆菌的致病特点不同，将大肠杆菌分为：肠致病性大肠杆菌

(EPEC)、肠侵袭性大肠杆菌（EIEC)、肠出血性大肠杆菌（EHEC)、产肠毒素大肠杆菌（ETEC)、肠黏附性大肠杆菌（EAEC)、肠聚集性大肠杆菌(EAggEC)、产志贺样毒素且具侵袭力的大肠杆菌（ESIEC)、产 Vero 细胞毒素性大肠杆菌（VπC）等几类，其中 ETEC 是引起婴幼儿及幼畜急性腹泻的主要病原菌之一。

1.1.2.3 产肠毒素大肠杆菌的血清分型

早在 1885 年，德国著名的儿科医生、细菌学家 Theodore Escherich 便首次从粪便中分离到大肠杆菌，后来人们为了纪念这位伟大的医生，就以他的名字来命名这类细菌为 *Escherichia coli*。大肠杆菌依据其致病特性又可分为多个类别：产肠毒素大肠杆菌（Enterotoxigenic *Escherichia coli*，ETEC)、肠致病性大肠杆菌（Enteropathogenic *Escherichia coli*，EPEC)、肠侵袭性大肠杆菌(Entero invasive *Escherichia coli*，EIEC)、产 Vero 细胞毒素大肠杆菌（Verotoxigenic *Escherichia coli*，VTEC)、肠出血性大肠杆菌（Enterohaemorrhagic *Escherichia coli*，EHEC）和肠集聚性大肠杆菌（Ebteroaggregative *Escherichia coli*，EAggEC)（Nataro et al.，1998)，其中产肠毒素大肠杆菌（ETEC）是引起新生和断奶仔猪腹泻的主要致病菌（Nagy et al.，1999）。

大肠杆菌的抗原主要包括菌体抗原（O 抗原)、荚膜抗原（K 抗原)、鞭毛抗原（H 抗原）及菌毛抗原（F 抗原)。O 抗原是一种耐热抗原，属于多糖、磷脂和蛋白质的复合物，抗 O 抗原的血清与菌体抗原可出现凝集反应；K 抗原是菌体表面的一种热不稳定抗原，多存在于被膜或荚膜中，有抵抗细胞吞噬的能力；H 抗原是一类不耐热的鞭毛蛋白，加热至 80℃或经乙醇处理后即可破坏其抗原性；F 抗原多为黏附素抗原，存在于菌体表面特有的菌毛上，这些菌毛能黏附在宿主小肠上皮细胞表面，其相应的抗原被称作黏附素抗原或定居因子抗原（CFA)（房海，1997）。猪源大肠杆菌分离物中，40%为 ETEC，而 ETEC 中 80%是 F4，10%是 F 18 菌（Kwon et al.，2002；Moon et al.，1999）。

1961 年，Orskov 等首先从英格兰患肠炎和水肿病的病猪中分离得到产肠毒素大肠杆菌 K88 黏附素，是猪源 ETEC 的一种主要黏附素，也是研究得最多的一种黏附素，由于它是一种不耐热的抗原物质，所以命名为不耐热荚膜抗原 K88（ORSKOV et al.，1961）。后来确认其本质是蛋白质性黏附素，在 Orskov 等（Orskov et al.，1983）建立的分类和命名体系中已将其确定为 F4。除了 F4（K88）外，目前检测到猪源的 ETEC 还存在另外几种亚型如 F5（K99)、

F6（987P）、F41 和 F18 等（Nagy et al.，1999）。其中，ETEC F4 主要引发新生仔猪及早期断奶仔猪腹泻，而 ETEC F18 主要引发断奶后仔猪腹泻和水肿病（Moon et al.，1999）。

1.1.2.4　产肠毒素大肠杆菌的流行病学特征

大肠杆菌的血清型非常多，估计有 1 万余种，但致病性大肠杆菌血清型为数不多，全球流行的典型 ETEC 血清型约 40 余种，其中 O 抗原群常见的约 20 余种。ETEC 性腹泻的发生与病原菌、环境条件以及宿主的易感性等因素有关，只有宿主肠道中 ETEC 的生长打破肠道菌群平衡，产生一定剂量的肠毒素，才可能引起腹泻。在新生仔猪从出生到吸食母乳的过程中，如果遭遇产床不干净或者母猪的乳头和皮肤等携带 ETEC 时，极有可能受到感染。虽然母乳中的抗体对仔猪发挥了一定的被动免疫保护作用，但是天然免疫获得的特异性抗体水平较低、特异性较差，难以抵抗特异性强毒株的感染，最终导致腹泻的发生。

ETEC 性腹泻的发病场所主要集中在大规模、集约化养猪场，ETEC 致病的对象一般为 0～6 日龄新生仔猪和 3～6 周龄断奶仔猪，而且无明显的季节性，常多发于低温潮湿和寒冷的季节。从腹泻仔猪粪便中分离的 ETEC 黏附素类型一般为 F4（K88）、F5（K99）、F6（987P）和 F41 中的一种或几种，菌毛类型随地区的不同差异很大，其中，最常见的组含有 F5 和 F6、F4 和 F6、F5 和 F41。K 抗原的流行病学调查表明，国内以 K88ac、K99、987P 和 F41 为主，其中 K88ac 为 K88 变异体的流行形式。李毅曾经对我国江苏苏州地区的 20 份腹泻仔猪的粪便进行分离培养和血清学鉴定，结果显示分离到 $F4^+$ 菌株的便样有 20 份；陈祥等对 ETEC 在我国流行病学调查结果表明，国内部分地区 ETEC 抗原具有多样性和地域性，而且各地都具有其优势血清型。据报道，国外 ETEC 性腹泻以 F4、F5 的流行占主导地位，但是 F6 和 F41 黏附素的致腹泻的病例有日益增多的趋势。

1.1.2.5　产肠毒素大肠杆菌主要致病因子及其致病机理

产肠毒素大肠杆菌（Enterotoxigenic *Escherichia coli*，ETEC）是引起仔猪腹泻的最主要致病菌之一。ETEC 极易通过粪口途径传播，新生仔猪感染 ETEC 后容易传染给健康仔猪，从而引发流行性传播。ETEC 致病因子包括：黏附素（adhesion）、肠毒素（enterotoxin，Ent）、水肿病毒素（edema disease principle，EDP）、内毒素（endotoxin）、溶血素（haemolysin）及最近发现的 EatA 等几类。

导致仔猪腹泻的 ETEC 致病因子主要是菌毛黏附素（fimbriae）和肠毒素。猪源 ETEC 菌毛常见的类型有 F4、F5、F6、F18、F41 等；肠毒素包括耐热性肠毒素（heat-stable enterotoxin，ST）和不耐热性肠毒素（heat-labile enterotoxin，LT）两类。

（1）菌毛黏附素

ETEC 的菌毛根据血清学反应及受体性质的不同而分类，导致仔猪腹泻的 ETEC 菌毛主要有 F4、F5、F6、F18 和 F41 等类型。

1961 年，Orskov 等首先报道从病猪体内分离得到大肠杆菌黏附性抗原 F4，证实了腹泻猪的肠道菌株能够表达这种特定的抗原。F4 菌毛是人类研究最早并且研究较多的动物 ETEC 黏附性毒力因子，现已知有 F4ab、F4ac、F4ad 3 种血清型。编码 F4 菌毛的基因位于 40~100 kb 的大质粒上，并且同时编码肠毒素基因。F5 菌毛是 Smith 和 Linggoog 于 1972 年从腹泻犊牛和羔羊粪便中分离得到的；F6 菌毛由 Nagy 等于 1976 年首先报道；F41 菌毛是 1978 年 Morris 从牛源 B41 菌株提纯 F5 抗原时首次发现，由 De Graff 等于 1982 年首次确定为一种新型菌毛并命名。各种常见致病因子的理化性质如表 1-1 所示。

表 1-1　动物源性 ETEC 主要致病因子的理化性质

致病因子	分子量大小	等电点	主要定居部位	受体分子类型
F4	23.5~28 kDa	3.92	猪小肠前段	β-D-半乳糖
F5	18.0 kDa	9.75	牛、羊、猪小肠中后段	唾液酸、半乳糖
F6	20.0 kDa	3.70	猪小肠后段	糖蛋白
F41	29.5 kDa	4.60	猪、牛、羊小肠后段	血型糖蛋白 AM
STⅠ（STa）	2.0 kDa	4.30	小肠刷状缘上皮细胞	鸟苷酸环化酶
STⅡ（STb）	7.8 kDa		小肠刷状缘上皮细胞	
LT	28.0 kDa（LTA） 11.5 kDa（LTB）	6.90	小肠刷状缘上皮细胞	神经节苷脂 GM1

（2）肠毒素

ETEC 的耐热性肠毒素可耐受 100℃、30 min 的条件，可透析和分离，无免疫原性。根据其在甲醇中的溶解性和生化特性，ST 又分为 STⅠ（图 1-1）（溶于甲醇）和 STⅡ（不溶于甲醇）。STⅠ为含 18 个（STⅠa）或 19 个（STⅠb）氨基酸的小肽，分子量为 2 kDa 左右，等电点 4.3，耐酸碱（在 pH 2~

10 稳定)，耐多种有机溶剂和表面活性剂，抗多种蛋白酶水解，其中 STⅠa 是引起幼畜腹泻的重要致病因素之一，而 STⅠb 只在人源 ETEC 中检出。STⅡ前体是一个全长 71 个氨基酸的小肽，切除长为 23 个氨基酸的信号肽后，变成长为 48 个氨基酸的成熟分子；STⅡ不能激活鸟苷酸环化酶（GC）和腺苷酸环化酶（AC），组织特异性极强，在测定 ST 活性的乳鼠试验中不显示活性；STⅡ只作用于 9 周龄以下仔猪的肠黏膜细胞，可以损伤小肠绒毛和影响肠壁细胞对 Cl^- 的重吸收，但是作用机理尚未完全阐明。

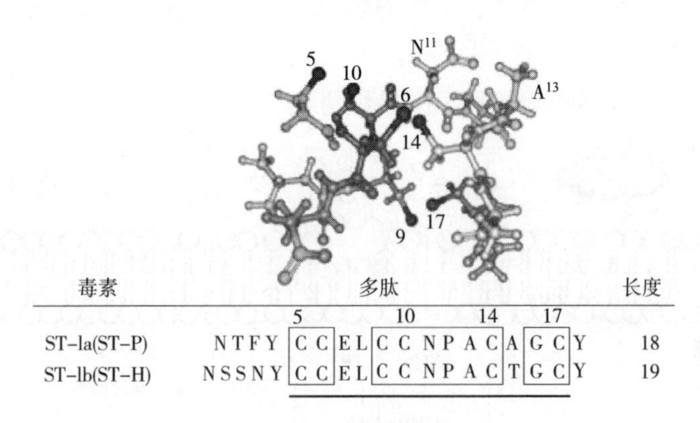

图 1-1　耐热性肠毒素 STⅠ多肽

[ST-P 发挥毒力活性部位（C^5 ~ C^{17}）的预测结构图，其中 ST-P 和 ST-H 结构的异同都在图中有所显示]

不耐热性肠毒素（图 1-2）在 65℃、30 min 或 100℃、20 min 条件下即被破坏，不能透析也不易分离，有免疫原性。其分子由一个约 28 kDa 的 A 亚基（LTA）和 5 个约 11.5 kDa 的 B 亚基（LTB）组成，LTA 的碳端以非共价键与 LTB 结合。LTA 具有生物学活性，LTB 能结合小肠上皮细胞表面的神经节苷脂受体，全 LT 分子及无毒性 LTB 均具有很好的免疫原性（图 1-2）。据编码基因的细微差别，将人源和猪源 ETEC 产生的 LT 分别命名

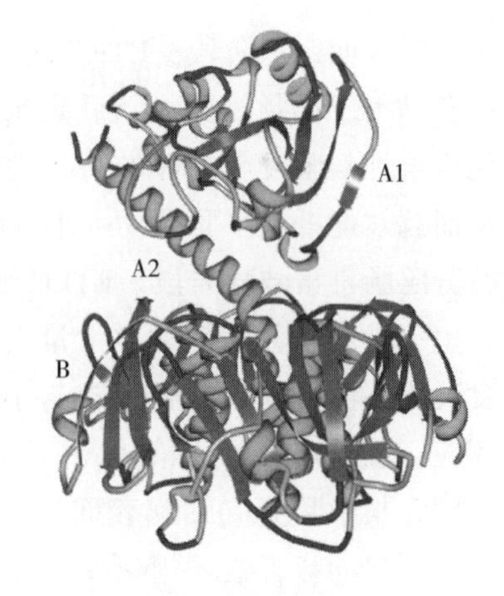

图 1-2　ETEC 不耐热性肠毒素的分子结构

（A1 部分为 A 亚基发挥毒性作用的活性部位，A2 部分则使 A 亚基能够锚定在 B 亚基上）

为 LTh 和 LTp。

(3) ETEC 的致病机理（图 1-3）

ETEC 引起仔猪腹泻的过程主要依赖黏附素和肠毒素，主要分为小肠表面定殖和肠毒素分泌两个阶段。ETEC 首先通过菌毛黏附素定殖在小肠黏膜表面并且大量繁殖，随后产生一种或多种肠毒素，引发级联反应，之后大量离子流失且小肠细胞分泌大量液体导致机体腹泻。

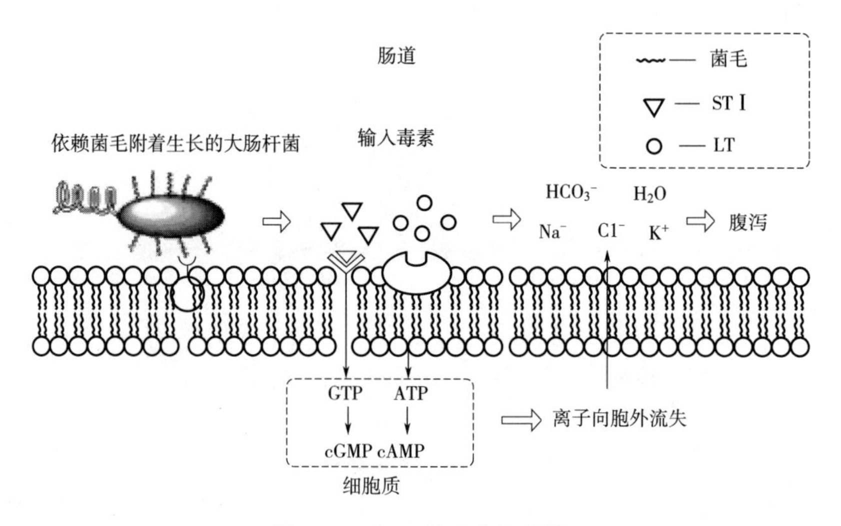

图 1-3　ETEC 的致病机理图

①小肠表面定殖阶段。ETEC 通过菌毛与小肠上皮细胞刷状缘上的特异性受体结合黏附于小肠表面，随后定殖在肠道中并大量繁殖，此过程是引起腹泻的先决条件。菌毛与受体的特异性结合保证了细菌能牢固地黏附在小肠表面，从而有效地抵抗小肠蠕动、小肠绒毛运动以及小肠分泌液冲刷清洗作用。

②分泌肠毒素致病阶段。ETEC 细菌一旦黏附于小肠表面，便开始大量繁殖，产生一种或多种肠毒素。大量繁殖的 ETEC 本身不会引起机体产生严重的不良反应，但是释放的肠毒素与小肠上皮细胞表面特异性受体结合，引发级联反应，刺激细胞分泌液体。ETEC 产生的两种肠毒素 LT 和 ST 进入肠道后，分别先与小肠上皮细胞表面受体神经节苷酯 GM1 和鸟苷酸环化酶 C 结合，再分别启动腺苷酸环化酶和鸟苷酸环化酶，继而使细胞中 cAMP 和 cGMP 水平上升。相应地，cAMP 水平上升使 cAMP 依赖性蛋白激酶被启动，造成上皮细胞氯离子通道的超常磷酸化及离子通道囊性纤维变性损伤，最终使上皮细胞氯离子分泌量增加以及 NaCl 吸收受抑制而引起分泌性腹泻。cGMP 水平

上升而引起肠液存留性腹泻已得到证实，但机理尚不清楚，推测其可能造成 Na^+通道磷酸化、Na^+吸收障碍而导致腹泻。

1.2　饲用抗生素防治仔猪腹泻的历史和现状

1.2.1　饲用抗生素在生猪养殖行业广泛使用的历史机缘及弊端

20 世纪 40 年代末，人们发现低剂量的抗生素对动物的生长有促进作用（Stokstad et al.，1949）。1950 年，美国食品与药物管理局（FDA）首次批准抗生素作为饲料添加剂，随后世界各国相继进行了抗生素的饲喂试验，并将其用于畜牧生产。因养殖场卫生条件不佳造成动物的生长不良，常常通过添加抗生素来补偿，这也是过去 70 年间畜禽集约化养殖的保障，在密集型养殖环境中长时间饲喂亚抗菌浓度的抗生素似乎已经成为一种普遍现象。虽然这些抗生素的促生长作用的机理尚不明确，但其在预防肠道疾病（如因断奶导致的腹泻）方面可能起到重要的作用（Nargeskhani et al.，2010）。据报道（Richard，2002），全球每年生产的抗生素中绝大部分进入了农业、水产业和畜牧业里。

在我国，抗生素作为促生长剂广泛用于仔猪生长中。这是一种廉价、有效的方式，能够最大限度地提高生产效率。抗生素在饲料养殖中的应用使我国的畜禽产品从奢侈品发展成为日常消费品，其历史功绩不可否认。然而，研究发现，抗生素可对宿主产生不利的影响，如：条件性致病菌（*Shigella*、*Escherichia coli* 和 *Samonella*）增加、菌群紊乱、肠道炎症发生、脂质代谢失衡。亚剂量抗生素提高生产性能可能通过不同的机制，如减少病原微生物的数量、亚临床疾病以及免疫激活所需的能量消耗；减少有害代谢产物氨氮和胆汁降解产物；降低微生物对营养物质的利用；降低小肠肠壁厚度，增加营养物质的吸收和利用。大多数研究表明抗生素的主要作用是影响肠道微生物以及其代谢功能。肠道共生菌能可以影响宿主代谢、能量平衡、肠道免疫，暗示抗生素所引起微生物的变化与宿主健康密切相关。然而，抗生素如何影响肠道微生物组成仍不清楚，往往取决于抗生素的特异性。研究发现，泰乐菌素降低拟杆菌门的丰度；饲喂卡巴多增加 *Prevotella*、*Roseburia* 等的相对丰度；Schokker 等研究发现抗生素增加微生物的多样性，并且下调与细胞间通讯相关的免疫。

1.2.2 抗生素滥用引发更加严峻的耐药基因、耐药菌问题

近年来，抗生素（含合成抗菌药）在治疗细菌感染的过程中疗效逐渐降低，并且随着诸如携带 *mcr*-1 和 *blaND*-*M*-1 等耐药基因（antibiotic resistance genes，ARGs）的耐药细菌（antibiotic resistance bacteria，ARB）的出现，人们正面临着步入后抗生素时代的风险（Bergeron et al.，2015；CDC，2013；Tasho et al.，2016；Threedeach et al.，2012）。饲用抗生素的大量使用让人们不得不担忧耐药基因是否会通过水平基因转移（horizontal gene transfer，HGT）的方式，从动物转移到人类身上（Levy et al.，1976）。很多年前，已经有学者通过全基因组测序的方法证实了耐药基因从动物到人的传播（Harrison et al.，2013）。研究表明，在亚抗菌浓度的环境下有助于耐药菌株和耐药性的逐步选择（Laxmi et al.，2013），导致了耐甲氧西林的金黄色葡萄球菌（MRSA）、大肠杆菌 ST131 和克雷伯菌 ST258 在全球范围内迅速传播（Harris et al.，2010；Lopez et al.，2011；Novais et al.，2012）。不同物种间基因水平转移，畜禽场和医院中不良的卫生条件，以及全球旅行和贸易等原因加剧了 ARGs 和 ARB 的扩散。

1.2.3 滥用抗生素增加仔猪肠道环境中的耐药基因

曾经被普遍用于促进仔猪生长的低剂量抗生素，经过长期滥用后就会使细菌产生耐药性。Xiao 等（2016）通过对分别来自中国、法国和丹麦的共计 287 份猪肠道样品进行深度测序，获得了由 7685872 条无冗余基因序列组成的猪肠道参考基因组，其主要的 ARGs 有杆菌肽类、头孢菌素类、大环内酯类和四环素类。自 2006 年以来，欧盟就禁止将抗生素作为促生长剂使用，因此相比于丹麦和法国，我国猪肠道环境中的 ARGs 丰度更高。*mcr*-*l* 是一种由质粒介导的抗黏菌素的可移动耐药基因，并于 2015 年首次在中国的猪只体内分离到携带该耐药基因质粒的大肠杆菌（Liu et al.，2016）。在 Inc I2、IncH I2 和 IncX 4 质粒中均检测到 *mcr*-*l* 的存在。迄今为止，*mcr*-*l* 已被证明在全世界范围内的 5 个洲，包括 50 个国家内流行。随着对该耐药基因的不断研究，*mcr*-*2*～*mcr*-*8* 也逐步被人们发现（Borowiak et al.，2017；Carattoli et al.，2017；Zhang et al.，2018）。这都表明 HGT 会极大地促进此类耐药基因的传播，并带来极大的风险。

1.2.4 滥用抗生素促使土壤和水体环境中的耐药基因富集

大多数抗生素在生猪的肠道内都难以被吸收，约 90%通过尿液排出体外，其中又有 75%以原药形式排出（Sorensen，2000；Sarmah et al.，2006）。动物粪便中检测出的 ARGs 促进了环境中微生物耐药性的发展。在农业生产过程中，动物粪便通常以施肥的方式，以 ARB 为载体，将 ARGs 引入环境土壤中。土壤中存在着高度多样化和丰富的微生物组，这使得土壤成为最重要的但仍未被完全探索的耐药基因储存库。人为活动可以将 ARGs 和 ARB 转移到土壤中，伴随着选择压力的增加，天然 ARGs 的丰度也会随之提高。Tang 等（2015）通过液相色谱串联质谱法（liquid chromatography-tandem mass spectrometry，LC-MS）检测了经长期以猪粪施肥的土壤中四环素类和磺胺类药物的残留浓度，并使用实时定量 PCR（quantitative realtime polymerase chainreaction，RT-qPCR）的方法对四环素耐药基因和磺胺类耐药基因进行了定量。结果表明，施肥过后的表层土中有大量的四环素残留，*tet A*、*tet G*、*sull* 和 *sul 2* 是丰度最高的 ARGs，而在垂直分布上，四环素及其耐药基因的浓度随着土壤深度的增加而降低。从时间维度上说，动物粪便对土壤中 ARGs 的影响是长远的。有学者指出，用猪粪作为肥料施肥，土壤中 ARGs 持续增长的时间可能长达 16 个月（Hong et al.，2013）。抗生素滥用导致猪粪中存在的耐药基因风险同样会对人类饮用水的质量和安全构成威胁。在饮用水的处理过程中，虽然大部分经由粪便进入水体的细菌能通过消毒程序被有效地清除，但是仍有大量死亡的细菌或破损细菌中的遗传物质（Xi et al.，2009）。然而，利用氯化消毒作用对饮用水进行净化会导致 ARB，ARGs 和各种可移动元件（mobile genetic elements，MGEs）的富集。

1.2.5 饲用抗生素禁用大势所趋

据世界卫生组织的报道，在“抗生素禁用”以前，世界每年消耗的抗生素总量 90%用于食源动物，其中又有 90%是为了提高饲料转化率；我国每年生产抗生素约 21 万吨，其中有 10 万吨用于畜禽养殖业。如此大规模的饲用抗生素滥用，导致畜产品中的残留、耐药菌株的出现及过量排泄造成环境的污染等问题日益严峻。1973 年欧盟最早开始限制使用抗生素，1986 年瑞典率先颁布政策要求全面禁抗，成为第一个禁止使用抗生素的国家。1995 年，丹麦禁止阿伏霉素添加剂在饲料中添加，到 2000 年，抗生素在丹麦只限按处方药用于治疗动物疾病。2006年，欧盟全面禁止在食品动物上使用抗生素促生长饲料添加剂，黄霉素、效霉素、盐霉素和莫能霉素也停止使用。此后，美国也在2017年实现在饲料中全面禁用抗生素。中华人民共和国农业农村部于2019年7月发布第194号公告，要求在2020年底前退出除中药外所有促生长类药物饲料添加剂品种。这一公告宣示了我国饲料也进入了无抗时代，抗生素在全球范围内被取代已经成为必然。

1.3 饲用抗生素替代品研发的紧迫性和研究方向

随着我国禁止饲料中添加抗生素生长促进剂政策的落地实施，替代抗生素的产学研工作已经成为饲料禁抗后时代畜牧领域的重点工作方向和迫切需要解决的行业需求。2020年以前，我国平均每年有约10万吨抗生素用于畜禽养殖业，用来保障集约化、高密度养殖条件下动物的营养和健康。抗生素禁用后造成的动物疾病防控压力亟须行业和市场上出现有效的抗生素替代品来填补“10万吨抗生素”留下的真空，以维持畜禽养殖业的稳定和发展。因此，研发高效、绿色、安全的抗生素替代品已经迫不及待。

概括起来，抗生素作为饲料添加剂的目的，一是促进动物生长、提高饲料报酬率、改善饲养效率；二是抑菌抗病、提高动物成活率和整齐度。因此，饲用抗生素替代物也分为两种类型，即直接替代型产品（替代抗菌功能）和间接替代型产品（替代促生长功能）。目前，疫苗、特异性卵黄抗体、生物活性肽、植物源活性物质、微生态制剂、酶制剂、噬菌体是业内专家学者较为认可的饲用抗生素替代品。

第2章 抗仔猪腹泻疫苗

2.1 抗仔猪腹泻 ETEC 疫苗研究进展

目前关于猪用 ETEC 疫苗的研究，国内外已有许多报道，出现了多种预防仔猪腹泻的实验性或者商品化疫苗。大体上可以分为：灭活或减毒全菌的单价或多价疫苗、菌毛蛋白单价或多价疫苗、类毒素疫苗、经过基因改造后能表达一种或多种菌毛及肠毒素的基因工程疫苗，以及近些年新兴的口服活化疫苗、益生菌疫苗、转基因植物疫苗、微囊化口服疫苗和滴鼻疫苗等非注射性黏膜免疫疫苗。ETEC 疫苗的研究取得了一系列的进展，疫苗的质量和安全也不断得到了提升，并且疫苗保护的效果更加明显。

2.1.1 全菌疫苗

全菌苗是指细菌经过培养后，未经过菌毛或者肠毒素提取过程，直接将全菌灭活或者采用弱毒菌株制作的疫苗。目前国内大多数商品疫苗都是采取这种办法制得，一方面由于这种疫苗简便易得、经济实用，另一方面由于从特定猪场分离菌株制备的全菌苗针对性强、效果显著。由中国兽医药品监察所研制的仔猪大肠埃希氏菌病三价灭活苗是国内各大兽医站主要提供的商品化疫苗。2000 年，王多福等人研究了甘肃张掖地区多个优势致病菌株，以此研制的多价灭活苗用于临床试验，与 F4-LTB 基因工程苗的效果相比，仔猪发病率和死亡率分别降低了 5.62%和 3.31%。2009 年，陈希文等人以四川绵阳地区分离的仔猪致泻性大肠杆菌做菌种，分别制备了油乳剂灭活苗、蜂胶灭活苗和铝胶灭活苗，以小鼠为动物模型考察了 3 种疫苗的免疫效果。试验结果表明 3 种疫苗都具有免疫保护作用，其中蜂胶苗效果最好，油苗其次，铝胶苗最差。

2.1.2 菌毛疫苗

菌毛在天然菌株中的表达量很低，很难达到免疫需求的浓度，因此制备全菌苗时需要浓缩菌体，但是这也同时提高了内毒素浓度，增加了疫苗的使用风险，而纯化的菌毛疫苗可以克服上述的缺陷，通过不同的方法提取菌毛蛋白，经过纯化后可以制备成亚单位疫苗。2006 年，李鹏等人采用冰浴磁力搅拌法提取 F4、F5、F6、F41 4 种菌毛，并制成多价菌毛混合油乳剂苗，小鼠免疫实验显示平均保护率高达 95%。2006 年，李晓宇等人采用 ETEC F4 标准菌株，分别制备了不同浓度的菌毛以及全菌疫苗，对比研究了两种疫苗对蛋鸡的免疫效果，试验结果表明菌毛蛋白疫苗的免疫效果优于全菌疫苗，而且菌毛纯度越高，免疫原性越强，其中纯化菌毛疫苗免疫获得的抗体效价高达 1∶480000。此类疫苗生产工艺较复杂，成本也较高，而且菌毛类型的多样性使这类疫苗的使用受到了一定限制。

2.1.3 肠毒素疫苗

不同于 ETEC 菌毛类型的多样性，大肠杆菌肠毒素的类型只有 ST 和 LT 两类，将二者制成二联苗可以抵抗各种类型 ETEC 的感染。LTA 亚基具有毒性，LTB 无毒而且具有较强免疫原性，ST 分子量较小需要与载体蛋白结合后才表现出免疫原性。由于 CTB 与 LTB 高度同源，可部分预防由 LT 引起的腹泻，是 ETEC 疫苗中最常用的佐剂。LTA 的毒性以及 ST 的半抗原性，使得早期的类毒素疫苗以天然 LT 或 LTB 为主，抑或采取化学偶联法为 ST 偶联上载体蛋白后作为抗原。

1982 年，Klipstein 等人采用化学偶联法将 ST Ⅰ 与 LTB 融合。免疫小鼠结果显示 ST 与 LT 融合后呈现出了一种新型独特的免疫原性，ST 增强了免疫原性且 LT 保留了大部分免疫原性，同时每部分的毒性都大大降低。1987 年，Frantz 等人将 ST Ⅰ 多肽融合到载体蛋白上，给猪和牛免疫后的血清抗体最高效价可持续几周，获得了一定的保护率，但是效果不如全菌疫苗。这种方法在类毒素疫苗的前期研究中大量使用，ST Ⅰ 与各种载体蛋白融合后较好地显示了 ST Ⅰ 的免疫原性，为阐明肠毒素各部分的免疫原性起到了积极的意义。但是这种方法需要人工合成多肽并且与大分子蛋白进行化学偶联，价格昂贵，操作困难，且 ST Ⅰ 毒性未全部消失，不易于大范围推广使用。随着基因工程技术的成熟，采用分子生物学手段进行基因融合，这一难题迎刃而解。

2.1.4　基因工程疫苗

利用基因重组技术，将菌毛或者肠毒素基因进行重组表达，构建新的肠毒素或者菌毛融合蛋白，既保留了各个抗原的免疫原性又可以大量表达，制备的疫苗更加安全、经济、有效，适合大规模商业化应用。

2.1.4.1　菌毛基因工程疫苗

据报道，国外学者已成功研制了 F4、F5、F6、F41 四价基因工程疫苗；国内学者也构建了 F4-F5-F6 三价工程菌和 F4-F5 工程菌，制备的基因疫苗也取得了良好的临床免疫效果。

早在 1985 年，张景六等人将携带 F4 菌毛基因的重组质粒 pTK90 与携带 F5 菌毛基因的重组质粒 pTK56-1 通过酶切、连接，构建了一个新的重组质粒并转化大肠杆菌 C600 菌株，从中筛选出转化成功的菌株。经测定，该菌株能够表达 F4 和 F5 两种菌毛。

1991 年，刘兴汉等人将 F5 重组质粒转化 $F41^+$野生菌株中制备成 F5-F41 双菌毛基因工程疫苗，随后他们又将带有 F5-F41 菌毛基因的重组质粒和带有 F4 菌毛的重组质粒转化同一受体菌获得含双质粒且表达 F4、F5、F41 3 种菌毛的基因工程疫苗，小鼠免疫试验结果表明该疫苗对 F4、F5、F41 3 种强毒株的攻击有明显的保护作用。

1992 年，由于检验菌毛疫苗免疫效果的需要，陈章水等人首次构建了既能表达 F4、F5 两种纤毛抗原又能同时产生 ST、LT 两种肠毒素的强毒力的菌株，血凝效价在 $2^5 \sim 2^6$，达到甚至超过野生菌株水平，填补了该领域的空白。

2.1.4.2　肠毒素基因工程疫苗

基因工程技术为肠毒素疫苗的研究带来了的新的思路和进展，相对于早期化学偶联法制备肠毒素疫苗的方法，此法更加简便、经济，为肠毒素疫苗的研究提供了一条可行的途径。

1990 年，Clements 等人将大肠杆菌 *ST Ⅰ* 基因的 5′端与 *LTB* 基因的 3′端进行融合，研究中还发现在两个基因片段中间添加一个编码含脯氨酸的七肽序列的基因片段可以最大程度地获得 ST Ⅰ 的免疫原性，研究结果表明获得的 LTB-ST Ⅰ 重组蛋白不但没有生物毒性，还同时具有 LT 和 ST Ⅰ 的免疫原性，以此制备的疫苗在小鼠免疫试验中显示了良好的免疫效果。1993 年，张兆山等人采用与 Clements 类似的方法构建了 3 个 *LTB-linker-ST Ⅰ* 融合基因，ELISA 结果表明这些融合基因可以同时表达 ST Ⅰ 和 LTB，当两个基因片段之间 linker 大小为 21 bp 时，ST Ⅰ的表达水平最高，而且 Western-blotting 结果显示了 LTB- ST Ⅰ融合蛋白的存在，但是其表达产物依然具有生物毒性。

1998 年，许崇波等人将已构建的 *ST Ⅰ-LTB* 融合基因（将 ST Ⅰ毒素活性部位的第 4 个 Cys 突变为 Ser）置于 T7 启动子下进行高效表达，结果得到了既能高效表达 ST Ⅰ，又能高效表达 LTB 的 ST Ⅰ-LTB 融合蛋白，该重组蛋白表达量占菌体总蛋白的 33%且无 ST Ⅰ生物毒性。2007 年，倪艳秀等人用分子生物学方法拼接成 ETEC *mST Ⅰ*-linker-*LTB* 融合基因（*mST Ⅰ*代表突变的 *ST Ⅰ*基因），并定向克隆到 pET-32a（+）中，转化宿主菌 *E. coli* BL21（DE3），表达的重组蛋白中 ST 结构部分半胱氨酸发生突变，显著降低了其毒性。小鼠免疫试验证明了该融合蛋白具有良好的免疫原性。

2010 年，Zhang 等人将猪源 *LT* 基因突变（LT 第 192 位氨基酸由 R 突变为 G）pLT_{192}，同时将猪源 *ST Ⅰ*基因分别突变成 3 个等长的类毒素 $pST Ⅰ_{11}$（ST Ⅰ第 11 位氨基酸由 N 突变为 K）、$pST Ⅰ_{12}$（ST Ⅰ第 12 位氨基酸由 P 突变为 F）、$pST Ⅰ_{13}$（ST Ⅰ第 13 位氨基酸由 A 突变为 Q），ST Ⅰ的毒性也随之消失。随后将突变的 *ST Ⅰ*基因分别与 pLT_{192}基因融合，利用 pLT_{192}作为载体佐剂制备融合抗原。免免疫试验显示以 pLT_{192}：$pST Ⅰ_{12}$或者 pLT_{192}：$pST Ⅰ_{13}$融合蛋白作为抗原免疫后可以获得抗 LT 以及抗 ST Ⅰ的高效价抗体。妊娠母猪免疫试验结果表明 pLT_{192}：$pST Ⅰ_{13}$融合蛋白抗原免疫母猪后，所产哺乳期仔猪能够抵抗 $ST Ⅰ^{+}$ ETEC 菌株的攻毒，获得免疫保护。

2.1.4.3 菌毛—肠毒素基因工程苗

在分别研究菌毛和肠毒素基因工程疫苗的同时，有科学家也尝试将这两种致病因子的基因融合重组，期待可以获得同时表达肠毒素以及菌毛抗原的疫苗，使导致腹泻的各个过程都获得保护，为研发不受地域限制的广适性疫苗提供了一种新的思路。

1987 年，李丰生等将含 *F4ac* 菌毛基因的 pMM031 质粒，经内切酶 BamH Ⅰ酶切获得 *F4ac* 基因片段，再与内切酶 BamH Ⅰ处理过的含肠毒素 *LTB* 抗原基因的质粒 Ppmc4 连接重组，构建了同时含有这两种抗原基因的质粒，转化到宿主菌大肠杆菌 C600 中。ELISA 和反向间接血凝等试验结果表明 F4ac 抗原产生量未受影响，被动溶血试验结果表明 LTB 产量也基本不变，而且未检测到生物毒性，但未进行免疫原性的研究。

1992 年，韩文瑜等人也将 *F4ac* 和 *LTB* 基因片段融合，构建了含两种抗原基因的重组质粒。不同于李丰生等人研究的是，他们将重组质粒转化猪霍乱沙门氏菌弱毒菌苗株中，转化的细菌不仅保持了猪霍乱沙门氏菌的免疫原性，还能够稳定表达 F4ac 和 LTB 两种抗原。该研究也为使用猪霍乱沙门氏菌弱毒株作为基因转化受体菌进行了有益的尝试。

1996 年，冯书章等人从 pSLM004 工程菌株中亚克隆了 *ST Ⅰ* 基因后，重组到能有效表达 F5 菌毛的 pGK99 质粒上，转化宿主菌后成功构建了能够表达 F5- ST Ⅰ 融合蛋白的工程菌株 pSK_{219}，接种乳鼠血清抗体免疫中和试验结果显示 pSK_{219}抗原免疫鼠血清可以中和一个鼠单位的 ST Ⅰ 毒素活性，鼠肠管与剩余尸重的（*G/C*）比率为 0. 079，表明该基因工程疫苗具有较好的免疫保护作用。

2002 年，许崇波和卫广森从大肠杆菌 C83902 质粒中分别扩增出 *F4ac* 基因、*ST Ⅰ* 突变基因、*LTB* 基因，经过酶切、连接、转化 *E. coli* BL21（DE3）宿主菌，构建了含 *F4ac-ST Ⅰ-LTB* 融合基因表达载体的重组菌株。小鼠免疫试验结果表明，F4ac-ST Ⅰ-LTB 融合蛋白能够很好的刺激抗体产生，乳鼠灌胃试验结果表明该融合蛋白已丧失天然毒性。

2005 年，任雪艳等人将 *F4ac-ST Ⅱ* 融合基因的序列片段克隆到植物表达载体 pBin48 中，成功地构建了植物重组表达质粒 pBin48- F4- ST，并将其转化到农杆菌 EHA105 中，通过 PCR 鉴定得到阳性转化克隆。该研究为基因工程疫苗的研究提供了新思路，为预防仔猪腹泻的植物基因工程疫苗的研究奠定了基础。

2. 1. 5 新型非注射黏膜免疫疫苗

随着人们对疫苗研究的深入以及研究方法的创新，产肠毒素大肠杆菌疫苗的研究也在不断的发展和深化。从最初采用灭活的全菌苗，到菌毛、肠毒素亚单位疫苗、基因工程疫苗等，疫苗的研究发展相继克服了全菌苗抗原表达量低、毒素含量高的缺点，同时利用基因工程技术构建表达 LTB 和 CTB 等免疫佐剂的疫苗，很大程度提高了疫苗的安全性和免疫效果。

除了选择抗原和佐剂方面的研究，近几年疫苗的免疫途径和方式成为 ETEC 疫苗研究的焦点，其中除了传统的皮下、肌肉注射等免疫方式，一些新型的口服、滴鼻疫苗相继问世。由于黏膜免疫可以诱导全身免疫应答且免疫操作优于注射疫苗，因此非注射型黏膜免疫疫苗逐渐成为 ETEC 疫苗研究的新方向，包括口服疫苗、益生乳酸菌（如乳杆菌、双歧杆菌等）载体疫苗、转基因植物疫苗、微囊化口服疫苗以及滴鼻疫苗等。

2.1.5.1 口服疫苗

口服疫苗可直接作用于肠相关淋巴组织（gut-associated lymphoid tissue，GALT），其免疫操作简单易行且很少发生急性炎症和过敏反应，因此相对于传统的注射免疫方式，更具有应用的潜力。

2010年，张伟构建了表达绿色荧光蛋白（GFP）的重组菌猪源Nissle 1917-GFP和表达F18ab亚单位FedF的重组菌Nissle 1917-FedF，考察了大肠杆菌Nissle 1917作为口服活化疫苗载体的安全性和免疫效果。经多次口服免疫ICR小鼠，紫外灯下观测到Nissle 1917-FedF比Nissle 1917-GFP在小鼠肠道内的存留时间长24 h；ELISA方法检测到了Nissle 1917-FedF组产生了抗FedF的IgG抗体，而Nissle 1917和Nissle 1917-GFP组均未检测到。

2012年，董立伟等人采用F18ac$^+$非ETEC疫苗候选株2134对断奶仔猪进行口服免疫，7天后使用F4ac$^+$ETEC株对仔猪进行攻毒实验。临床观测结果显示，全部15头实验仔猪均没有出现大肠杆菌肠毒血症的临床症状，除两头自然感染外其余均未发生腹泻。免疫组化以及组织形态学研究结果表明，所选用非ETEC疫苗候选株通过口服免疫可以高度激发断奶仔猪回肠及空肠固有层和派伊尔氏小结内细胞的增殖，其中包括CD3$^+$ T淋巴细胞、幼稚CD45RA$^+$及记忆性CD45RC$^+$淋巴样细胞、CD21$^+$ B淋巴细胞、IgA$^+$浆细胞及SWC3$^+$巨噬细胞。

2.1.5.2 益生乳酸菌疫苗

乳酸菌（lactic acid bacteria，LAB）是一类能在发酵过程中产生大量乳酸的细菌，代谢产物可以抑制病原微生物，是人和动物体内一类重要的有益微生物，主要定居在口腔、鼻腔、消化道、肠道和阴道黏膜中。乳酸菌制剂中最常用是乳杆菌和双歧杆菌。采用基因重组技术，将ETEC的菌毛或者肠毒素基因在乳酸菌中重组表达，获得既可以发挥免疫效果又能够直接抑制病原菌生长的多重功效疫苗。

2009年，Liu等将构建的重组质粒pLA-F41电转化入干酪乳杆菌，获得阳性重组菌。在MRS培养基中进行表达后，采用Western-bloting检测到目的蛋白的表达，间接免疫荧光及流式细胞术检测出重组蛋白展示到菌体表面。小鼠口服免疫结果显示，能够产生较高抗F41的IgG和sIgA抗体水平，口服主动免疫保护率在90%以上。

2010年，Wei等人将ETEC K99基因克隆到干酪乳酸杆菌*L. casei*细胞表面表达载体pLA上，构建了重组表达载体pLA-K99，并转化*L. casei*。在MRS

培养基中培养后，经 Western-bloting 检测目的蛋白的表达，间接免疫荧光分析及流式细胞术检测外源蛋白展示到菌体表面。将重组菌及空质粒对照菌株分别口服接种 SPF 级 BALB/c 小鼠，在血液样品中测得实验组小鼠产生的抗 K99 特异性 IgG 效价明显高于对照组；在肺部、肠道、阴道冲洗液及粪便样品测得的实验组小鼠产生的抗 K99 特异性 sIgA 效价高于对照组，差异极显著；对小鼠进行攻毒保护性试验，免疫组保护率在 83%以上。

2012 年，Ma 等人成功构建了双歧杆菌—大肠杆菌穿梭表达载体 pBES-LTB 和 pBES-CFA/Ⅰ，并转化双歧杆菌，获得了重组 LTB 和重组 CFA/Ⅰ蛋白在双歧杆菌中的表达。用该重组双歧杆菌口服免疫 SD 大鼠，ELISA 检测结果显示重组 LTB 和重组 CFA/Ⅰ混合免疫组比其他单独免疫组产生了更强烈的血清 IgG 和粪便 IgA 抗体水平，重组 LTB 和重组 CFA/Ⅰ单独免疫组也分别产生了较高水平的特异性抗体。SD 大鼠攻毒保护试验结果表明，重组 LTB 和重组 CFA/Ⅰ混合免疫组的 SD 大鼠保护性优于单独免疫组，保护率可达 100%，重组 CFA/Ⅰ免疫组达 83.3%，重组 LTB 免疫组保护效果很差，未免疫组无保护性。

2.1.5.3　转基因植物疫苗

转基因植物疫苗即利用分子生物学技术，将病原微生物的抗原编码基因导入植物，并在植物中表达出活性蛋白，人或动物食用含有该种抗原的转基因植物，会激发肠道免疫系统，从而产生对病原菌的免疫能力。转基因植物疫苗具有生产成本低、易保存、使用安全、具有更好的免疫原性等突出优点，应用前景广阔，已经成为当今生物技术研究的热点之一。

2006 年，Liang 等人构建了能够高效表达 ETEC F4ad 菌毛 FaeG 亚基的重组烟草叶，在液氮中磨碎，分离提纯可溶性的重组蛋白。小鼠经 4 次口服免疫后，分别在血清和粪便中检测到了抗 F4ad 菌毛的特异性 IgG 和 IgA。体外小肠绒毛—菌毛黏附试验显示出经植物源疫苗免疫产生的抗体能够抑制黏附素与猪小肠受体结合，进一步证实了烟草叶表达的重组蛋白可以作为口服疫苗安全有效使用。

2006 年，Karaman 等人从表达 LTB 的转基因玉米种子中纯化 LTB 蛋白，制备成疫苗，并且分别对幼龄和老龄小鼠进行免疫。研究结果表明，在为期 11 个月的检测观察中，各年龄段的小鼠都检测到了特异性 IgG 和 IgA。幼龄小鼠通过口服和注射疫苗后特异性 IgG 和 IgA 水平都有所提高，免疫反应产生的特异性 IgG 表达抑制具有年龄差异性，而特异性 IgA 则无差异；研究结果为针对不同年龄段个体口服疫苗的研制提供了重要参考依据。

2.1.5.4 微囊化口服疫苗

口服疫苗虽然有很大应用前景，但是疫苗经口服途径，容易被胃酸环境及许多的胃内酶降解，且应答持续时间短，需要多次接种，导致费用增加，效率降低等，极大地阻碍了口服疫苗的发展。

1994 年，Morris 等人最早提出了将疫苗微胶囊化的思路。由于将疫苗微囊化后，克服了上述口服疫苗的诸多弊端，显示出潜在的优势，如微胶囊对抗原有较好的保护作用，同时还具有缓释功效，口服微胶囊疫苗可减少接种次数，增强免疫应答，还可以诱导较强的黏膜免疫等。微胶囊技术作为一种新型的生产工艺已开始尝试运用于疫苗领域，有望得到更广泛的使用。

2012 年，Sarmento 等人探讨了影响疫苗传递系统效率的一些因素，总结了壳聚糖作为疫苗微囊化壁材的研究进展。抗原呈递细胞呈递抗原效率取决于抗原的大小、形状以及其他一些抗原的特性，而且当抗原结合了纳米技术的壳聚糖包被材料，可以加强刺激黏膜免疫系统并且保证抗原能够高效释放。Sarmento 还探讨了壳聚糖适合提高疫苗传递系统效率的分子结构特点，为壳聚糖作为微囊化疫苗壁材的研究提供了全面丰富的理论基础。

2012 年，杨柳等人采用空气悬浮微胶囊化方法制备了免疫与微生态双活性的免疫初乳与双歧杆菌复合微胶囊。疫苗性能研究结果表明：研制的微胶囊在人工胃液中 2 h 不崩解，而在人工肠液中 40 min 时崩解完全；人工胃液处理 2 h 后，细菌存活率达 87%，IgG 的活性仍可达到 2^8，表观回收率达 90.5%；在高胆汁盐溶液中处理 3 h 后，活菌数仍可以达到 67.7%，IgG 活性为 2^7，仅下降 1 个滴度；在室温下贮存 10 个月，双歧杆菌的存活率可达 31.7%，活菌数在 10^8 CFU/mL 以上；IgG 活性没有发生变化，仍为 2^8。

2.1.5.5 滴鼻疫苗

鼻黏膜免疫是一种极具应用前景的免疫方式，因为鼻腔内含有丰富的血管，故鼻腔接种既能产生黏膜免疫，又能产生系统免疫。由于大多数病原体感染发生在胃肠道、呼吸道及生殖道等的黏膜表面，且鼻黏膜为共同黏膜免疫系统的重要组成部分，鼻黏膜免疫在远距离鼻黏膜部位亦可产生免疫反应。目前大多数黏膜免疫鼻饲法，均获得了良好的免疫效果，不仅诱导了高效价的血清 IgG，也诱导了高效价的 sIgA。

2009 年，Liu 等人构建了能够表达 ETEC F41 菌毛基因的重组 *L. casei*，将重组菌和空质粒对照菌株分别以滴鼻和口服的方式对小鼠进行免疫，免疫结果显示，重组菌的两种免疫方式都检测到了高水平抗F41的IgG和sIgA，小鼠攻毒实验结果表明，口服免疫组保护率在90%以上，滴鼻免疫组保护率在85%以上，对照组则全部死亡。

2012年，姜柯安等人采用PCR技术分别扩增不含信号肽的*F4*和*LTB*基因，克隆至表达载体pQE30中，构建重组表达质粒pQE30- F4和pQE30-LTB，转化*E. coli* M15，诱导表达，分离纯化得到重组F4和LTB蛋白，分别用F4、F4联合LTB、生理盐水滴鼻免疫BALB/c小鼠，结果显示F4联合LTB组血清特异性IgG及鼻腔、小肠黏膜冲洗液中特异性SIgA水平均较F4单独免疫组和对照组显著增高（$P<0.01$）。

2.2　抗仔猪腹泻重组多价肠毒素及菌毛复合疫苗的研究

疫苗预防是防治仔猪腹泻最有效方法之一，但是传统ETEC疫苗的开发和应用还存在着很多缺陷和不足，其中疫苗使用的地区限制性、时效性、安全性问题首当其冲。本研究采用基因重组技术将编码两种ST分子（STa、STb）的基因与不耐热肠毒素B亚基（LTB）的基因进行融合制备重组三价肠毒素蛋白，不仅去除了肠毒素毒力，并且保留、增强了免疫原性，从而提高ETEC疫苗的保护率。同时，本研究将菌毛和肠毒素两个致病因子都作为疫苗抗原，涵盖导致腹泻肠毒素类型以及主要菌毛类型，对腹泻发病的各个环节都进行保护，保证了疫苗的广泛适用性和高效性。

2.2.1　重组肠毒素原核表达质粒的构建

2.2.1.1　三价肠毒素基因融合顺序及重叠延伸PCR引物的设计

要对三段成熟肠毒素基因*LTB*（347 bp）、*STa*（54 bp）、*STb*（177 bp）进行融合，其融合的顺序可能会对STa和STb的免疫原性产生影响，若将小分子ST置于三价蛋白的中间，其抗原决定簇被遮蔽的风险较大。因此，为了最大程度使STa和STb的抗原决定簇暴露在融合分子的表面，研究中将基因分子量最大的*LTB*置于中间，*STa*和*STb*连接在它的左右两端，构建顺序为*STa-LTB-STb*（*SLS*）的融合三价基因。

根据重叠延伸（splicing by overlap extension，SOE）PCR法的原理，在引

物对 *ins*F/*ins*R、*upa*F/*upa*R、*STa*-F1/*STa*-R 的 3′末端设计长度为 15 bp 的互补序列，从而在无须模板 DNA 的情况下可以直接用 PCR 扩增法合成信号肽基因 *ins*、*upa* 及肠毒素基因 *STa*。在 *LTB-R* 和 *STb-F* 的 5′末端设计长度为 15 bp 的互补序列，具体的引物序列见表 2-1，其用途见表 2-2。

表 2-1　扩增肠毒素及信号肽基因的 PCR 引物

引物	碱基序列（5′→3′）	长度/mer
*ins*F	AACGAATTCACCATGGCTCTCTGGATCCGATCACTGCCTCTTCTGGCTCTCCTTGT	56
*ins*R	GCAGTAGAATGTGTTTGCATAGCTGGTTCCAGGGCCAGAAAAGACAAGGAGAGCCAG	57
*upa*F	AACGAATTCACCATGAAGTTAATCATCTTTCTCACAGTAACTCTCTGCAC	50
*upa*R	GCAGTAGAATGTGTTAGAATCAAGTCCTGTGACAAGTGTGCAGAGAGTTACTG	53
STa-F	AACACATTCTACTGCTGCGAGCTGTGCTGCAATCCC	36
STa-F1	AGGGAATTCACCATGAACACATTCTACTGCTGCGAGCTGTGCTGCAAT	48
STa-R	TAGCAGGTGGGTAGCAGCCAGCGGCGGCGGGATTGCAGCACAGC	44
LTB-F	GCTACCCACCTGCTAGCCCAGCTCCCCAGACTATTACAG	39
LTB-R	TGGTGTGGTGCTGGCGCTGTTTTTCATACTGATTGCC	37
STb-F	GCCAGCACCACACCACCCTCTACACAATCAAATAAGAAAGAT	42
STb-R	CGCTCTAGATCCTCAGCATCCTTTTGCTGCAACCAT	36

表 2-2　各对引物对应的 PCR 反应模板及其产物

序号	引物		模板	PCR 产物	产物长度/bp
	上游	下游			
1	*ins*F	*ins*R	无	信号肽基因 *ins*	99
2	*upa*F	*upa*R	无	信号肽基因 *upa*	90
3	*STa*-F	*STa*-R	无	*STa*（用于与 *ins*、*upa* 融合）	64
4	*STa*-F1	*STa*-R	无	*STa*1［用于构建无信号肽的融合基因 *STa*1-*LTB*-*STb*（*SLS*）］	79
5	*LTB*-F	*LTB*-R	ETEC 菌株 F4ac	*LTB*	347
6	*STb*-F	*STb*-R	ETEC 菌株 F4ac	*STb*	177

2.2.1.2　信号肽基因 *ins*、*upa* 及肠毒素基因 *STa* 的 PCR 扩增

扩增信号肽基因 *ins*、*upa* 及肠毒素基因 *STa*、*STa1* 不需要加入模板 DNA，利用引物对的互补序列延伸出目的基因，PCR 反应条件为：95℃　5 min（热激活 Taq 酶），然后开始下列循环：94℃　30 s → 50℃　20 s → 72℃　40 s，共进行 5 个循环，最后附加延伸 72℃　5 min。

鸡胰岛素信号肽基因 *ins* 经不同循环数的 PCR 反应扩增后，从 PCR 产物的电泳结果图 2-1 可见，进行 10、20 和 30 个循环的反应产物均含有一条分子量较大的杂带，所以循环数达 10 个以上后，开始出现非特异性条带，最佳的 PCR 反应循环数在 5~10 个，随后的实验选定做 5 个 PCR 循环。采用较少的循环数，其优点是可以提高 PCR 产物的特异性，即减少干扰下步反应的杂带的出现，节省反应时间和 Taq 酶的用量，虽然其产量没有多循环反应（10 个以上）的产量高，但目的基因的扩增量已足够后续实验之需。

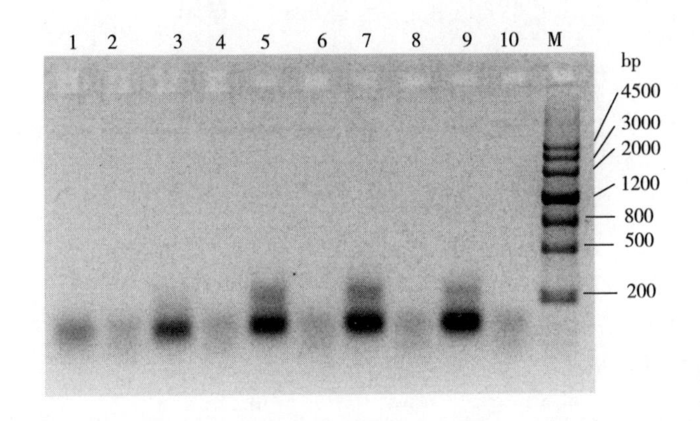

图 2-1　鸡胰岛素信号肽基因 *ins* 的扩增

（第 1、3、5、7、9 道：分别为使用了 1、5、10、20、30 个循环的 PCR 反应的产物。第 2，4，6，8，10 道：没加 DNA 聚合酶的阴性对照，同样分别使用了 1、5、10、20、30 个循环。M：分子量标准）

因信号肽基因 *ins*、*upa* 以及肠毒素基因 *STa*、*STa1* 的长度较短，均未超过 80 bp，所以设计 3′端互补的一对长引物，利用引物间互补形成引物二聚体的 PCR 反应来合成目的基因，因而在这种反应体系中不需要模板，使反应体系的组成变得简单，提高了扩增目的基因的成功率。

但在本研究中，4 个目的基因中最长的 *ins* 达 72 bp，合成 *ins* 的引物长度

要超过50 bp，较长的PCR引物又增加了扩增目的基因的难度，因为引物越长越容易在其内部形成发夹（hairpin）结构，或者在一对引物之间形成互补序列。本实验通过优化设计长引物对 *ins*F/*ins*R，以及 *upa*F/*upa*R，成功通过一对特异性引物扩增到目的基因。

根据上一步扩增信号肽 *ins* 基因确定的最佳PCR反应的循环数（5次）来扩增信号肽基因 *upa* 与肠毒素基因 *STa*、*STa1* 基因，PCR产物以7 μL/泳道的上样量进行琼脂糖凝胶电泳分离，结果见图2-2。从第1、3、5道可见，成功扩增到了目的基因 *upa*（90 bp）、*STa*（64 bp）和 *STa1*（79 bp）；阴性对照为反应体系中未加DNA聚合酶的PCR产物，它们在对应位置均未呈现目的条带。

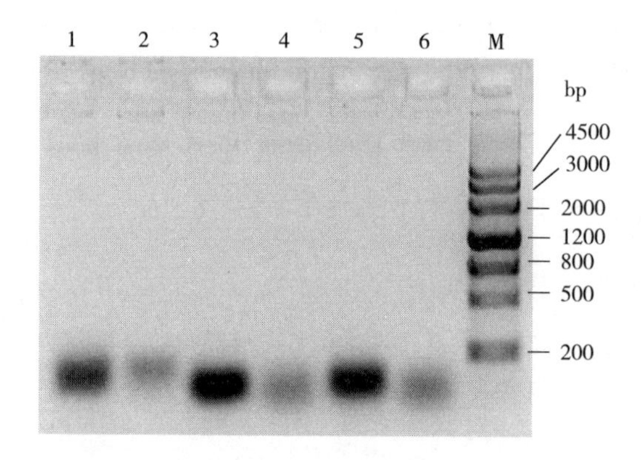

图2-2 PCR扩增 *upa*, *STa*, *STa1* 基因的结果

（第1、3、5道：分别为 *upa*、*STa*、*STa1* 的PCR扩增产物。第2、4、6道：分别 *upa*、*STa*、*STa1* 的未加DNA聚合酶的阴性对照。M：分子量标准）

2.2.1.3 肠毒素基因 *LTB* 和 *STb* 的PCR扩增

应用PCR反应以 *E. coli* F4ac 菌体裂解液为模板，分别使用引物对 *LTB-F*/*LTB-R* 和 *STb-F*/*STb-R*，扩增获得 *E. coli* 肠毒素 *LTB* 和 *STb* 的成熟基因（不含信号肽序列）。

PCR反应条件：95℃ 5 min（热激活Taq酶），然后开始下列循环：94℃ 30 s → 55℃ 30 s → 72℃ 1 min，共进行30个循环，最后附加延伸72℃ 5 min。

PCR产物以8 μL/泳道的上样量进行琼脂糖凝胶电泳分析，凝胶浓度为1%，含有0.5 μg/mL的荧光染料EB。电泳条件：恒压100~120 V，电泳时间

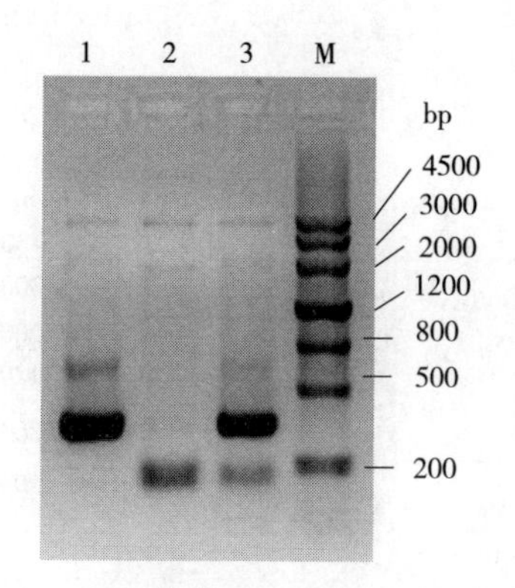

图 2-3　PCR 扩增 *LTB* 和 *STb* 基因的结果

（泳道 1：LTB。泳道 2：STb。泳道 3：LTB 和 STb 的等体积混合物。M：分子量标准）

为 20～40 min。最终在 300 nm 紫外线下观察核酸条带，用 Alpha Innotech Gel Doc System 凝胶成像系统拍摄凝胶照片。

肠毒素基因 *LTB* 和 *STb* 的 PCR 产物的琼脂糖凝胶电泳分析见图 2－3。利用特异性引物对 *LTB-F/LTB-R*，通过 PCR 反应从 ETEC F4ac 菌体裂解物中成功获得了 347 bp 的 LTB 成熟基因（泳道 1）；利用引物对 *STb－F/STb-R*，从 ETEC F4ac 菌体裂解物中成功获得了 177 bp 的 *STb* 成熟基因（泳道 1）。

2. 2. 1. 4　二价融合基因的 PCR 扩增

利用信号肽基因 *ins* 及 *upa* 的 3′端与肠毒素基因 STa 5′端的互补序列，通过 SOE PCR 反应使 *ins* 及 *upa* 与 *STa* 融合为一体，形成二价融合基因 *ins-STa* 及 *upa-STa*。同理可以获得二价融合基因 *LTB-STb*。

扩增 ins-STa 及 upa-STa 的 PCR 反应条件：95℃　5 min（热激活 Taq 酶），然后开始下列循环：94℃　30 s → 50℃　30 s → 72℃　40 s，共进行 30 个循环，最后附加延伸 72℃　2 min。

扩增 LTB-STb 的 PCR 反应条件：95℃　5 min（热激活 Taq 酶），然后开始下列循环：94℃　30 s → 55℃　40 s → 72℃　1 min，共进行 30 个循环，最后附加延伸 72℃　2 min。

由 PCR 产物的琼脂糖凝胶电泳结果可见，通过重叠延伸 PCR 法扩增，获得了目的基因即二价融合基因 *ins-STa*（148 bp）（图 2-4 泳道 1）、*upa-STa*（139 bp）（图 2-4 泳道 4）、*LTB-STb*（509 bp）（图 2-5 泳道 2），并且 PCR 反应的特异性较好，目的基因片段的产量较高。

2. 2. 1. 5　三价融合基因的 PCR 扩增

利用 *STa* 及 *STa1* 基因的 3′端与 LTB 基因 5′端的互补序列，通过 PCR 反应使 *STa* 及 *STa1* 与 *LTB* 融合为一体，形成三价融合基因 *ins-STa-LTB-STb*（*ins-SLS*）、*upa-STa-LTB-STb*（*upa-SLS*）和 *STa1-LTB-STb*（*SLS*）。

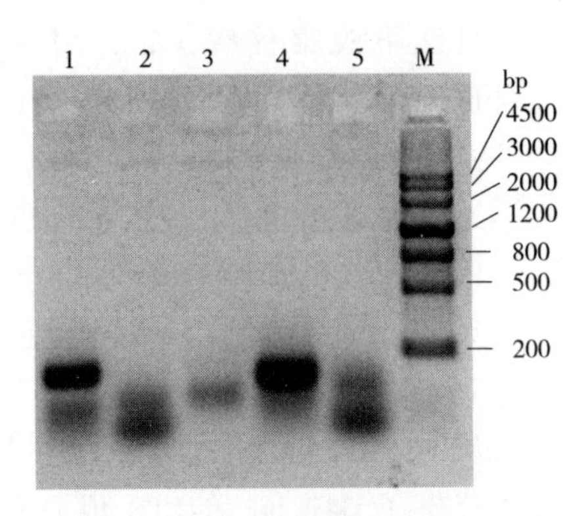

图 2-4　二价融合基因 ins-STa 与 upa-STa 的 PCR 扩增结果

（泳道 1：融合基因 *ins-STa*。泳道 2：阴性对照，两种 PCR 产物 ins 与 STa 的混合物。泳道 3：阴性对照，PCR 产物 ins。泳道 4：融合基因 *upa-STa*。泳道 5：阴性对照，两种 PCR 产物 upa 与 STa 的混合物。泳道 M：分子量标准）

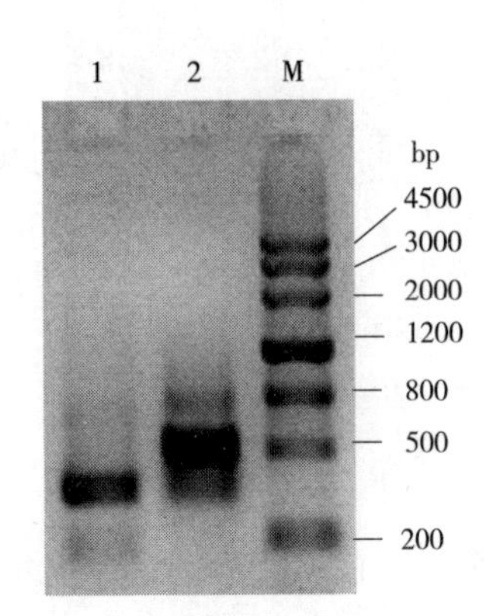

图 2-5　二价融合基因 LTB-STb 的 PCR 扩增结果

（泳道 1：阴性对照，两种 PCR 产物 LTB 与 STb 的混合物。泳道 2：扩增的融合基因 LTB-STb。泳道 M：分子量标准）

为了提高扩增三价融合基因的成功率，根据引物 *ins*F、*upa*F、*STa*-F1、*STb*-R 的序列，设计了较短的对应引物序列，其碱基序列及长度如表 2-3 所示。

表 2-3　几种引物的序列信息

引物	碱基序列（5′→3′）	长度/mer
*ins*F1	AACGAATTCACCATGGCTCTCTG	23
*upa*F1	ACCGAATTCACCATGAAGTTAATC	24
STa-F2	ACCGAATTCACCATGAACACATTC	24
STb-R1	ACCTCTAGATCCTCAGCATCC	21

扩增 *ins-SLS*、*upa-SLS* 及 *SLS* 的 PCR 反应条件：95℃　5 min（热激活 Taq 酶），然后开始下列循环：94℃　30 s → 50℃　30 s → 72℃　1 min，共进行 30 个循环，最后附加延伸 72℃　2 min。

图 2-6（a）表明通过 SOE PCR 反应的扩增，获得了三价融合基因 *ins-SLS*、*upa-SLS* 和 *SLS*，其理论长度分别为 642 bp、630 bp 和 573 bp，但是反

应的特异性不高，同时扩增到了非目的条带，尤其在扩增不带信号肽的 SLS（第 6 道）时，低分子量的非目的片段的产量较大，而 573 bp 目的片段 SLS 的产量反而很小。通过优化 PCR 反应条件，使用新鲜获得的 PCR 产物做模板，最终获得了特异性较高的目的基因，见图 2-6（b）的第 1、2、5 泳道。

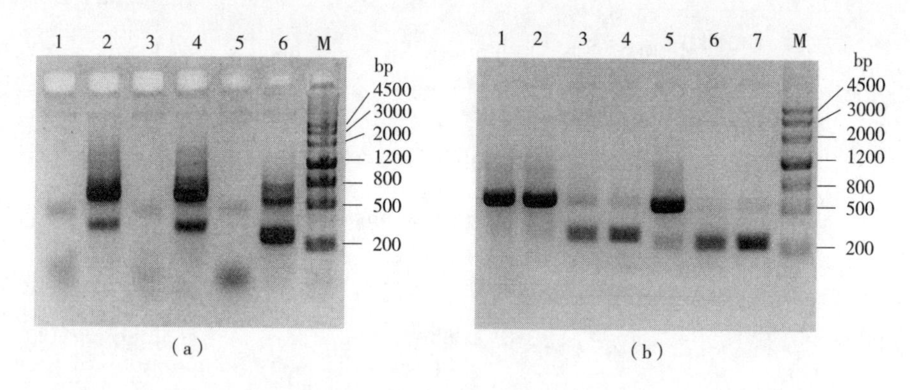

图 2-6　三价融合基因 *ins-STa-LTB-STb*（*ins-SLS*）、*upa-STa-LTB-STb*（*upa-SLS*）和 *STa1-LTB-STb*（*SLS*）的 PCR 扩增结果

（a）泳道 1、3、5 分别为泳道 2、4、6 的阴性对照。泳道 2、4、6 分别为 PCR 产物 ins-SLS（642bp）、upa-SLS（630bp）和带有较亮杂带的 SLS（573bp）；（b）泳道 1、2 分别为 PCR 产物 ins-SLS、upa-SLS。泳道 3、4 为带有杂带的 upa-SLS 的 PCR 产物。泳道 5 为 PCR 产物 SLS。泳道 6、7 为带有杂带的 SLS 的 PCR 产物。泳道 M：分子量标准

2.2.1.6　三价肠毒素基因亚克隆至 pCⅠ载体

本研究采用 Promega 公司的真核表达载体 pCⅠ（4006 bp）首先进行重组三价肠毒素基因克隆，验流程见图 2-7。

（1）酶切后质粒载体的去磷酸化

①用限制性内切酶 *Eco*RⅠ消化质粒 pCⅠ。

②加入 1 μL 小牛肠碱性磷酸酶 CIAP（1 unit/μL）至酶切混合物中，混合均匀。

③37℃水浴 5 min。

④使用 QIAquick PCR Purification Kit 纯化质粒 DNA 以除去 CIAP。

真核表达载体 pCⅠ经 *Eco*RⅠ酶切及去磷酸化处理，之后进行切胶纯化回收线性化 pCⅠ载体，AGE 电泳结果见图 2-9 泳道 1 与 2。

线性化的质粒 pCⅠ经 CIAP 去除 3′端的磷酸基团，再用 T4 DNA 连接酶进行自身环化处理，转化感受态细胞，获得的阳性克隆个数远远低于第 1 组

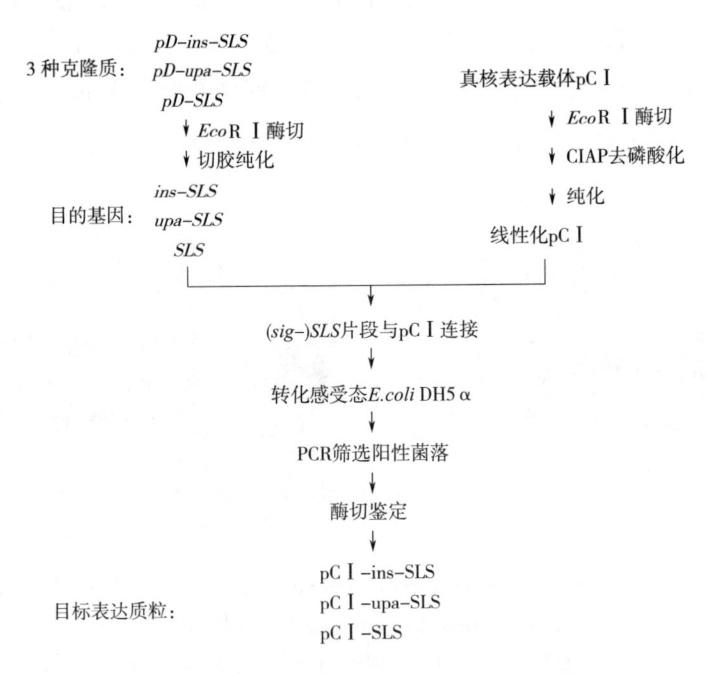

图 2-7　构建大肠杆菌多价融合肠毒素 DNA 疫苗 pCⅠ-ins-SLS、pCⅠ-upa-SLS、pCⅠ-SLS 的流程图

(未经去磷酸化处理)（表 2-4），可见去磷酸化处理有效抑制了线性 pCⅠ载体自身连接，达到了实验的预期目的，可以进行后续与目标基因片段的连接实验。

表 2-4　线性 pCⅠ载体去磷酸化效果的检验

分组	载体	处理	菌落数/（CFU/mL）
1	线性 pCⅠ	自身连接	大于 200
2	线性 pCⅠ	对照	57
3	线性 pCⅠ（去磷酸化）	自身连接	1

（2）目的基因的酶切与纯化

3 种纯化的克隆质粒 pD-*ins-SLS*、pD-*upa-SLS*、pD-*SLS* 经 *Eco*RⅠ酶切获得了大量的目的基因片段 *ins-SLS*、*upa-SLS* 和 *SLS*（图 2-8 泳道 2~8），再将目的基因片段进行切胶纯化，获得了可用于插入载体的目的片段（图 2-9 泳道 3~5）。

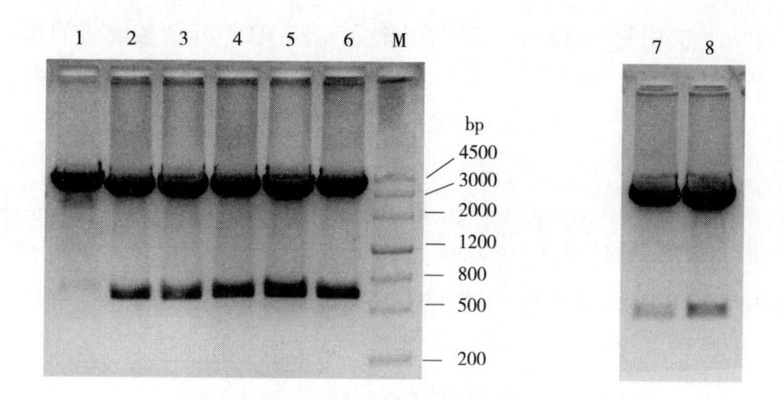

图 2-8　经 *Eco*R Ⅰ酶切的载体 pCⅠ及重组质粒 pD-*ins-SLS*、pD-*upa-SLS*、pD-*SLS*

（泳道 1：质粒 pCⅠ，泳道 2~4：重组质粒 pD-*ins-SLS*。泳道 5、6：重组质粒 pD-*upa-SLS*。泳道 7、8：重组质粒 pD-*SLS*。泳道 M：分子量标准）

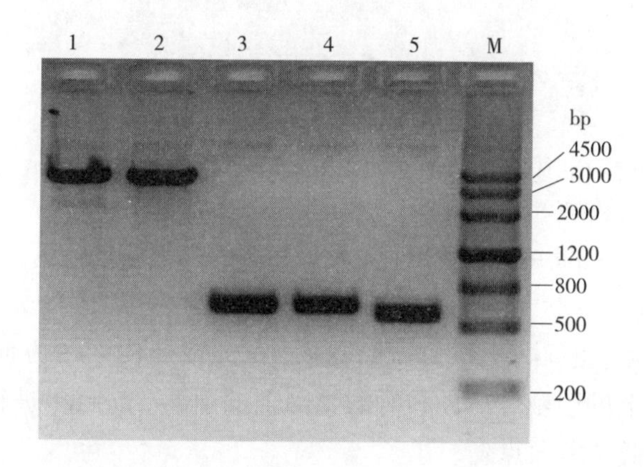

图 2-9　切胶纯化的去磷酸化的线性 pCⅠ载体及 DNA 片段 *ins-SLS*、*upa-SLS*、*SLS*

（泳道 1：经 *Eco*RⅠ酶切的 pCⅠ载体。泳道 2：经 *Eco*RⅠ酶切及去磷酸化的 pCⅠ载体。泳道 3~5：分别为切胶纯化的 DNA 片段 *ins-SLS*、*upa-SLS*、*SLS*。泳道 M：分子量标准）

（3）载体 pCⅠ与目的基因的连接

将 pCⅠ载体与目的 DNA 片段混合均匀后在室温下静置，进行连接反应 2 h，然后取 5 μL 连接混合物，热激法转化 50 μL 感受态 *E. coli* DH5α，再加入 700 μL SOC 培养基在 37℃复苏培养 1 h，最后涂布 5 μL 和 50 μL 转化菌液至两块 Amp^+LB 平板。

（4）PCR 筛选插入目的片段的阳性菌落

从 Amp+LB 平板上挑取若干个单菌落进行菌落 PCR 的筛选鉴定，PCR 反应体系中，正向引物为 T7-E，反向引物为 *STb*-R1，其余各成分的用量与筛选重组子“pDrive-目的基因”的 PCR 反应体系相同。T7-E 为 pCⅠ载体上的引物，其序列为：5′-（AAGGCTAGAGTACTTAATACGA）-3′，长度为 22 个核苷酸。

①筛选 pCⅠ-ins-SLS 的阳性菌落。PCR 筛选含有重组质粒 pCⅠ-ins-SLS 的阳性菌落，使用一对特异性引物 *STa*-F 及 *LTB*-R 扩增 396 bp 的目的片段，结果见图 2-10。检测的 1~7 号菌落中第 5、7、8 号能够扩增出特异性目的片段。

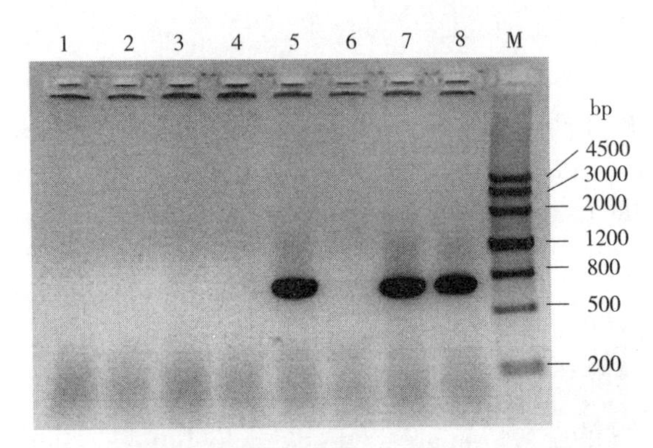

图 2-10　PCR 筛选含有重组质粒 pCⅠ-ins-SLS 的阳性菌落

②筛选 pCⅠ-*upa*-*SLS* 的阳性菌落。在 8 个被检测的菌落中，只有 2 号为阳性（图 2-11）。1/8 的阳性率较低，考虑到目的基因插入线性化的 pCⅠ载体为非定向克隆，意味着目的片段可能以正向或反向两种方向与载体连接，因此使用载体上的引物 T7-E 和目的基因上的引物 *STb*-R1 进行定向 PCR 筛选，阳性率会低于定向克隆。

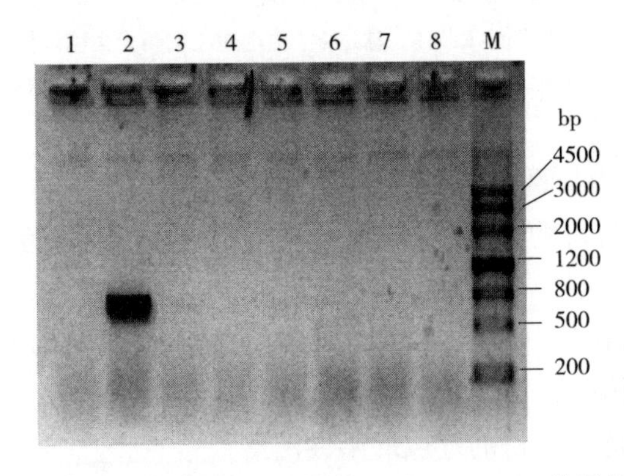

图 2-11　PCR 筛选含有重组质粒 pCⅠ-*upa*-*SLS* 的阳性菌落

为了检测是否存在目的基因 *upa-SLS* 反向插入载体的菌落，对 1~6 号菌落用引物 *T7*-E 和 *upa*F1 再次进行 PCR 扩增，其结果如图 2-12 所示，3 号菌落为阳性，证明 3 号菌落的重组质粒含有反向插入的目的基因。

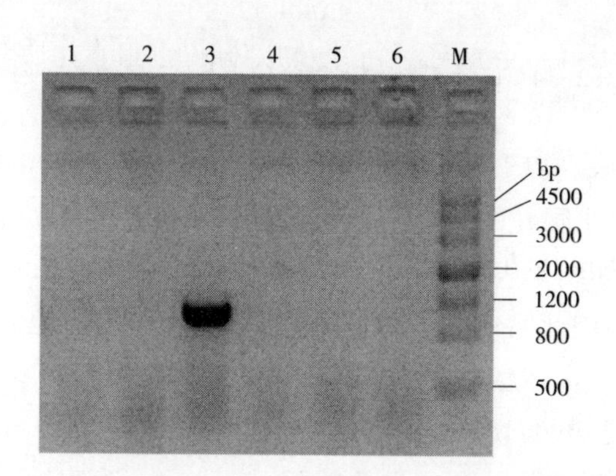

图 2-12　第二次 PCR 筛选含有重组质粒 pCⅠ-*upa-SLS* 的阳性菌落

③筛选 pCⅠ-*SLS* 的阳性菌落。为了鉴定含有重组质粒 pCⅠ-*SLS* 的阳性 *E. coli* DH5α 菌落，在 Amp+ LB 平板上挑取 8 个单菌落进行 PCR 扩增，PCR 产物以 7 μL/泳道的上样量进行琼脂糖凝胶电泳分析，结果见图 2-13。在 8 个被检测的菌落中，2 号和 8 号为阳性。

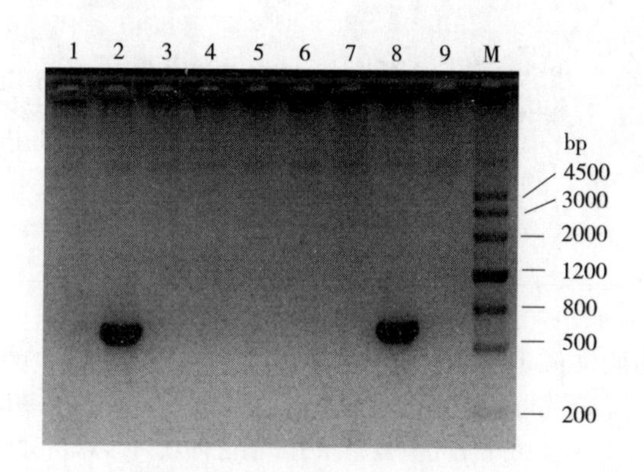

图 2-13　PCR 筛选含有重组质粒 pCⅠ-SLS 的阳性菌落

（5）限制性酶切鉴定 PCR 阳性菌落

根据 pCⅠ载体的多克隆位点中限制性内切酶的排列顺序（图 2-14），设计 *Eco*RⅠ单酶切及 *Xba*Ⅰ+*Xho*Ⅰ双酶切反应以进一步鉴定 PCR 检测中呈阳性的菌落。

5′ ...CT TAATACGACTCACTATAGG CTAGC CTCGA GAATTC ACGCGT

T7 Promoter　　　　　　*Xho* Ⅰ　*Eco*R Ⅰ

GGTACC TCTAGA GTCGACCCGGGCGGCCGC...3′

Xba Ⅰ

图 2-14　pCⅠ载体的多克隆位点与 T7 启动子序列

①鉴定 pCⅠ-*ins*-*SLS* 的重组质粒。PCR 鉴定为阴性的 1 号质粒及 PCR 鉴定为阳性的 5、7 号质粒 pCⅠ-*ins*-*SLS* 经 *Eco*RⅠ单酶切鉴定，其结果见图 2-15（a），酶切结果表明 5、7 号质粒含有目的基因 *ins*-*SLS*，为阳性 pCⅠ-*ins*-*SLS* 质粒，因此酶切鉴定结果与 PCR 鉴定的结果一致。

②鉴定 pCⅠ-*upa*-*SLS* 的重组质粒。PCR 鉴定为阳性的 2 号质粒 pCⅠ-*upa*-*SLS* 经 *Eco*RⅠ单酶切和 *Xho*Ⅰ+*Xba*Ⅰ双酶切鉴定，其结果见图 2-15（b），酶切结果表明该质粒含有目的基因 *upa*-*SLS*，为阳性 pCⅠ-*upa*-*SLS* 质粒，因此这一鉴定结果与 PCR 鉴定的结果一致。

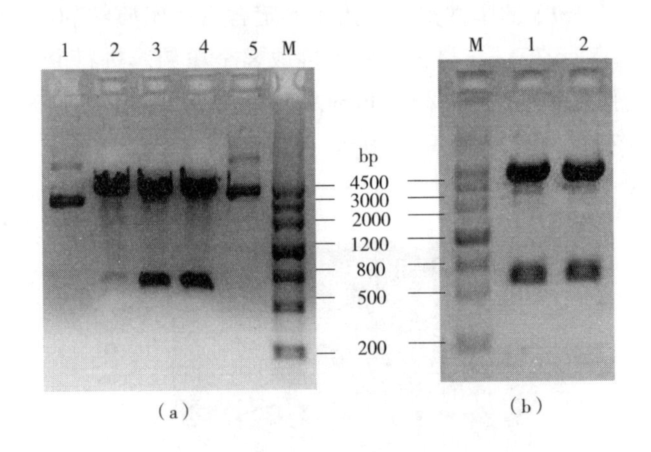

图 2-15　重组质粒 pCⅠ-*ins*-*SLS*（a）及 pCⅠ-*upa*-*SLS*（b）的酶切鉴定结果

（a）泳道 1、5：分别为 1 号和 5 号质粒。泳道 2、3、4：分别为 *Eco*RⅠ单酶切的 1、5、7 号质粒；（b）泳道 1、2：pCⅠ-*upa*-*SLS* 2 号质粒分别经 *Eco*RⅠ单酶切和 *Xho*Ⅰ +*Xba*Ⅰ双酶切

③鉴定 pCⅠ-*SLS* 的重组质粒。PCR 鉴定为阳性的 2、8 号质粒 pCⅠ-*SLS* 经 *Eco*RⅠ单酶切和 *Xho*Ⅰ +*Xba*Ⅰ双酶切鉴定，其结果见图 2-16，酶切结果表明这两个质粒都含有目的基因 *SLS*，为阳性 pCⅠ-*SLS* 质粒，可见酶切鉴定结果与 PCR 鉴定的结果一致。

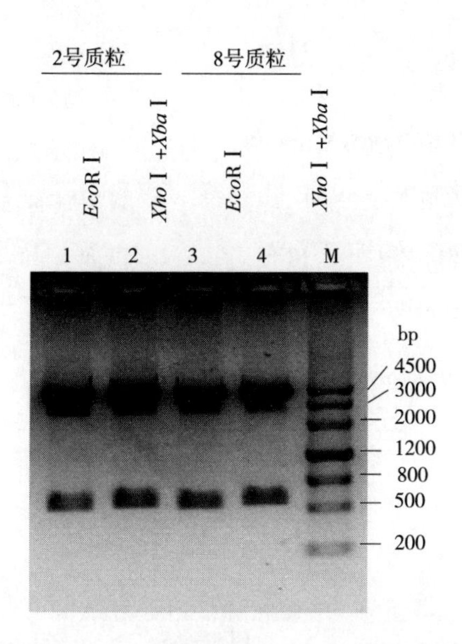

图 2-16　琼脂糖凝胶电泳分析重组质粒 pCⅠ-*SLS* 的限制性酶切鉴定结果

（泳道 1~4：待鉴定的 2 号、8 号质粒分别经 *Eco*RⅠ单酶切和 *Xho*Ⅰ +*Xba*Ⅰ双酶切）

2.2.1.7　构建三价肠毒素表达载体 pET30-*SLS*

本研究随后利用构建的真核表达质粒 pCⅠ-*SLS* 作为模板扩增三价肠毒素融合基因 *STa-LTB-STb*（与前述的三价基因 *SLS* 在两个末端的酶切位点上有所不同，表示为 *pSLS*），插入原核表达载体 pET-30a 的多克隆位点，构建三价肠毒素原核表达质粒 pET30-*SLS*，其分子构建的实验流程如图 2-17 所示。

（1）目的基因 pSLS 的 PCR 扩增

设计并合成下面一对特异性引物：

引物	碱基序列（5′→3′）	酶切位点	长度
ssF1：	GCCTACACATATGAACACATTCTACTG	*Nde*Ⅰ	27 mer
ssR1：	ACGCTCGAGGCATCCTTTTGCTGCAACCATTA	*Xho*Ⅰ	32 mer

PCR 扩增 *pSLS* 基因（565 bp），按下列各成分及其体积配制 PCR 反应体系：模板为 1 μL 质粒 pCⅠ-*SLS*、10 μM 的引物 ssF1/ssR1 各 2.5 μL、2×Hot-StarTaq Plus Master Mix 40 μL、CoralLoad 浓缩液 8 μL、无 RNase 灭菌水 26 μL，总体积 80 μL，再分装至 2 个 PCR 管中。

PCR 反应条件为：95℃　5 min（热激活 Taq 酶），然后开始下列循环：94℃　30 s → 55℃　40 s → 72℃　50 s，共进行 30 个循环，最后附加延伸

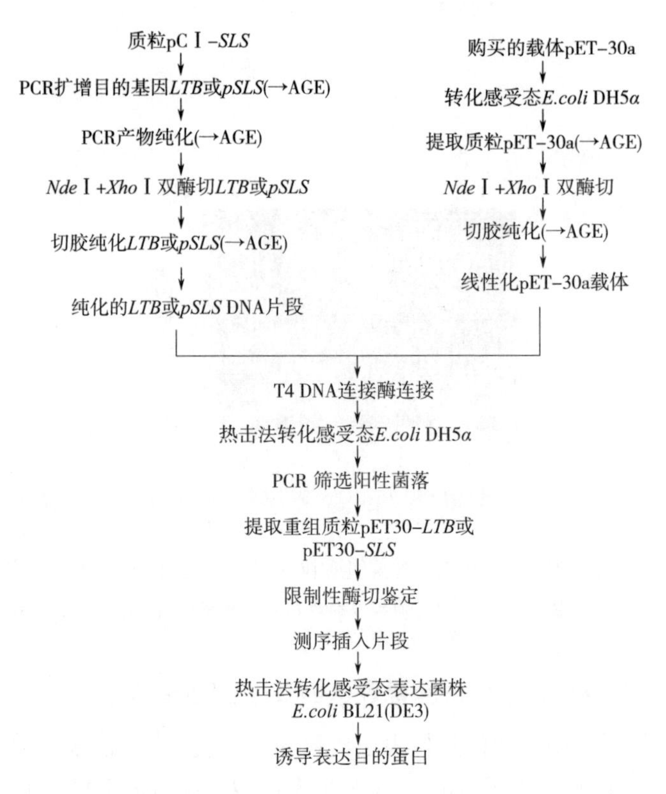

图 2-17　构建大肠杆菌融合肠毒素原核表达载体 pET30-*LTB* 及 pET30-*SLS* 的流程图

72℃　10 min。

经一对特异性引物 ssF1/ssR1 的扩增，从质粒 pCⅠ-SLS 中成功获得了 565 bp 的 *pSLS* 片段，PCR 产物的琼脂糖凝胶电泳分析见图 2-18。*pSLS* 经 *Nde* Ⅰ+*Xho* Ⅰ双酶切并纯化后的结果见图 2-19 泳道 3。

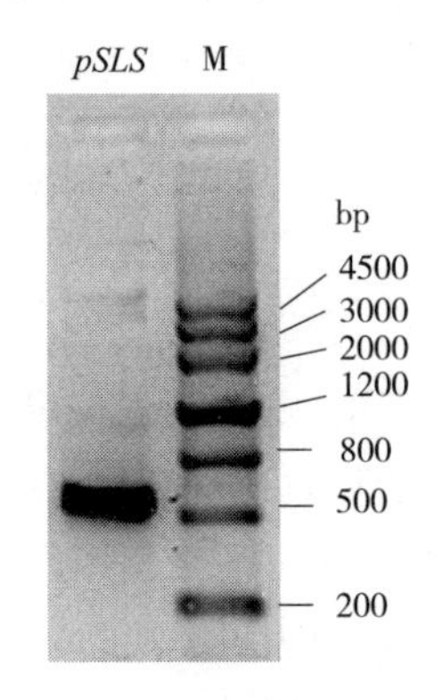

图 2-18　扩增的 PCR 目的基因 *pSLS*

（2）PCR 产物和质粒载体的纯化与酶切

将 PCR 产物 *pSLS* 片段用“PCR 产物回收纯化试剂盒”进行纯化，之后用 *Nde* Ⅰ+*Xho* Ⅰ进行双酶切，其酶切反应体系为：*pSLS* DNA 片段 40 μL、*Nde* Ⅰ（10U/μL）2 μL、*Xho* Ⅰ（10 U/μL）

2 μL、10×H buffer 5 μL、灭菌水 1 μL。37℃水浴消化 19 h，再用试剂盒纯化酶切产物，AGE 分析纯化结果。

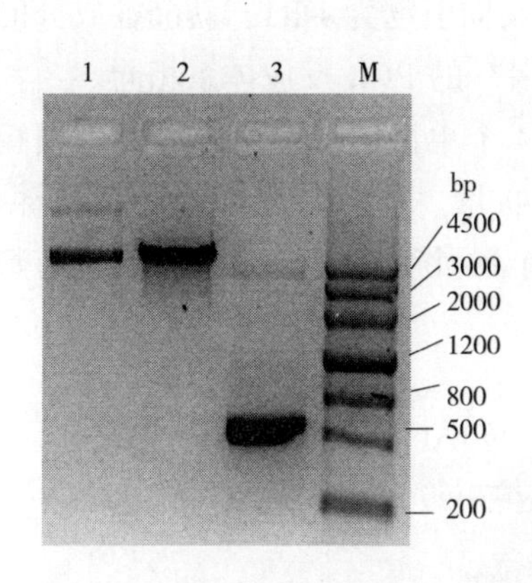

图 2-19　经切胶纯化的酶切载体和目的基因

泳道 1：正常质粒 pET-30a。泳道 2 和 3：切胶纯化的经 *Nde* Ⅰ +*Xho* Ⅰ 双酶切的 pET-30a 目的 DNA 片段 *pSLS*。M：分子量标准）

向购买的 10 μg 质粒 DNA pET-30a 冻干物中加入 20 μL pH 为 8.0 的 TE 缓冲液，充分混匀后取出 0.5 μL 加 TE 缓冲液稀释到 25 μL，DNA 的浓度变为 10 ng/μL，取 2 μL 用热击法转化 50 μL 感受态 *E. coli* 细胞 DH5α。次日从涂布的选择性 Amp^+ LB 平板上挑取 2 个分散良好的单菌落，即为含有质粒 pET - 30a 的 *E. coli* DH5α 菌株，接种至两瓶 10 mL 的 LB 液体培养基中，过夜振荡培养。次日离心收集菌体，用 DNA 小量提取试剂盒提取质粒 pET-30a。将试剂盒说明书中指明的溶液的用量加倍使用，因为本实验使用的 10 mL 培养物体积大约是常规处理量的 2 倍。

从宿主菌 *E. coli* DH5α 中提取的质粒 pET-30a 如图 2-19 泳道 1 所示。质粒 pET-30a 经 *Nde* Ⅰ +*Xho* Ⅰ 双酶切并电泳分离、切胶纯化得到线性化的 pET-30a，如图 2-19 泳道 2 所示。

（3）载体与目的基因的连接

分别经双酶切后的 *pSLS* 基因片段和质粒 pET-30a 用 T4 DNA 连接酶（Invitrogen）进行定向连接，在 200 μL 的 PCR 管中配制如下连接反应体系：2 μL 线性化质粒 pET-30a（约 80 ng）、1.2 μL *pSLS* 片段（约 55 ng）、2 μL 5× DNA Ligase Reaction Buffer、0.5 μL T4 DNA Ligase（1 U/μL）、4.3 μL 无菌 dH_2O，总体积 10 μL。轻弹混合均匀，置于 4°C 冰箱中连接过夜。

（4）连接产物转化感受态细胞 *E. coli* DH5α

次日取 4 μL 连接混合物以热击法转化 50 μL 感受态 *E. coli* DH5α（Invitrogen）。将 37℃复苏 1 h 后的 DH5α 菌液涂布于 Kan^+LB 平板上，将平皿放入 37℃培养箱倒置培养 16~20 h。

（5）PCR 筛选插入目的片段的阳性菌落

从 Kan^+LB 平板上挑取若干个单菌落进行菌落 PCR 筛选，PCR 反应体系中，正向引物为 pET-30a 载体上的 T7，反向引物为 ssR1，其余各成分的用量与 2.3.7 中筛选重组子“pDrive-目的基因”的 PCR 反应体系相同。

从过夜培养的 Kan^+LB 平板上挑选 14 个单菌落，热裂解后作为模板，用正向引物 T7 及反向引物 ssR1 进行 PCR 扩增。PCR 产物经 1.2%琼脂糖凝胶电泳检查，由图 2-20 可见 14 个菌落中有 10 个为阳性，在 565 bp 处有特异性的 *STa-LTB-STb* 融合基因的片段。

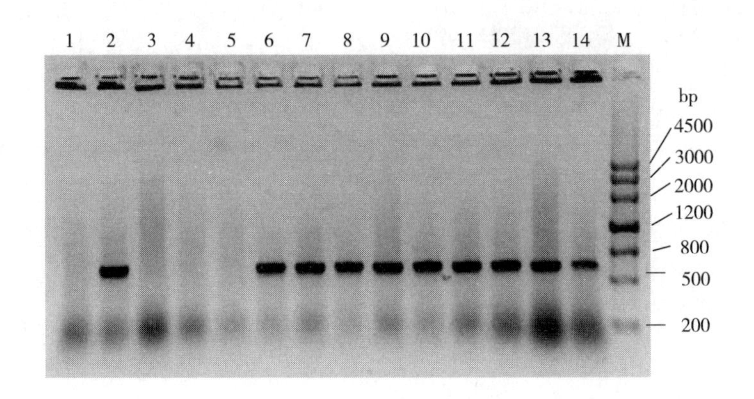

图 2-20　PCR 筛选含有重组质粒 pET30-SLS 的阳性菌落

（泳道 1~14：第 1~14 号被检测的单菌落。M：分子量标准）

（6）限制性酶切鉴定阳性菌落

从 PCR 鉴定为阳性的单菌落中，挑选第 7、8、9、10 号接种至 10 mL LB 培养基，振荡过夜培养，提取质粒进行限制性酶切鉴定。根据目的基因 *pSLS* 在载体 pET-30a 中的位置特征（图 2-21），设计了下面的两组双酶切鉴定方案。

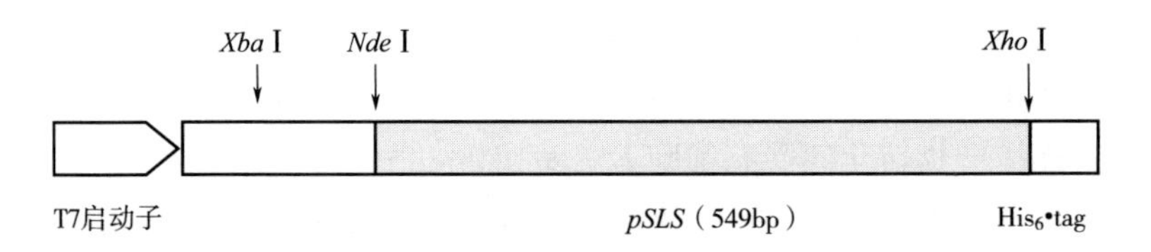

图 2-21　目的基因 *pSLS* 在载体 pET-30a 中插入的位置

对 8、9 号质粒进行 *Xba* Ⅰ+*Xho* Ⅰ双酶切鉴定，对 7、10 号质粒进行 *Nde* Ⅰ+*Xho* Ⅰ双酶切鉴定；作为对照，又对 40 ng 的 8、9 号质粒分别进行 *Xba* Ⅰ、*Xho* Ⅰ单酶切鉴定，反应体系总体积为 10 μL，AGE 分析时全部上样。

用质粒 DNA 小量提取试剂盒从 7~10 号单菌落扩增培养物中提取质粒。第 7、8、9、10 号质粒经双酶切处理都切下了目的基因片段，大小位于 500~800 bp，并且第 7、10 号质粒经 *Nde* Ⅰ+*Xho* Ⅰ双酶切获得的片段（图 2-22 泳道 1 和 4）小于第 8、9 号质粒经 *Xba* Ⅰ+*Xho* Ⅰ双酶切获得的片段（图 2-22 泳道 2 和 3），与预期相符；经单酶切的第 8、9 号质粒（图 2-22 泳道 5 和 6）其泳动速度比双酶切质粒的速度慢，表明 8、9 号质粒分子量更大，有基因片段的插入（图 2-22）。

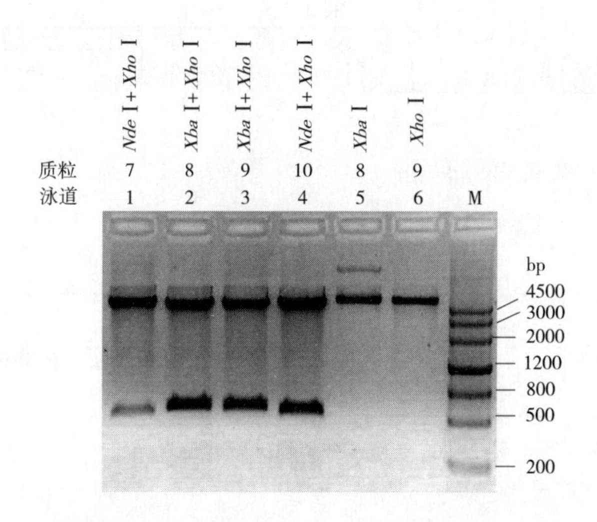

图 2-22　琼脂糖凝胶电泳分析重组质粒 pET30-SLS 的限制性酶切鉴定结果

（第 7、8、9、10 号质粒用如图所示的 *Nde* Ⅰ+*Xho* Ⅰ、*Xba* Ⅰ+*Xho* Ⅰ、*Xba* Ⅰ、*Xho* Ⅰ进行酶切分析。M：分子量标准）

（7）重组质粒 pET30-*SLS* 的测序及转化表达菌株

将限制性酶切鉴定为阳性的重组质粒进行 DNA 测序，测序引物使用 pET-30a 载体上的 T7 promoter。

将经过测序验证的重组表达载体 pET30-*SLS* 通过热击法转化感受态 *E. coli* BL21（DE3）菌株，从 Kan+LB 平板上挑取转化后的单菌落进行 PCR 筛选，获得的阳性菌株即可以用于重组蛋白的诱导表达。

将纯化的 7、8、9、10 号质粒寄交 Macrogen 公司进行 DNA 测序，测序引物使用 pET-30a 载体上的 T7 promoter，它位于插入序列上游的 68 bp 处。先对 7、8 号质粒进行测序，结果 7 号质粒的目的基因出现多处突变（图 2-23），8 号质粒也出现了一个氨基酸的有意义突变（图 2-24）。于是又对 9、10 号质粒测序，结果表明这两个质粒的插入片段的序列完全正确，可以用于后续的蛋白质表达研究。

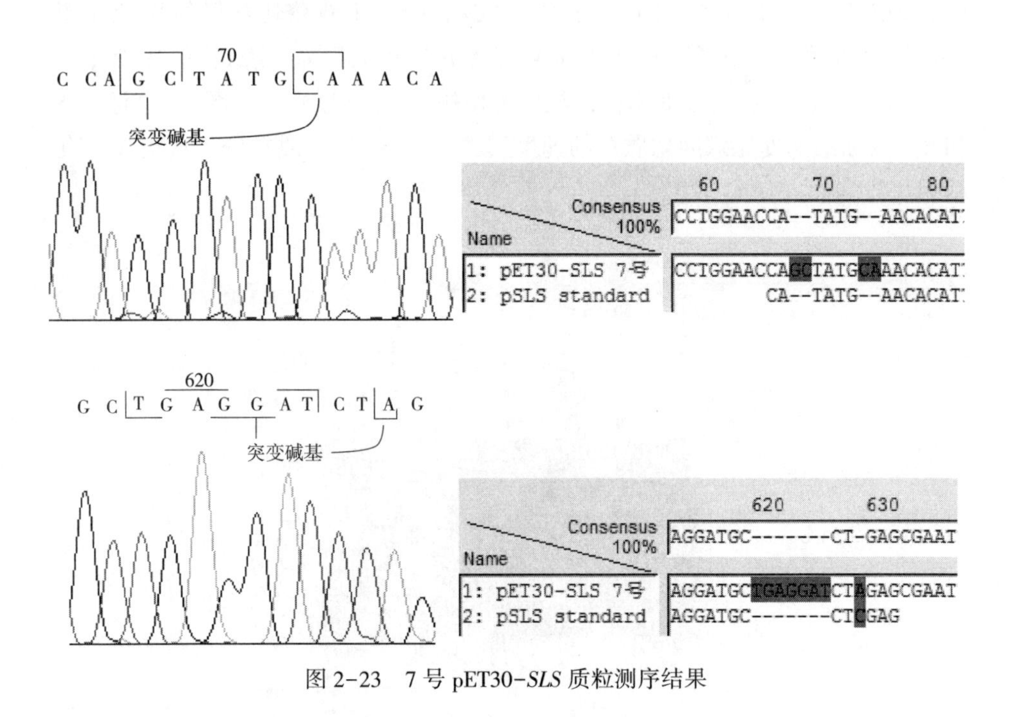

图 2-23　7 号 pET30-*SLS* 质粒测序结果

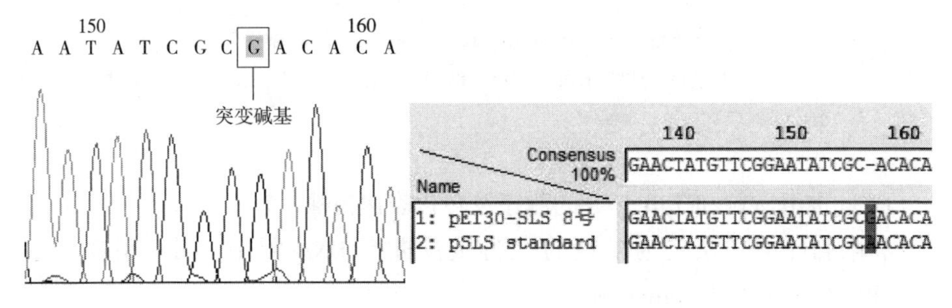

图 2-24　8 号 pET30-*SLS* 质粒测序结果

用经测序验证的 9 号 pET30-*SLS* 质粒转化感受态 *E. coli* 表达菌株 BL21（DE3），从 Kan+LB 平板上挑取若干个单菌落进行 PCR 筛选，PCR 反应体系中，正向引物为 T7，反向引物为 ssR1。结果成功筛选到含有重组质粒的阳性

E. coli BL21（DE3）_pET30-SLS 单菌落，可以用于后续的蛋白质表达实验。

2.2.1.8　重组蛋白的诱导表达

（1）重组肠毒素蛋白 LTB 的表达

重组菌株 *E. coli* BL21（DE3）_pET30-LTB 在 30℃下预培养约 3 h，加入终浓度为 1 mmol/L 的诱导剂 IPTG，继续培养 3 h，进行目的蛋白的诱导表达。收集菌体，超声破碎后获得上清及沉淀，将诱导前的全菌蛋白、诱导后的全菌蛋白及其上清和沉淀，用 SDS-15% PAGE 进行分析，从电泳结果（图 2-25）可见，成功获得了 13 kD 的目的肠毒素蛋白 LTB（图 2-25 泳道 2），表达的形式为不可溶性的包涵体（图 2-25 泳道 4），而在上清中未见 LTB 蛋白条带表达（图 2-25 泳道 3）。

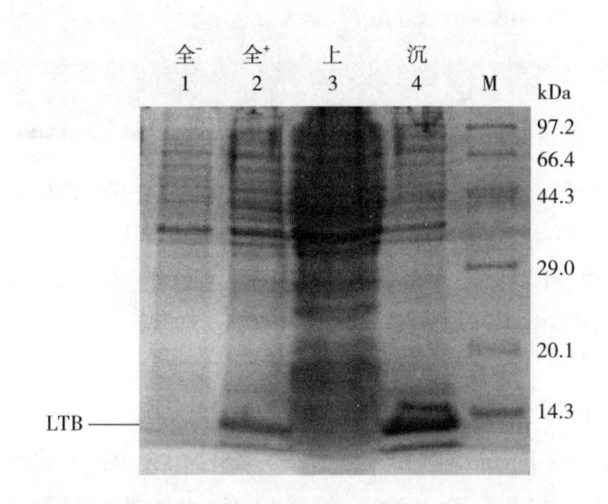

图 2-25　重组质粒 pET30-LTB 在宿主菌 *E. coli* BL21（DE3）中的诱导表达

（全⁻：未经 IPTG 诱导的全菌蛋白，作为阴性对照。全⁺：经诱导表达的全菌蛋白。上：上清，即可溶性蛋白。沉：沉淀，即包涵体）

（2）重组肠毒素蛋白 Trx-STb 的表达

重组菌株 *E. coli* BL21（DE3）_pET32-STb 及对照菌株 *E. coli* BL21（DE3）_pET-32a 在 37℃下预培养约 3 h，加入终浓度为 1 mmol/L 的诱导剂 IPTG，继续培养 3 h，进行目的蛋白的诱导表达。然后收集菌体，进行超声破碎获得上清及沉淀，将诱导前的全菌蛋白、诱导后的全菌蛋白及其上清和沉淀，用 SDS-15% PAGE 进行分析，从电泳结果（图 2-26）可见，成功获得了 24 kD 的目的融合肠毒素蛋白 Trx-STb（图 2-26 泳道 6），Trx-STb 同时表达为可溶性蛋白（图 2-26 泳道 7）与不可溶性的包涵体（图 2-26 泳道 8），未经诱导的重组菌株未见 Trx-STb 蛋白条带（图 2-26 泳道 5）。

含有空质粒 pET-32a 的 *E. coli* 对照菌株经同样的诱导表达，在小于 24 kD 的位置处获得了一条特异性条带，应该为 19 kD 的 Trx 蛋白。

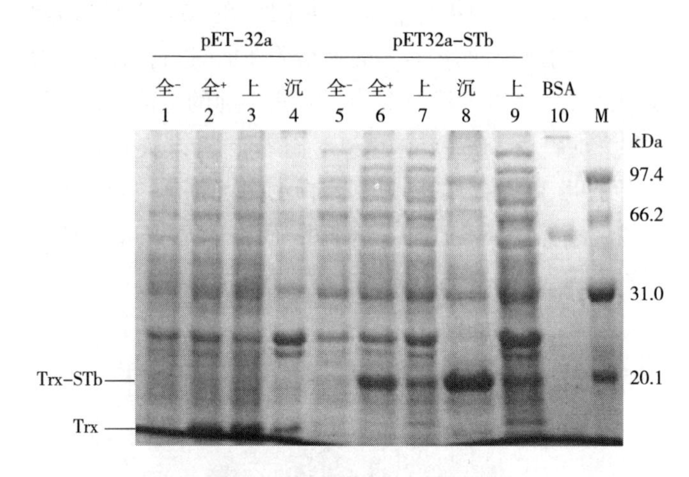

图 2-26　重组质粒 pET32-*STb* 及空载体 pET-32a 在宿主菌 *E. coli* BL21（DE3）中的诱导表达

（全⁻：未经 IPTG 诱导的全菌蛋白。全⁺：经诱导表达的全菌蛋白。上：上清，即可溶性蛋白。沉：沉淀，即包涵体。M：蛋白质低分子量标准）

（3）重组肠毒素蛋白 LSS 的表达

重组菌株 *E. coli* BL21（DE3）_pET30-LSS 在 30℃下预培养约 3 h，加入终浓度为 1 mmol/L 的诱导剂 IPTG，继续培养 3 h，进行目的蛋白的诱导表达。然后收集菌体，超声破碎后获得上清及沉淀，将诱导前的全菌蛋白、诱导后的全菌蛋白及其上清和沉淀，用 SDS－15% PAGE 进行分析，从电泳结果（图 2-27）可见，成功获得了 21 kD 的目的肠毒素蛋白 LSS（图 2-27 泳道 2），表达的形式为不可溶性的包涵体（图 2-27 泳道 4），在上清中未见 LSS 蛋白条带（图 2-27 泳道 3）。

（4）重组肠毒素蛋白 SLS 的表达

重组菌株 *E. coli* BL21（DE3）_pET30-SLS 在 30℃下预培养约 3 h，加入终浓度为 1 mmol/L 的诱导剂 IPTG，继续培养 3 h，进行目的蛋白的诱导表达。然后收集菌体，超声破碎后获得上清及沉淀，将诱导前的全菌蛋白、诱导后的全菌蛋白及其上清和沉淀，用 SDS－15% PAGE 进行分析，从电泳结果（图 2-28）可见，成功获得了 21 kD 的目的肠毒素蛋白 SLS（图 2-28 泳道

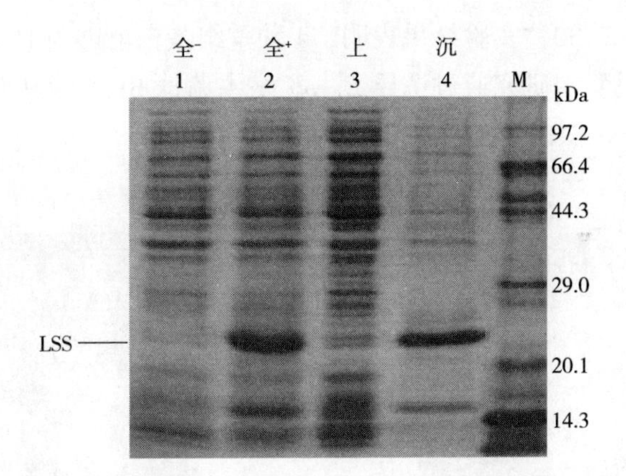

图 2-27　重组质粒 pET30-LSS 在宿主菌 *E. coli* BL21（DE3）中的诱导表达

（全⁻：未经 IPTG 诱导的全菌蛋白。全⁺：经诱导表达的全菌蛋白。上：上清，即可溶性蛋白。沉：沉淀，即包涵体。M：分子量标准）

2)，表达的形式为不可溶性的包涵体（图 2-28 泳道 4），在上清中未见 SLS 蛋白条带（图 2-28 泳道 3）。

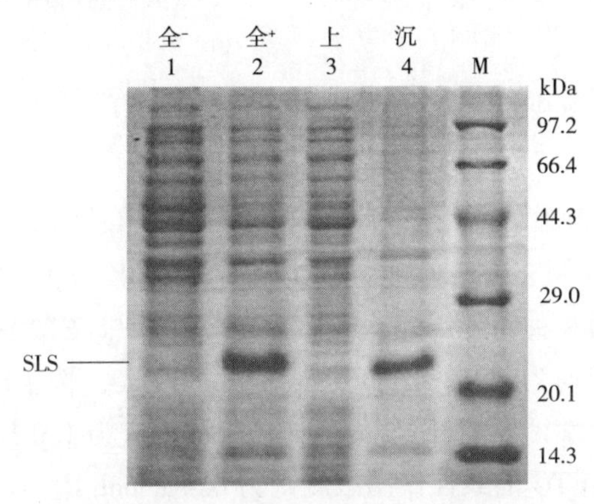

图 2-28　重组质粒 pET30-SLS 在宿主菌 *E. coli* BL21（DE3）中的诱导表达

（全⁻：未经 IPTG 诱导的全菌蛋白。全⁺：经诱导表达的全菌蛋白。上：上清，即可溶性蛋白。沉：沉淀，即包涵体。M：分子量标准）

2. 2. 1. 9　重组肠毒素蛋白的 Western blot 鉴定

原核表达的重组肠毒素全菌蛋白 LTB、Trx-STb、LSS、SLS 经 SDS-15% PAGE 分离后，半干法转移至 PVDF 膜上，用抗 His_6 标签的一抗和 HRP 标记的二抗孵育，最终通过 ECL 化学发光法检测目的蛋白表达，免疫印迹的结果见图 2-29 和图 2-30，实验结果表明，4 种重组蛋白能够与 His_6标签抗体产生特异性结合，说明本研究通过诱导 *E. coli* 宿主菌株 BL21 成功获得了重组肠毒素蛋白 LTB、Trx-STb、LSS 和 SLS。

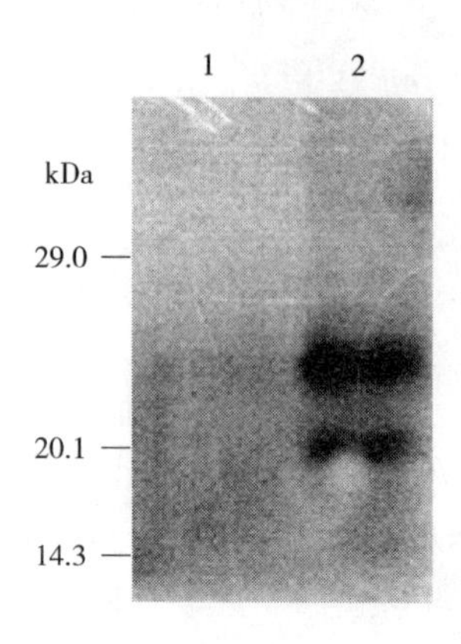

图 2-29　Western bloting 检测重组蛋白 LSS
（泳道 1 和 2 分别为未经诱导和诱导后的 *E. coli* BL21（DE3）_pET30-LSS 的全菌蛋白）

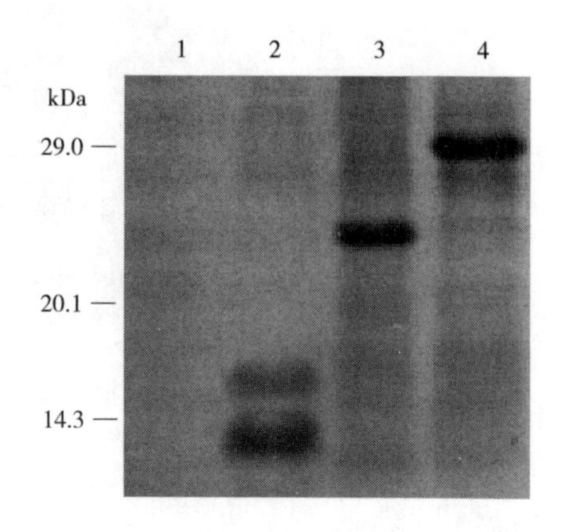

图 2-30　Western bloting 检测重组蛋白 LTB、SLS、Trx-STb
（电泳样品为重组 *E. coli* 的全菌蛋白。泳道 1~4：分别为未经诱导的阴性对照、LTB、SLS、Trx-STb）

2.2.1.10　重组肠毒素蛋白诱导表达条件的优化

（1）融合蛋白 SLS 诱导时间及 IPTG 浓度的优化

本研究构建的 3 种肠毒素表达载体 pET30-*LTB*、pET30-*LSS*、pET30-*SLS* 所使用的载体骨架均为 pET-30a，其启动子为 T7lac，按生产厂家 Novagen 公司的使用说明，化学诱导剂 IPTG 的最佳使用浓度应为 1.0 mmol/L，如果启动子为 T7，诱导剂 IPTG 的最佳使用浓度则为 0.4 mmol/L。

本实验对 0.4 mmol/L 和 1.0 mmol/L 两种 IPTG 浓度进行了考察，在 37℃下振荡培养重组菌株 *E. coli* BL21（DE3）_pET30-SLS，结果0.4 mmol/L和1.0 mmol/L IPTG 均可诱导目的蛋白 SLS 的表达。从图 2-31 上可见在 1.0 mmol/L IPTG 浓度下，SLS 的表达量更大。加入诱导剂后，重组菌株继续在 37℃下振荡培养，随着时间的延长，目的蛋白 SLS 的表达量逐渐增大，在所检测的 4 个时间点中，8 h 的表达量最大，6 h 的表达量稍低，2 h 的表达量最低。

另外，在 37℃下诱导表达，一共获得了 3 个不同分子量的表达蛋白，如

图 2-31 中箭头所指示，其中条带 b（由实线箭头指示）的分子大小与 SLS 的理论值（21 kDa）相符合，而条带 a 和 c（由两个虚线箭头指示）的分子大小与 SLS 的理论值不符合，条带 c 的形成推测是 SLS 降解产生的片段，条带 a 可能是 IPTG 诱导下产生的菌体蛋白。

根据载体 pET-30a 启动子的特点，在较低温度下诱导重组蛋白在 *E. coli* 中表达，有可能会减少非特异性条带的产生，因此，随后尝试了在较低温度下诱导目的蛋白的表达。

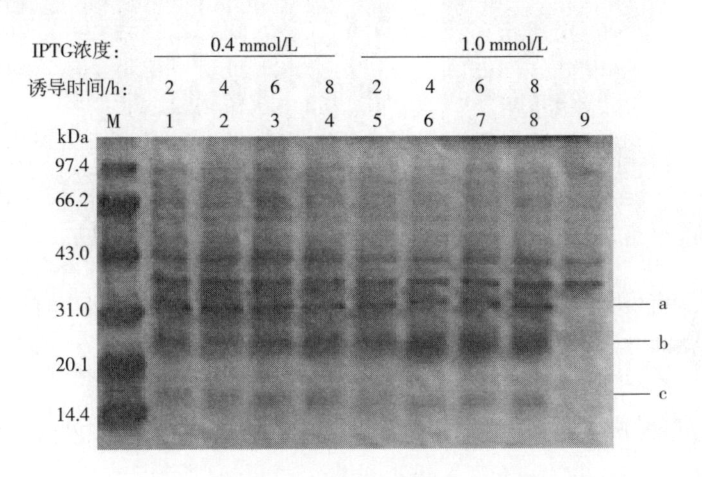

图 2-31　SDS-PAGE 分析诱导时间及 IPTG 浓度对重组菌株表达 SLS 的影响

（电泳样品为 4×loading buffer 裂解的全菌蛋白，培养物分别加入 0.4 mmol/L、1.0 mmol/L 两种浓度的 IPTG 后，分别在 2 h、4 h、6 h、8 h 取样检查表达量。泳道 9：未经 IPTG 诱导的全菌蛋白。M：蛋白质低分子量标准）

（2）融合蛋白 SLS 诱导温度的优化

在 *E. coli* 最适生长温度 37℃ 下诱导重组蛋白的表达，结果重组肠毒素 LTB、LSS、SLS 均出现了非特异条带，并且三者都以包涵体形式表达。包涵体蛋白是聚集在一起的不溶性蛋白质沉淀，没有天然蛋白的空间构象因此缺乏生物活性。本实验的最终目的是使用多价肠毒素 LSS 和 SLS 制备疫苗，因此其正确的空间构象至关重要。如果重组毒素以可溶性蛋白形式表达，则其分子将具有正确的空间结构，是理想的免疫原。因此，为了减少甚至避免非特异条带的形成，并且获得可溶性的重组蛋白，实验对关键条件诱导温度进行了优化。选取 pET30-SLS 载体进行研究。

先将重组菌株 *E. coli* BL21（DE3）_ pET30-SLS 在 37℃ 条件下培养至

OD_{600} 0.3 左右，然后将培养物冷却至诱导温度，再加入诱导剂，进行低温下培养。重组 *E. coli* 菌株在 25℃、15℃、10℃（图 2-32）、4℃（图 2-33）诱导后，均获得了目的蛋白。在低温下菌株生长速度变慢，蛋白质表达的速度也变慢，在进行 4℃诱导时，在第一个检测时间点 12 h 时，就可以检测到 SLS 蛋白的表达。

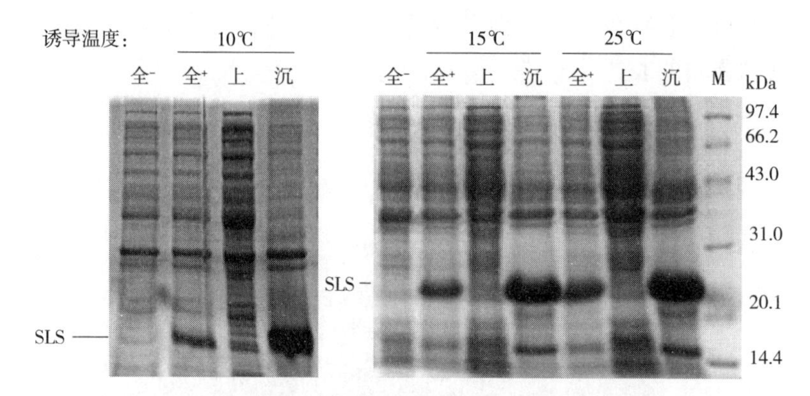

图 2-32　SDS-PAGE 分析诱导温度对重组菌株表达 SLS 的影响

（降低诱导温度为 25℃、15℃、10℃时，检测目的蛋白的细胞内定位。全⁻：未加诱导剂的全菌蛋白。全⁺：经诱导表达的全菌蛋白。上：上清，即可溶性蛋白。沉：沉淀，即包涵体。M：蛋白质低分子量标准）

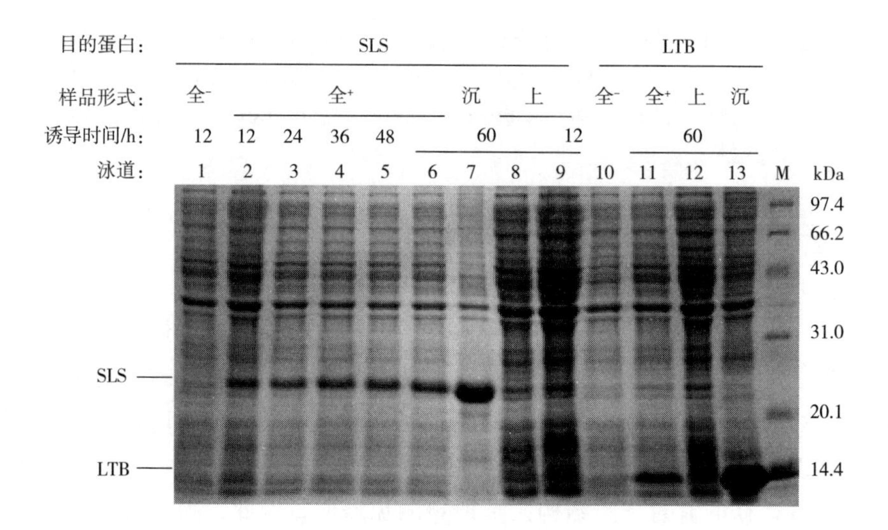

图 2-33　SDS-PAGE 分析诱导温度对重组菌株表达 SLS 及 LTB 的影响

（降低诱导温度为 4℃时，检测目的蛋白的细胞内定位。全⁻：未加诱导剂的全菌蛋白。全⁺：经诱导表达的全菌蛋白。上：上清，即可溶性蛋白。沉：沉淀，即包涵体。M：蛋白质低分子量标准）

在诱导温度降低到 25℃以下时，表达的重组 SLS 蛋白主要为一条带，37℃诱导时出现的非特异性条带消失。将重组质粒 pET30-*LTB* 和 pET30-*LSS* 在 25℃下进行诱导表达，IPTG 浓度为 0.4 mmol/L，结果非特异性蛋白的产量大幅下降，获得的几乎都为分子量大小正确的目的条带。因此，在随后大量表达重组肠毒素时，采用条件的是 37℃下预培养，室温（21~24℃）下诱导蛋白表达，IPTG 浓度为 0.4 mmol/L，诱导时间为 5~6 h。

降低培养温度可使菌体代谢速度变慢，蛋白质表达的速度变缓，利于减少包涵体的形成，并且有利于获得可溶性蛋白。但在本实验中，将诱导表达温度从 25℃降为 4℃时，SLS 和 LTB 仍然以包涵体形式存在，在上清中的目的蛋白几乎不可见。因此，本研究构建的多价肠毒素表达载体 pET30-*LTB*、pET30-*LSS*、pET30-*SLS* 只能以包涵体形式表达目的蛋白，在后续实验中，只能大量纯化包涵体蛋白，用于其免疫原性的研究。

2.2.1.11　重组肠毒素蛋白的亲和纯化

本章构建的 4 种重组肠毒素蛋白 LTB、Trx-STb、LSS、SLS 均带有 C 末端的 6×His 标签，可以用金属亲和层析进行纯化。

选取 SLS 蛋白来确定最优的亲和纯化的条件。用含 8 mol/L 尿素浓度的缓冲液溶解包涵体 SLS，用 buffer 1 将包涵体溶液稀释 4 倍，之后加载于 Ni 亲和纯化柱中。用 5 倍柱床体积的 buffer 1 冲洗纯化柱后，用含梯度咪唑浓度的 buffer 3 洗脱目的蛋白，以确定最佳的咪唑浓度。由图 2-34 可见，咪唑浓度为 10 mmol/L 和 20 mmol/L 时，目的蛋白 SLS 没有被洗脱；咪唑浓度为

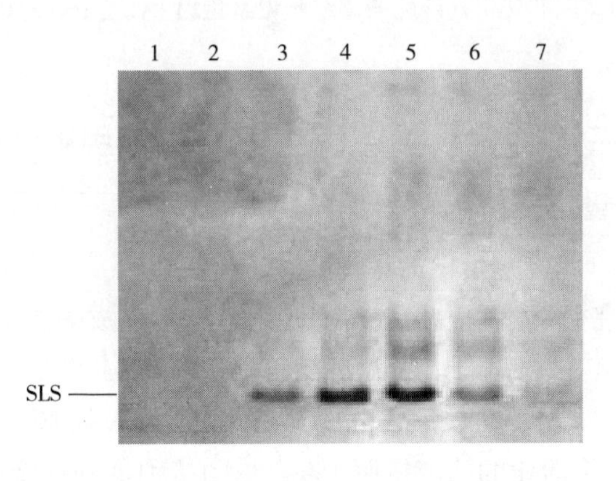

图 2-34　含不同咪唑浓度的缓冲液 3 洗脱镍柱纯化的重组蛋白 SLS

（泳道 1~7：分别为咪唑浓度 10 mmol/L、20 mmol/L、50 mmol/L、100 mmol/L、200 mmol/L、300 mmol/L、400 mmol/L 的缓冲液 3 的洗脱液）

50 mmol/L、100 mmol/L、200 mmol/L 时，SLS 在洗脱液中的浓度逐渐增大；咪唑浓度为 300 mmol/L 时，SLS 洗脱量开始下降，并且有杂蛋白污染；咪唑浓度升高为 400 mmol/L 时，已经没有目的蛋白被洗脱。当咪唑浓度为 200 mmol/L 时 SLS 的洗脱量最大，但不利的是此时也有相对更多的杂蛋白被洗脱，因此应该选择 50~100 mmol/L 为最佳的洗脱浓度，在这个范围内，目的蛋白 SLS 被选择性地洗脱，并且杂蛋白含量较低。

对于重组蛋白 LTB、Trx-STb 和 LSS，参考 SLS 蛋白的纯化条件，以 2~4 mol/L尿素终浓度溶解蛋白并加载于镍琼脂糖凝胶 FF 预装柱，用含 100 mmol/L 咪唑的 buffer 3 洗脱，最终获得了纯化的重组毒素蛋白（图 2-35）。

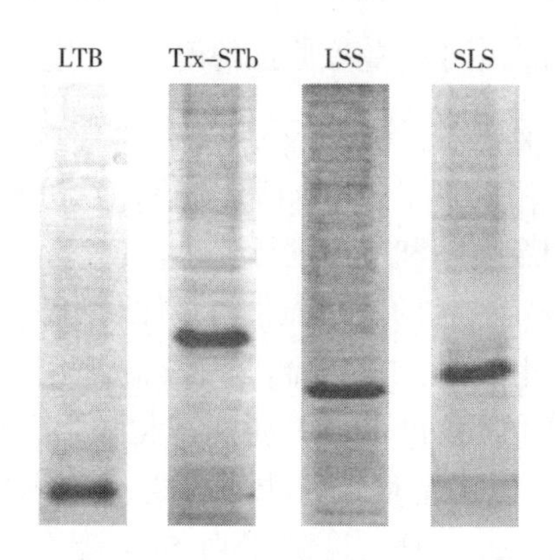

图 2-35　用镍亲和层析柱纯化的重组肠毒素蛋白 LTB、Trx-STb、LSS、SLS

2.2.2　重组三价肠毒素及菌毛多价复合疫苗的研制

2.2.2.1　重组三价肠毒素蛋白的大量制备

（1）重组三价肠毒素蛋白的诱导表达

根据前期研究探索基础，选取本课题组已构建完成的重组三价肠毒素 SLS 大肠杆菌 BL21 菌液，接种于 50mL LB 液体培养基中，再加入 50 mg/mL 卡那霉素（Kan）至终浓度为 25 mg/mL，于 170 r/min 摇床下 37℃ 活化培养 12~16 h；次日，将活化的菌液按照 1%~2%的接种量分别接种于 8 个 500 mL 容量的三角瓶中，每个三角瓶装有 200 mL LB 培养基，同时加入 Kan（终浓度 25 mg/mL），200 r/min、37℃摇床培养 2~3 h；培养 2 h 后每隔 20 min 取样测取菌液 OD_{600}，待 OD_{600}值达到 0.6 左右时，加入 IPTG 至终浓度为1 mmol/L；

在37℃摇床中，以200 r/min转速继续培养菌体5 h左右，进行重组蛋白的诱导表达。

（2）重组蛋白的粗提

将诱导表达的菌液以8000 r/min转速、4℃离心20 min收获菌体细胞，加入等体积PBS缓冲液，重悬菌体，上述操作重复3次。收集最后一次获得的菌体沉淀，加入30 mL（约1/50倍原菌液体积）TE1缓冲液，吹打均匀至没有凝块；在冰水浴中将菌悬液超声破碎30 min（破碎5秒/暂停5秒），破碎混合液4℃下8000 r/min离心20 min，收集沉淀，即为SLS重组蛋白粗提物。

（3）重组蛋白的纯化

①包涵体蛋白的洗涤。在包涵体蛋白粗提物中加入30 mL TE2缓冲液，用移液枪吹洗均匀至没有凝块，在摇床上振荡洗涤20 min，之后4℃、7000 r/min条件下离心20 min，收集沉淀；再在沉淀中加入30 mL TE3缓冲液，用移液枪吹洗均匀至没有凝块，在摇床上振荡洗涤20 min，随后4℃、7000 r/min条件下离心20 min，收集沉淀。

②目的蛋白的变性溶解。将上述洗涤之后的包涵体沉淀重悬于10 mL包涵体溶解缓冲A液中，漩涡振荡混合均匀，于37℃摇床200 r/min振摇1 h左右使固体颗粒基本溶解；再加入3倍体积的包涵体溶解缓冲B液，用10 mol/L KOH调节pH至9.8，室温下静置30 min。然后用浓HCl将溶液pH调至8.0，室温下静置40 min后。溶解液在室温下8000 r/min离心15 min，取上清液转移至空白灭菌离心管中，4℃冰箱保存待用。

③目的蛋白的复性。包涵体蛋白在含有8 mol/L尿素的溶解缓冲A液的作用下，分子内氢键被破坏，二级以上空间结构发生改变，从而变性溶解。为了恢复重组肠毒素的天然构象，需要除去其中添加的变性剂。本研究前期先采用了常规透析方法，对重组蛋白进行复性。

操作步骤：a）使用BCA法检测得蛋白纯化样品的浓度，用无菌PBS将蛋白浓度稀释至约0.5 mg/mL。b）将稀释液装入透析袋中，依次加入尿素浓度为2mol/L、1mol/L、0.5mol/L、0 4个梯度的透析液中，4℃下透析复性，每个梯度持续12 h。c）最后两次透析复性液中不加甘油，最终获取纯化、复性后的重组蛋白溶液，常温保存待用。d）SDS-PAGE验证并检测纯化、复性后重组蛋白及其纯度，并用BCA法测取蛋白浓度。

（4）重组蛋白复性条件的优化

重组蛋白复性效果的好坏关系到重组蛋白能否有效恢复空间构象以及蛋

白的纯度、浓度和得率，直接影响后续疫苗使用的效果。在采用常规透析方法对重组蛋白进行复性以后，重组蛋白的纯度、浓度和得率都不太理想。本研究尝试采用稀释—透析—超滤离心多重去除尿素的方法，对重组蛋白进行复性。

操作步骤如下。

①用无菌 PBS 将蛋白溶解液浓度稀释至 0. 5 mg/mL。

②将稀释液装入透析袋中，依次加入到尿素浓度为 6 mol/L、4 mol/L、2 mol/L、1 mol/L、0 5 个梯度的透析液中，4℃下透析复性，前 4 个梯度持续 12 h，最后一个梯度持续 12～24 h。

③采用截留分子量为 3 kDa 的超滤离心管在 4℃、5000 r/min 条件下对蛋白溶解液离心处理 10 min，进一步除去溶液中尿素同时对溶液进行初浓缩。

④BCA 法测取蛋白浓缩液的浓度，SDS-PAGE 检测重组蛋白的纯度。

⑤利用冷冻干燥机获得冻干重组蛋白粉，再用生理盐水精确稀释至终浓度 10 mg/mL，放置于-20℃备用。

2. 2. 2. 2 多种菌毛蛋白的大量制备

(1) F4 菌毛蛋白的表达、提纯及优化

本研究分别采用改良 Minca 培养基、TSB 培养基和 LB 培养基分别培养 $F4^+$标准菌株，考察培养基类型的不同对菌毛表达量的影响。菌毛的提取和纯化采用热振荡法和等电点沉淀法，经过提纯获得纯化的 F4 菌毛蛋白。

操作步骤：

①将 $F4^+$ 标准菌株依次接种于 3 种培养基，37℃ 培养 36 h；4℃、7000 r/min条件下离心 15 min 收集菌体，用无菌 PBS 溶液重悬洗涤菌体，上述操作重复 3 次。

②将洗涤完成的菌液在 60℃ 水浴中温浴 30 min，之后立即漩涡振荡 10 min，于 11000 r/min 下离心 15 min 后取上清，用 0. 22 μm 滤膜过滤，收集滤液即为 F4 菌毛粗提物。

③用 2. 5% 柠檬酸将菌毛粗提物调 pH 至 3. 92，4℃ 静置 2 h；4℃、11000 r/min下离心 30 min，弃上清，用无菌 PBS 溶解沉淀，上述过程重复 3 次。

④最后得到的沉淀溶解液，用 BCA 法测取浓度，浓缩至 1 mg/mL，4℃保存待用；用 SDS-PAGE 检测菌毛蛋白的存在及其纯度。

(2) F5 菌毛蛋白的表达、提纯及优化

对 F5 菌毛蛋白的表达也采用改良 Minca 培养基，同样采用热振荡法和等

电点沉淀法提取和纯化菌毛蛋白。

操作步骤：

①同F4菌毛提取过程步骤1、2，获得F5菌毛粗提液。

②用NaOH溶液调节菌毛粗提物pH至9.75，4℃静置2 h；4℃、11000 r/min下离心30 min，弃上清，用无菌PBS溶解沉淀，上述过程重复3次。

最后分别用BCA法和SDS-PAGE测取F5菌毛蛋白的浓度和纯度。

2.2.2.3　蛋白质浓度的测定

本研究采用BCA（bicinchoninic acid）法定量检测蛋白质的含量。其原理是BCA试剂与蛋白质结合时，蛋白质将Cu^{2+}还原为Cu^{+}，一个Cu^{+}螯合两个BCA分子，工作试剂由原来的苹果绿形成紫色复合物，其在562 nm处的最大光吸收强度与蛋白质浓度成正比。根据标准浓度蛋白溶液绘制的曲线，检测蛋白样品的OD_{562}值，根据拟合的曲线方程即可计算出蛋白样品的浓度。

操作步骤：

①标准蛋白浓度曲线的制作：在96孔板中取7个孔分别加入0、2μL、4μL、8μL、12μL、16μL、20 μL的BSA标准溶液（1 mg/mL），分别用水补足到20 μL，然后加入200 μL配制好的BCA工作液，37℃放置30 min；用酶标仪测定各个浓度的标准蛋白在562 nm处吸光值（参比波长设为0），将各管的标准蛋白浓度设为纵坐标，将其吸光度设为横坐标绘制标准曲线，利用origin做图并得到标准蛋白浓度曲线方程。

②取20 μL经过适当稀释的待测蛋白样品，加入200 μL BCA工作液，37℃放置30 min，用酶标仪测定562 nm处吸光值（参比波长设为0），利用标准蛋白浓度曲线方程计算出待测样品的蛋白浓度。

采用BCA法测得的BSA标准蛋白浓度曲线数据如下：BSA蛋白浓度为0、0.1 mg/mL、0.2 mg/mL、0.4 mg/mL、0.6 mg/mL、0.8 mg/mL、1 mg/mL时，其对应的OD_{562}值分别为0.098、0.250、0.406、0.671、0.889、1.152、1.410。使用Origin 8.0绘制蛋白质标准曲线如图2-36所示。

制作的曲线经过线性拟合，得到一次曲线方程为$Y=0.7717X-0.0920$，R^2为0.9989，证明测得的标准曲线线性良好，可以作为测定蛋白浓度的参考标准。

利用标准曲线拟合的公式计算出重组肠毒素蛋白、F4及F5菌毛蛋白溶液的浓度。采用索莱宝公司®开发的BCA蛋白检测试剂盒（bicinchoninic acid）检测提纯的样品，每个样品检测3次，3次平行数据取平均值即为该样品的蛋

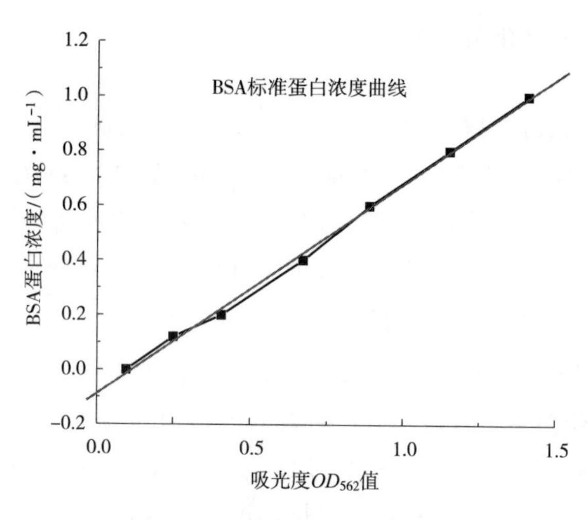

图 2-36 BSA 标准蛋白浓度曲线

白浓度。定量后的蛋白溶液经过冷冻干燥获得提纯的蛋白粉，再加入生理盐水精确稀释到需要的浓度（表 2-5）。

表 2-5 BCA 法检测待测蛋白样品浓度

项目名称	F4 菌毛蛋白			F5 菌毛蛋白			SLS 蛋白		
OD_{562}值	1.16	1.2	1.182	0.782	0.79	0.82	1.433	1.4	1.39
蛋白浓度/(mg·mL^{-1})	0.81	0.83	0.82	0.51	0.52	0.54	1.01	1.0	0.99
平均浓度/(mg·mL^{-1})		0.82			0.53			1.00	

2.2.2.4 SLS 诱导表达及提纯的聚丙烯酰胺凝胶电泳（SDS-PAGE）检测

本研究分别采用 10%、12.5%和 15% 3 个浓度分离胶的还原型 SDS-PAGE（Laemmli 体系，即 Tris-甘氨酸系统）对重组蛋白进行检测分析，对比不同浓度电泳效果并且分析重组蛋白的分离纯化过程。

操作步骤如下。

①将分离纯化不同阶段的重组蛋白按比例与 5×loading Buffer 混合，水浴煮沸 5 min。

②安装好制胶系统，按照表 2-6 所示配制要求浓度下的分离胶 16 mL，配制过程要混合均匀，避免产生气泡（超声脱气最佳）。

③用移液器（或者注射器）将分离胶缓慢加入到制胶系统中，尽量避免

产生气泡；在胶上层加入一层 1~5 mm 的蒸馏水，保持分离胶顶部水平并促进胶体凝聚，还可以祛除气泡；静置 1 h 左右，待分离胶凝固，倒掉水层，并用滤纸吸取剩余水分。

④按照表 2-6 说明配制 5%混合均匀的浓缩胶 4.5 mL，用移液器将浓缩胶加入到已凝固的分离胶层之上，预留一定空间，插入规格合适的梳子，补加浓缩胶；静置 30 min 左右，待浓缩胶凝固，轻轻拔取梳子，将装置放入电泳槽内。

⑤每个泳道加入 5 μL 处理好的样品，以低（或宽）分子量蛋白标准作为参比，设置浓缩胶中电压 80 V、分离胶中电压 150 V，开始电泳，并用冰水浴冷却电泳槽。

⑥电泳结束后，用染色处理 15 min，再用脱色处理 12~24 h，期间更换 3~4 次脱色液；对脱色完成的凝胶拍照，图片用 Gel-Pro Analyzer 4.0 进行分析，获得分离提纯各个阶段重组蛋白的纯度。

表 2-6　分离胶及浓缩胶配方

成分	体积/mL			
	10%分离胶	12.5%分离胶	15%分离胶	5%浓缩胶
dH_2O	5.90	4.9	3.4	2.590
A 液（30%单体）	5.00	6.00	7.500	0.750
B 液（4×buffer）	4.00	4.000	4.000	—
C 液（4×buffer）	—	—	—	1.125
10% APS	0.100	0.100	0.100	0.030
TEMED	0.010	0.010	0.010	0.005
总体积	15	15	15	4.5

重组三价肠毒素 SLS 大肠杆菌 BL21 在 LB 中扩培后，经过 IPTG 诱导表达重组三价肠毒素蛋白，采用超声破碎法获得以包涵体形式存在的重组蛋白，再通过洗涤、变性溶解、复性等提纯操作，获得纯化的重组蛋白溶液。在本研究的前期工作中采用常规方法对目的蛋白进行提纯操作，从全菌培养液到最后获得纯化蛋白的每个关键步骤都取样，进行 SDS-PAGE 检验提纯效果。电泳结果如图 2-37 显示，结果表明：

①加入 IPTG 诱导后，重组蛋白的表达量极大增加；

②得到了包涵体粗蛋白中重组蛋白的含量较高；

③采用常规方法对目的蛋白进行提纯，最后获得的目的蛋白含量较少，纯度不高（Gel-Pro Analyzer 4.0 分析结果为 11.2%）。因此，重组蛋白的诱导表达良好，但是提纯方法有待优化。

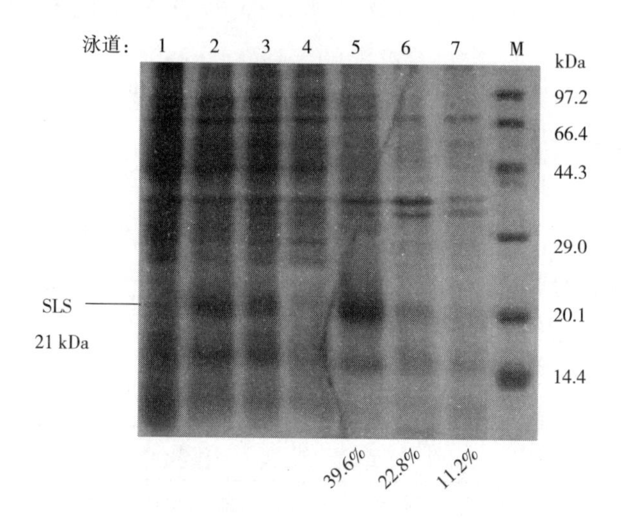

图 2-37　重组三价肠毒素蛋白 SLS 常规方法诱导表达提纯的电泳结果

（M：低分子量蛋白标准。泳道 1：未加 IPTG 的原菌液。泳道 2：IPTG 诱导后的全菌。泳道 3：超声破碎前菌液。泳道 4：破碎后上清液。泳道 5：破碎后沉淀-重组蛋白粗提物。泳道 6：经过洗涤后的包涵体。泳道 7：复性后的重组蛋白）

针对常规提纯方法无法得到高收率、高纯度的重组蛋白的问题，本研究对重组蛋白的提纯方法进行了优化，采用稀释—透析—超滤离心多重复性的方法，提取纯化重组蛋白。电泳结果如图 2-38 显示，结果表明：泳道 6 是经过优化方法得到的纯化重组三价肠毒素蛋白，蛋白纯度较高几乎无杂带（Gel-Pro Analyzer 4.0 分析结果为接近 100%），同体积扩培菌液获得的重组蛋白收率也较高。

重组蛋白的表达和提取纯化是基因重组大量获取目的蛋白的关键步骤，直接影响的基因重组的成功与否。以大肠杆菌为载体的重组蛋白的常规表达是采用 IPTG 作为诱导剂。IPTG 是 β-半乳糖苷酶的活性诱导物质，十分稳定且不被细菌代谢，因此它常作为具有 lac 或 tac 等启动子的表达载体的表达诱导物使用。本研究选取合适的诱导时间以及诱导剂用量，让目的蛋白重组肠

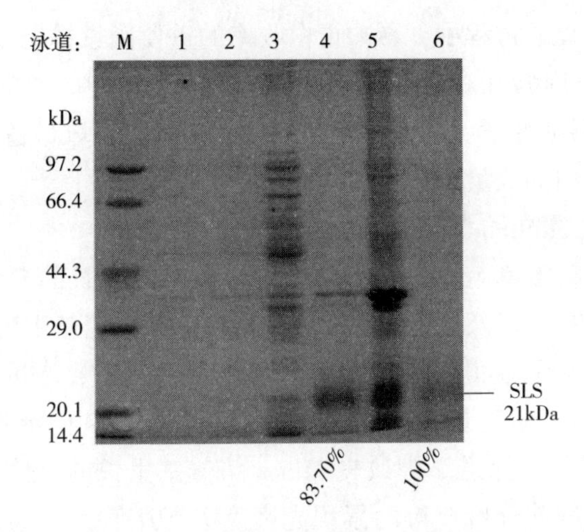

图 2-38　重组三价肠毒素蛋白诱导表达及提纯的优化结果

[M：低分子量蛋白标准。泳道 1：未加 IPTG 的原菌液。泳道 2：IPTG 诱导后的全菌。泳道 3：超声破碎前菌液（浓缩后）。泳道 4：破碎后沉淀-重组蛋白粗提物。泳道 5：纯化后剩余杂蛋白。泳道 6：纯化后的重组蛋白]

毒素得以大量地表达。

重组蛋白表达后以包涵体的形式存在于细胞内，采用超声破碎并离心后，重组蛋白主要分布于获得的沉淀中。经洗涤液洗涤去掉沉淀中的核酸、金属离子等杂质后，用溶解液溶解沉淀，则目的蛋白就会转移到液体中。溶解液中的主要成分是尿素，利用尿素打开包涵体中氢键，破坏二级以上结构，包涵体便可以溶解，利用这些步操作除去其他不溶性杂质。但是获取纯化的重组蛋白，需要除去新加入的尿素，才能让重组蛋白复性，获得纯度较高拥有天然构象的目的蛋白。

本研究前期采用常规方法对重组目的蛋白进行提纯操作，但是效率不高，提纯方法有待优化。后续研究中采用了稀释—透析—超滤离心多重去除尿素的方法，获得了提纯效果很好的重组蛋白，因此在本研究制备疫苗的过程中可以采用优化方式提纯重组肠毒素蛋白作为抗原。

2.2.2.5　菌毛蛋白提纯的 SDS-PAGE 检测

本研究中，菌毛蛋白的提取方法采用热振荡法，即在保证菌毛蛋白不变性的温度范围内，通过温浴以及振荡，促使菌毛脱落。菌毛蛋白的纯化采用等电点沉淀法，即调节 pH 至菌毛蛋白的等电点，获得蛋白沉淀即为纯化的目的蛋白。

在菌毛蛋白提取过程中，影响蛋白收率的重要因素是菌毛蛋白的表达量。因此本研究中采用常用的大肠杆菌培养基 LB 培养基、TSB 培养基、改良 Minca 培养分别接种培养，对比菌毛蛋白的表达量，选取最适培养基来培养菌种，获得菌毛蛋白的大量表达。

（1）F4 菌毛蛋白的表达效果

通过分别对比改良 Minca 培养基和 LB 培养基中生长的 ETEC 获得的 F4 菌毛蛋白（图 2-39），以及改良 Minca 培养基和 TSB 培养基中生长的 ETEC 获得的 F4 菌毛蛋白（图 2-40），相比之下可以看到，从改良 Minca 培养基中生长的 ETEC 提取的 F4 菌毛蛋白含量较高。对比图 2-39 中泳道 1 和泳道 2 中 28.1 kDa 目的条带，泳道 2 即改良 Minca 培养基生长的全菌蛋白条带，此目的条带较清晰，软件分析获得的累积光密度（*IOD* 值）较高，计算得到的目的蛋白得率 9.44%高于 LB 培养基的 6.61%。对比图 2-40 中，改良 Minca 培养基的目的蛋白得率为 59.3%高于 TSB 培养基的 48.0%，因此不管是全菌蛋白还是提取的粗蛋白中的目的蛋白含量，改良 Minca 培养基中培养的菌液都要高于 TSB 培养基。

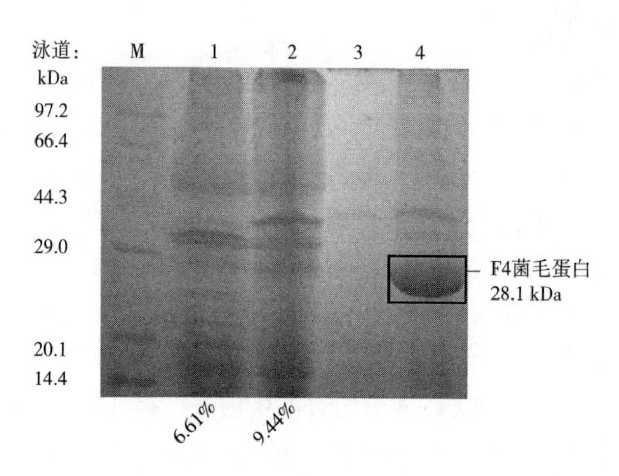

图 2-39　改良 Minca 培养基和 LB 培养基表达 F4 菌毛蛋白的对比效果

（M：低分子量蛋白标准。泳道 1：LB 培养基中生长的 F4⁺全菌液。泳道 2：改良 Minca 培养基中生长的 F4⁺全菌液。泳道 3：LB 培养基得到 F4 菌毛粗蛋白。泳道 4：改良 Minca 培养基得到 F4 菌毛粗蛋白）

（2）F4 菌毛蛋白的纯化效果

利用热振荡法获得的菌毛蛋白粗提液，在 pH 为等电点条件下，因目的蛋白沉淀而得到纯化。图 2-41 中 F4 菌毛蛋白纯化的 SDS-PAGE 结果显示出等

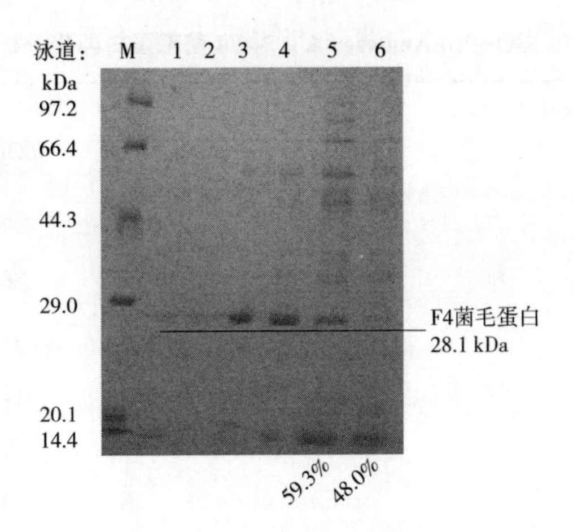

图 2-40　改良 Minca 培养基和 TSB 培养基表达 F4 菌毛蛋白的对比效果

（M：低分子量蛋白标准。泳道 1：改良 Minca 培养基中得到的纯化菌毛蛋白。泳道 2：TSB 培养基中得到的纯化菌毛蛋白。泳道 3：TSB 培养基中得到的菌毛粗蛋白。泳道 4：改良 Minca 培养基中得到的菌毛粗蛋白。泳道 5：改良 Minca 培养基中得到全菌液。泳道 6：TSB 培养基中得到的全菌液）

电点法纯化获得纯度很高的目的蛋白，直观地显示了纯化的效果。

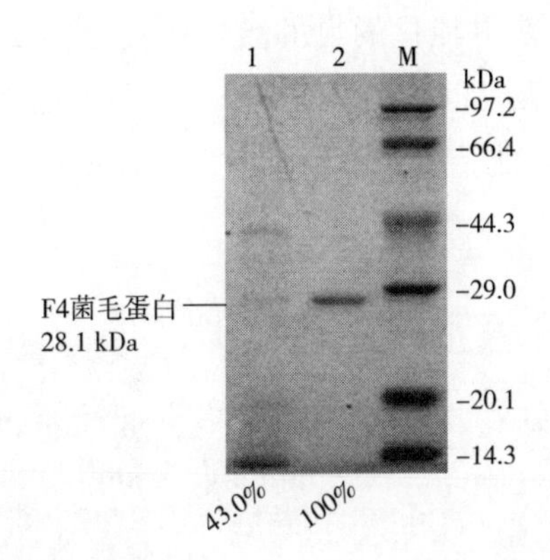

图 2-41　F4 菌毛蛋白的纯化（改良 Minca 培养基）

（M：低分子量蛋白标准。泳道 1：F4 菌毛粗蛋白。泳道 2：纯化后的 F4 菌毛蛋白）

表 2-7 为利用软件 Gel-Pro Analyzer 4.0 对 F4 菌毛蛋白纯化的 SDS-PAGE 结果分析的数据，分析结果显示 F4 菌毛目的条带大小约为 28.1 kDa，而且粗蛋白经过等电点法纯化之后的纯度由原来的 43.0%上升至约 100%，纯化效果良好。

表 2-7 Gel-Pro Analyzer 4.0 对 F4 菌毛蛋白纯化分析结果

泳道:	泳道 1		泳道 2		泳道 3	
余带	(分子量/kDa)	(IOD)	(分子量/kDa)	(IOD)	(分子量/kDa)	(IOD)
1	42.206	172.23	28.098	30.711	97.2	67.848
2	28.098	187.25			66.4	65.075
3	19.404	3.8082			44.3	62.142
4	13.325	72.292			29	80.896
5					20.1	114.48
6					14.3	174.97
总计		435.58		30.711		565.41
占比		43.0%		100%		

(3) F5 菌毛蛋白的表达和纯化效果

利用改良 Minca 培养基培养标准 F5⁺产肠毒素大肠杆菌，通过 SDS-PAGE 进行全菌蛋白检测。利用热振荡法获得的 F5 菌毛蛋白粗提液，在 pH 为 F5 菌毛蛋白等电点条件下，获得纯化的目的蛋白沉淀。图 2-42（a）中全菌蛋白 SDS-PAGE 结果显示 F5 菌毛的表达量为 20%，菌毛表达比较丰富；图 2-42（b）中 F5 菌毛蛋白纯化的电泳结果显示出等电点沉淀法纯化效果很好，获得了纯度较高的目的蛋白。

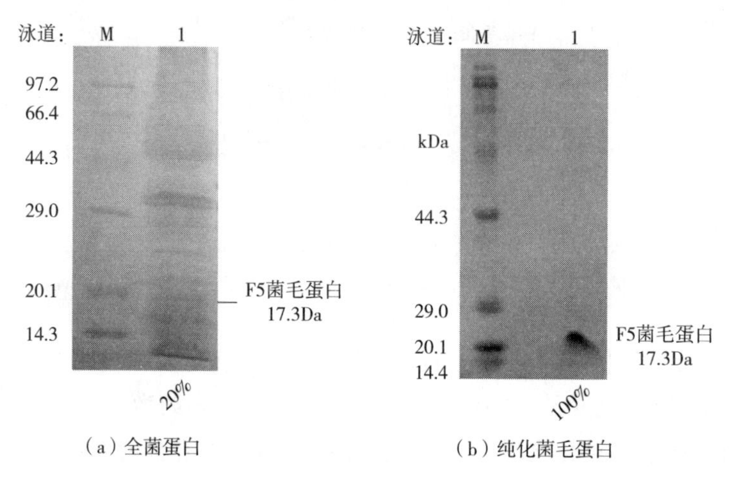

（a）全菌蛋白　（b）纯化菌毛蛋白

图 2-42 改良 Minca 培养基培养标准 F5⁺菌株以及菌毛蛋白的纯化

大肠杆菌表面生长的菌毛就是表面抗原的一种，在不同的培养基条件下，菌毛的表达和生长量有所不同。本研究采用了几种大肠杆菌常用的培养基 LB 培养基、TSB 培养基以及改良 Minca 培养基分别对 ETEC 菌株进行培养。结果显示相同培养条件下，不同培养获得的菌毛蛋白的表达量有所不同，其中改良 Minca 培养基中培养的菌株菌毛的表达量最高，其他两种培养基获得的菌毛表达量较差。从培养基配方的差异进行分析，改良 Minca 培养基中添加了锰、镁、铁等微量元素，这些微量元素很有可能就是促进菌体表面菌毛蛋白表达量增加的原因。因此，在提取菌毛蛋白作为抗原的过程中，可以采用改良 Minca 培养基来培养菌体，以获得表达量较大的菌毛蛋白。

2.2.2.6　重组复合疫苗的配制

以提纯得到的重组三价肠毒素蛋白和多种菌毛蛋白作为抗原，添加佐剂混匀以后，制备成多价复合疫苗，以期从菌毛层次和肠毒素层次进行多重预防，达到更佳的免疫保护效果。制备单纯菌毛类型、单纯重组肠毒素类型以及肠毒素—菌毛复合类型 3 种疫苗，并且对比免疫保护效果。

（1）混合菌毛疫苗

取分离提纯的 F4、F5 菌毛蛋白溶液以及相应的佐剂，按照比例混合，每支疫苗的体积为 10mL。

初免疫苗：分别取 2.5 mL 浓度为 2 mg/mL 的 F4 菌毛蛋白、F5 菌毛蛋白与 5 mL 弗氏完全佐剂，按照 1∶1∶2 的比例混合，在注射器中反复推拉至充分乳化。

二免疫苗：分别取 2.5 mL 为浓度 2 mg/mL 的 F4 菌毛蛋白、F5 菌毛蛋白与 5 mL 铝佐剂，按照 1∶1∶2 的比例混合，在注射器中反复推拉至充分均匀不分层。

（2）重组三价肠毒素疫苗

取分离提纯的重组三价肠毒素蛋白溶液分成两组，与相应的佐剂等体积混合均匀，每支疫苗体积为 10 mL。

初免疫苗：取 5 mL 浓度为 2 mg/mL 的 SLS 溶液与 5 mL 弗氏完全佐剂等体积混合，在注射器中反复推拉至充分乳化。

二免疫苗：取 5 mL 浓度为 2 mg/mL 的 SLS 溶液与 5 mL 铝佐剂等体积混合，在注射器中反复推拉至充分均匀不分层。

（3）重组肠毒素及菌毛多价复合疫苗

取分离提纯的重组三价肠毒素蛋白以及 F4、F5 菌毛蛋白溶液，分两组加入不同的佐剂混匀，制备初免和二免用疫苗，每支疫苗体积为 10 mL。

初免疫苗：分别取 1.7 mL 浓度为 2 mg/mL 的 SLS、F4 菌毛蛋白及 F5 菌毛蛋白溶液与 5 mL 弗氏完全佐剂，按照 1∶1∶1∶3 的比例混合，在注射器中反复推拉至充分乳化。

二免疫苗：分别取 1.7 mL 浓度为 2 mg/mL 的 SLS、F4 菌毛蛋白及 F5 菌毛蛋白溶液与 5 mL 铝佐剂，按照 1∶1∶1∶3 的比例混合，在注射器中反复推拉至充分均匀不分层。

2.2.2.7 本地菌株全菌灭活疫苗的制备

（1）分离菌株的培养及灭活

挑取 PCR 鉴定为肠毒素阳性的菌株，于 37℃、200 r/min 摇床培养 24 h；培养后的菌液加入 0.4%的甲醛 37℃灭活 24 h，期间每隔 8 h 摇晃振荡 1 次。

（2）无菌检验

取完成灭活操作的菌液，接种于 LB 固体培养基上 37℃倒置培养 48 h，观察细菌生长状况，若无菌落生长，即灭活完全。

（3）菌液浓度与 OD_{600} 值一次方标准曲线的制作

为了精确培养后的菌液浓度，需要制作菌液浓度与 OD_{600} 值一次方标准曲线。取分离的菌株扩培 14~16 h 后，重新接种于 200 mL 的 LB 液体培养基中，培养 30 min 后，大肠杆菌进入对数生长期，每隔 30 min 取菌样，共取样 5 次，分别测取菌液的 OD_{600} 值，同时进行平板计数。利用平板计数法确定的菌液浓度和酶标仪测定的 OD_{600} 值绘制菌液浓度标准曲线（图 2-43）。

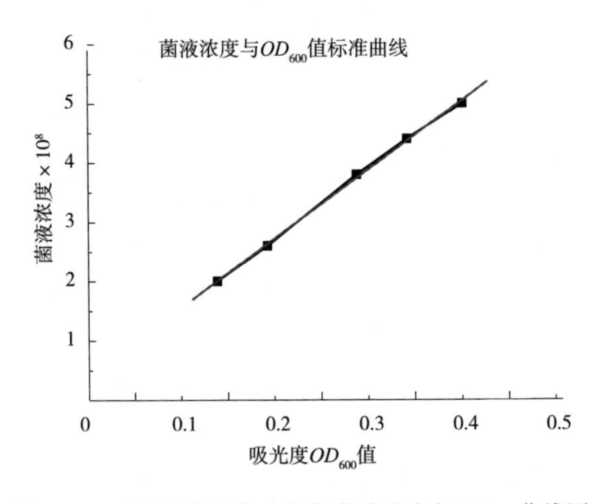

图 2-43　大肠杆菌对数生长期菌液浓度与 OD_{600} 曲线图

制作的曲线经过线性拟合，得到一次曲线方程为 $Y=11.6290X+0.3900$，R^2 为 0.9986，证明测得的标准曲线线性良好，可以作为测定菌液浓度的参考标准。

（4）全菌灭活疫苗的制备

将灭活完全的菌液，于 4℃、7000 r/min 离心 10 min，收集菌体沉淀，用 PBS 溶液洗涤，上述操作重复 3 次。检测菌液浓度，用生理盐水稀释菌液至终浓度 10^9 CFU/mL。加入佐剂：分别两组 5 mL 灭活菌液，一组加入等体积的完全弗氏佐剂（初免用），另一组加入不完全弗氏佐剂（加强免疫用），混合均匀至充分乳化。制备的全菌灭活疫苗置于 4℃冰箱保存待用。

2.2.3 重组复合疫苗安全性及免疫原性的评价

2.2.3.1 疫苗安全性检测

（1）小鼠免疫安全检测

选取 12 只体重在 20 g 左右的小鼠，分别皮下注射 4 组制备的疫苗，每组注射 3 只，每只注射剂量 0.5 mL，观察 2 周，记录小鼠的生长及存活状况。

（2）成年猪免疫安全检测

选取 12 头体重在 40 kg 以上未妊娠成年母猪，随机将制备的 4 种疫苗分别颈部注射到母猪体内，每组疫苗 3 头，每头注射剂量为 8mL，连续观察 2 周，检查注射疫苗的母猪饮食是否正常，是否出现不良反应。

经过免疫注射的小鼠和成年猪均未出现不良反应，试验小鼠和成年猪的进食、睡眠、精神状况良好，证明本研究所制备疫苗安全可靠，可以用作后续的免疫试验。

2.2.3.2 重组复合疫苗对小鼠的免疫保护

在检验重组复合疫苗对仔猪大动物的免疫保护之前，先采用小鼠作为实验动物，检测重组疫苗的免疫保护效果。将昆明小鼠 60 只随机分为 6 组，每组 10 只小鼠，各组采用的抗原见表 2-8。免疫 3 次，每次间隔两周，最后一次免疫后两周进行攻毒（图 2-44）。攻毒剂量为每只小鼠腹腔注射 2×10^8 CFU ETEC F4 活菌，随后的两周内观察并记录小鼠的发病及死亡情况。

表 2-8 多价肠毒素免疫小鼠的分组情况

分组	抗原	免疫剂量/只	注射体积/mL
1	SLS 蛋白	100 μg	0.3
2	LSS 蛋白	100 μg	0.3

续表

分组	抗原	免疫剂量/只	注射体积/mL
3	pCⅠ-*SLS* 质粒	100 μg	0.1
4	LTB 蛋白	60 μg	0.3
5	灭活 *E. coli* F4	3×10^8 CFU	0.3
6	PBS（对照组）	0.3 mL	0.3

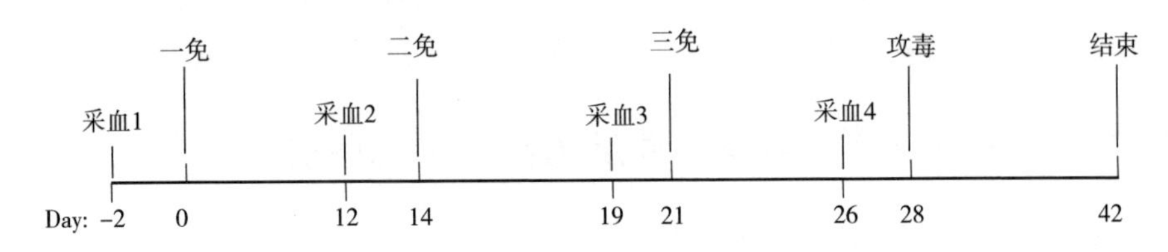

图 2-44 多价肠毒素免疫小鼠及攻毒的日程安排

（1）小鼠的采血

每次免疫前两天及攻毒前两天进行采血，一共采血 4 次。采血方法为割尾采血法，其操作步骤为：先将小鼠置于 32℃培养箱内加热 10~15 min，然后取出小鼠进行保定，用酒精棉擦拭尾巴，待酒精完全挥发后，用消毒的手术刀片割破其尾部静脉血管，血液从切口处流出，用无菌 1.5 mL 离心管收集血液。每只小鼠的安全采血量不超过 0.2 mL。注意在尾部做切口，应该从尾巴的末端开始。

（2）血清的制备

将采集的全血 37℃水浴 30 min，然后置于 4℃冰箱中过夜，第二天可见淡黄色的血清析出，用无菌吸头将上层血清吸出，转移至 1.5 mL 无菌离心管内，剩余的全血在 4℃下 6000 r/min 离心 10 min，吸出上层血清。血清保存于-20℃备用。

（3）小鼠血清抗体中和 ST 毒性的测定

小鼠经重组肠毒素三价蛋白 LSS 或 SLS 免疫后，通过 ELISA 法测定，获得了较高效价的抗 STa 及 STb 特异性 IgG。在 ELISA 测定中表现较高的抗体效价，不意味此抗体一定具有中和抗原生物活性的能力。因此，为了检测所获得的 IgG 是否具有中和 STa 及 STb 肠毒性的抗体活性，我们使用乳鼠实验进行小鼠血清抗体的中和试验。

抗多价肠毒素特异性 IgG 中和 STa 毒性的实验结果见图 2-45，SLS sera（重组肠毒素蛋白 SLS 免疫小鼠获得的抗血清）与 LSS sera（重组肠毒素蛋

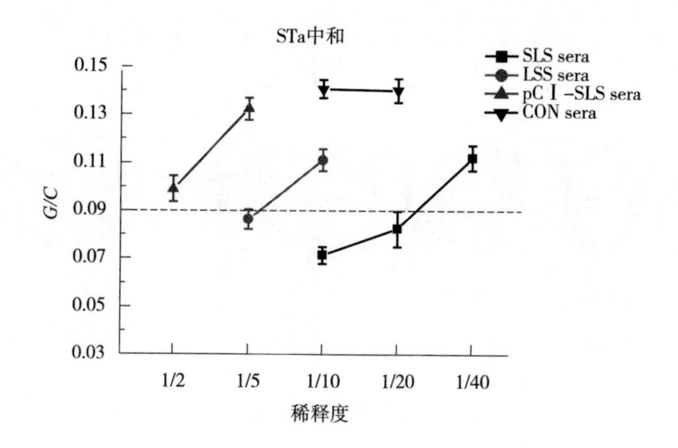

图2-45 小鼠抗血清中和STa毒性的测定

［重组肠毒素SLS蛋白、LSS蛋白、pCⅠ-SLS质粒DNA、灭活ETEC F4菌株3次免疫KM小鼠获得的血清分别表示为SLS sera、LSS sera、pCⅠ-SLS sera、CON sera。4组血清倍比稀释后与*E. coli* F5菌株培养上清混合并在37℃孵育1 h，灌胃乳鼠（$n=3$），进行乳鼠试验测定。$G/C \geq 0.090$（用虚线表示）认为是STa阳性，表明该稀释度下的血清没有中和活性；$G/C<0.090$认为是STa阴性，表明检测的抗血清有中和活性］

白LSS免疫小鼠获得的抗血清）均能够中和ETEC F5菌株培养上清中的STa的毒性，若以乳鼠肠道获得阴性反应的最大血清稀释度作为中和效价，SLS sera的中和效价为1/20，而LSS sera的中和效价为1/5，因此SLS sera中和STa的能力高于LSS sera，这与ELISA测定中两种血清抗STa效价的高低趋势一致。DNA疫苗组的pCⅠ-SLS sera（抗原为pCⅠ-SLS质粒）在1/2与1/5两个稀释度下都没有中和STa的活性。对照组的CON sera（抗原为灭活ETEC F4）在1/10与1/20两个稀释度下都没有中和STa的活性。

抗多价肠毒素特异性IgG中和STb毒性的实验结果见图2-46，SLS sera、LSS sera、pCⅠ-SLS sera均能够中和Trx-STb融合蛋白中STb的毒性，若以乳鼠肠道获得阴性反应的最大血清稀释度作为中和效价，SLS sera的中和效价为1/40，LSS sera的中和效价为1/80，pCⅠ-SLS sera的中和效价为1/10，这与ELISA测定中3种血清抗STb效价的高低趋势基本一致。对照组的CON sera（抗原为灭活ETEC F4）在1/20与1/40两个稀释度下都没有中和STb的活性。

（4）重组肠毒素蛋白毒性的测定

重组肠毒素蛋白STa-LTB-STb及LTB-STa-STb给猪、牛、羊等动物免疫

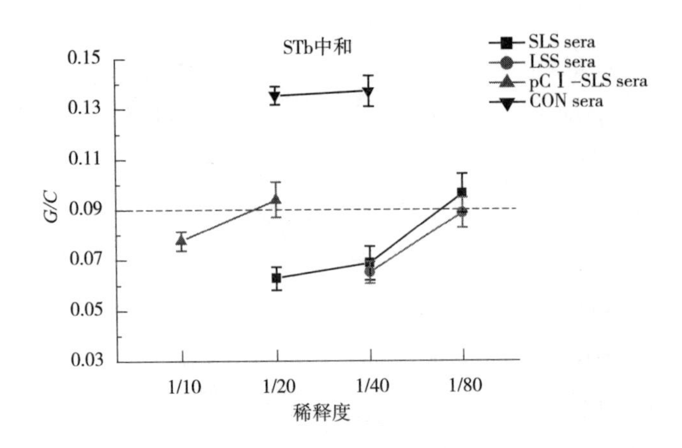

图 2-46 小鼠抗血清中和 STb 毒性的测定

[重组肠毒素 SLS 蛋白、LSS 蛋白、pC Ⅰ-SLS 质粒 DNA、灭活 ETEC F4 菌株 3 次免疫 KM 小鼠获得的血清分别表示为 SLS sera、LSS sera、pC Ⅰ-SLS sera、CON sera。4 组血清倍比稀释后与重组毒性蛋白 Trx-STb 混合并在 37℃孵育 1 h，灌胃乳鼠（$n=3$），进行乳鼠试验测定。$G/C \geq 0.090$（用虚线表示）认为是 STb 阳性，表明该稀释度下的血清没有中和活性；$G/C<0.090$ 认为是 STb 阴性，表明检测的抗血清有中和活性]

时，其潜在的毒性可能会对动物产生不良影响，因此对纯化的重组蛋白用乳鼠实验检测其毒性，结果见表 2-9。实验中采用的最高剂量为 20 μg 重组蛋白 SLS 或 LSS，两者均没有引起乳鼠肠道积累过多的分泌液，其 G/C 小于临界值 0.090。说明在 20 μg 剂量下，作为免疫抗原的重组蛋白 SLS 或 LSS 均没有 STa 肠毒性。由于 STa 的分子量占重组蛋白 SLS 或 LSS 的分子量的约 10%（2/21 kD），所以 20 μg 多价肠毒素蛋白中 STa 的质量约为 2 μg，这一剂量约是 STa 纯毒素的最小有效剂量（10 ng）的 200 倍。因此，本实验构建的多价重组肠毒素蛋白 SLS 和 LSS 的毒性被严重削弱，降低到天然毒素毒性的 0.5%以下，因此这两种多价重组肠毒素蛋白作为抗原来免疫动物具有良好的安全性。

表 2-9 乳鼠实验检测重组肠毒素蛋白 SLS 与 LSS 的毒性

重组蛋白	剂量/μg	G/C 平均值 ± SD	乳鼠数量/只
SLS	1	0.065 ± 0.003	3
	5	0.072 ± 0.006	3
	20	0.079 ± 0.005	4

续表

重组蛋白	剂量/μg	G/C 平均值 ± SD	乳鼠数量/只
LSS	1	0.071 ± 0.005	3
	5	0.075 ± 0.007	3
	20	0.082 ± 0.004	4

（5）小鼠攻毒保护实验结果

试验小鼠经 3 次免疫后进行腹腔注射攻毒，观察两周内的发病及死亡情况，具体结果见图 2-47。各组的存活率分别为：SLS 蛋白组——70%、LSS 蛋白组——50%、pCⅠ-SLS 质粒组——50%、LTB 蛋白组——40%、灭活 *E. coli* F4 组——20%、PBS 组——0。SLS 蛋白组的保护率最高，与对照组相比有极显著差别（$P < 0.01$）；LSS 蛋白组与 pCⅠ-SLS 质粒组的保护率稍低于 SLS 蛋白组，两组均为 50%，与对照组相比有显著差别（$P < 0.05$）；LTB 蛋白组小鼠也获得了一定的保护，最终 4 只小鼠存活超过两周；灭活 *E. coli* F4 组的保护率较低，只有 2 只小鼠存活超过两周；只注射 PBS 的对照组小鼠在攻毒后的 2 天内全部死亡。

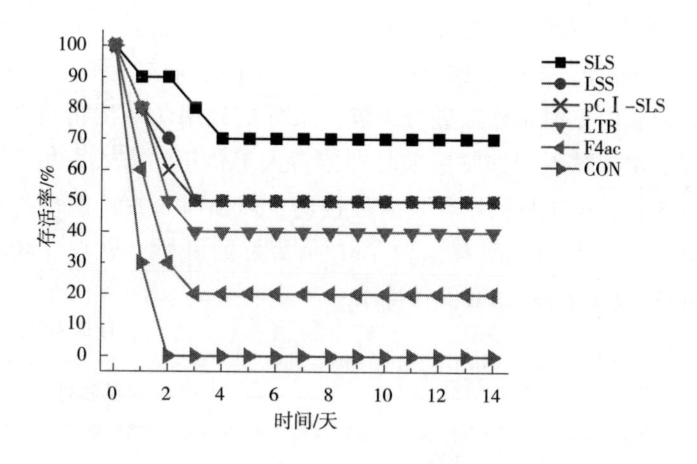

图 2-47　小鼠经免疫及 ETEC F4 菌株攻毒后的生存曲线

［6 组 KM 小鼠（n = 10）分别经重组肠毒素 SLS 蛋白、LSS 蛋白、pCⅠ-SLS 质粒 DNA、LTB 蛋白、灭活 *E. coli* F4 及 PBS（CON）3 次免疫，之后用 ETEC F4 菌株腹腔注射攻毒，图示为攻毒后两周内各组小鼠的存活情况］

因此，根据致死性剂量的小鼠攻毒保护实验结果，构建的两种多价肠毒素重组蛋白中 SLS 蛋白比 LSS 蛋白的免疫保护性好，多价肠毒素 DNA 疫苗 pCⅠ-SLS 也取得了较好的保护效果。

2.2.3.3 重组复合疫苗对仔猪的免疫保护

（1）妊娠母猪免疫

选取 15 头受孕时间相同，预产期相近的杜洛克-大白-长白（杜长大）杂交母猪，进行疫苗免疫效力的检测。将受试母猪编号后随机分为 5 组，每组 3 头，按组分别向妊娠母猪注射 4 种疫苗，以无菌生理盐水作为空白对照组，每支疫苗选用注射剂量为 8 mL，分别在母猪颈部左右两侧各注射一半。疫苗免疫过程分为初次免疫和增强免疫两次，初次免疫于产前 30 天进行，初免两周后进行增强免疫。疫苗在使用前注意持续低温保存，使用时恢复至母猪体温再行注射，两次免疫使用疫苗的剂量、方式及注射位置保持一致。

（2）免疫后母猪血清和母乳样品采集和处理（图 2-48）

对免疫后母猪采用耳后静脉取血方式，初免后开始，每周采血一次至产前两天，每猪次采血量为 1~5mL，按照妊娠母猪编号和采血时间准确标记血样。采样过程中需要 2~3 名采血人员，穿戴好手套、口罩、头罩和隔离服等防护措施以避免携带外源病原，一名采血员套住猪鼻子控制母猪不能乱动，另一名采血员摁住耳后静脉，待血管充血明显且观察到静脉，用消毒采血管迅速收集血液，做好标记。取 1mL 采集好的血样，离心（4000 r/min，4℃，20 min）收集上清，4℃保存待用。

生产后两天内立即对母猪进行采乳，采乳前先用 75%酒精清洗乳头，再用无菌生理盐水擦拭干净，使用采乳器或者人工挤压的方式采集母乳，每猪次采集母乳 5mL。由于母猪泌乳是阶段性的，需随时观察选取母乳充盈的时候进行采乳以保证足量的乳样。取 1mL 采集好的乳样，离心（4000 r/min，4℃，20 min）收集上清，4℃保存待用。

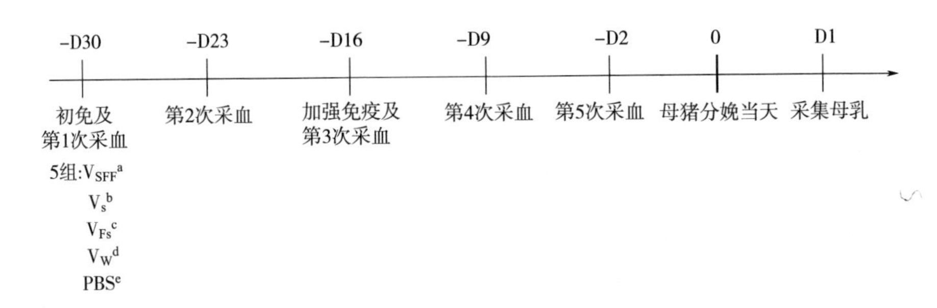

图 2-48 妊娠母猪免疫接种、采血和采初乳的日程安排

(3) 间接酶联免疫法 (ELISA) 检测抗体效价

采用间接酶联免疫吸附法 (ELISA) 检测血清和乳清中各个抗原相应的特异性抗体效价的检测。ELISA 的检测方法首先是固定抗原，将抗原稀释为最适包被浓度，以每孔 100 μL 体积加入 96 孔酶标板，4℃过夜后洗涤酶标板 3 次，每孔加入 100 μL 封闭液，37℃温育 2 h 进行封闭；再将酶标板洗涤 3 次，96 孔板依次加入 100 μL 倍比稀释后的血清 (或者乳清)，同时加入阴性对照、阳性对照和空白对照，37℃反应 2 h 进行一抗的孵育；再将酶标板洗涤 3 次，96 孔板依次加入 100 μL 兔抗猪 IgG- HRP，37℃反应 1 h 进行二抗孵育；洗涤酶标板 5 次，96 孔板依次加 100 μL TMB 底物溶液，室温避光条件下显色 20 min，每孔加 50 μL 终止液终止反应，用酶标仪测 $OD_{450/630}$值，OD 值大于阴性对照平均值 2.1 倍的最高稀释度为其抗体效价。

本研究中间接 ELISA 实验分别采用重组肠毒素 SLS、F4 菌毛蛋白、F5 菌毛蛋白和 F41 灭活全菌抗原对酶标板进行包被，4 种疫苗中各个抗原的最佳包被浓度见表 2-10。

表 2-10 各抗原最佳包被浓度

抗原	SLS	F4 菌毛蛋白	F5 菌毛蛋白	F41 全菌
抗原包被最佳稀释比	1∶1000	1∶500	1∶200	—
抗原包被最佳浓度	1 μg/mL	2 μg/mL	5 μg/mL	1×10^9 CFU/mL

间接 ELISA 法是检测抗体最常用的方法，其原理为利用酶标记的二抗检测已与固相抗原结合的受检抗体，故称为间接法。本研究采用间接 ELISA 法检测了妊娠母猪免疫后血样中特异性抗体的持续变化趋势 (图 2-49)，以及产前达到顶峰的血清抗体水平和初乳中抗体水平 (图 2-50)。从图 2-49 可以看到，从初次免疫开始，各组疫苗免疫的妊娠母猪血清中抗 ETEC 的不同抗体水平都呈现上升趋势；其中如图 2-49 (a) 所示，在 V_{SFF}组免疫母猪血清中，抗 SLS 的抗体水平在初免后第二周上升较快，直到初免后第四周抗体水平明显高于抗 F4 和 F5 菌毛蛋白抗体的水平；如图 2-49 (b) 所示，V_S组免疫母猪的血清中抗 SLS 的抗体水平上升最快，在初免第四周时 V_S组抗 SLS 的抗体水平高于 V_{Fs} 组和 V_W 组，V_W 组抗 F41 全细胞抗原的抗体水平次之。抗 SLS 的抗体水平较高说明 SLS 抗原的免疫原性很强，免疫 4 周后各种抗原的抗体效价都达到 1∶10000 以上，疫苗效果良好。

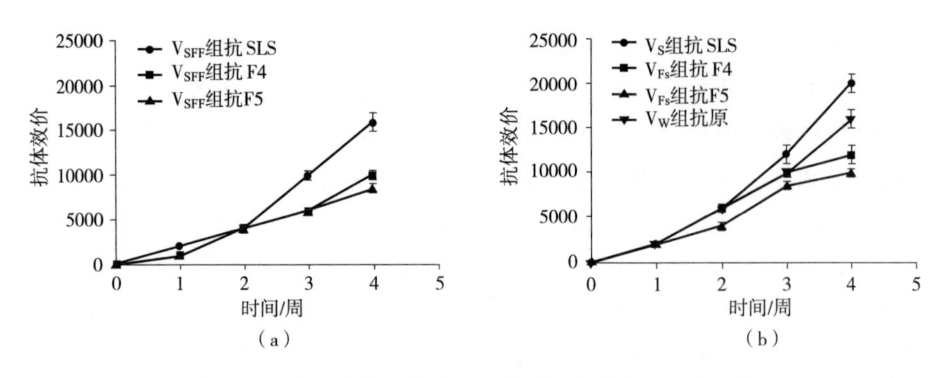

图 2-49　免疫母猪血液中各种抗原相应抗体效价的变化

如图 2-50 所示，对比免疫母猪分娩前血清中的抗体水平，V_{SFF}组中抗 SLS、抗 F4 菌毛和抗 F5 菌毛的抗体水平与模型对照组都差异极显著，V_S组中抗 SLS 抗体水平与模型对照组差异极显著，V_{Fs}组中抗 F4 菌毛和抗 F5 菌毛的抗体水平与模型对照组差异极显著。初乳中的抗体水平同分娩前血清中抗体水平保持一致，说明本研究制备的疫苗所含的多种抗原在母猪体内高效地激发了特异性免疫，针对性地产生高水平的特异性抗体，同时母猪体内的特异性抗体通过母乳有效地传递给仔猪，给免疫系统未发育完全的初生仔猪提供了重要的被动免疫保护。

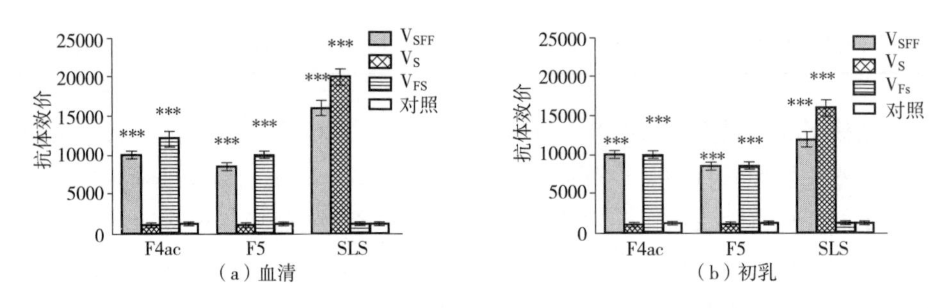

图 2-50　免疫母猪分娩前血液以及初乳中的抗体效价

（4）仔猪攻毒及腹泻程度评价

从本地腹泻仔猪便样中分离出 ETEC 致病菌，经 PCR 鉴定菌毛类型为 F41，将野生型 $F41^+$ ETEC 菌株在 TSA 培养基中扩培，稀释菌液浓度至 10^9 CFU/mL，用于建立仔猪攻毒模型。母猪产仔后，向 2 日龄的仔猪口服喂食 3 mL 的 $F41^+$攻毒菌液，并且攻毒后一周内持续观察仔猪的生长状况，评价肠道应激及腹泻程度。

仔猪受 ETEC 感染导致肠道应激主要以腹泻现象为主，具体特征表现为粪便稀度高且呈黄色；仔猪肛门有粪便残留甚至红肿；普遍脱水严重、体重下降；皮毛稀疏凌乱、皮肤涩白没有红润光泽。为了客观量化评价仔猪的腹泻程度，我们引入了在食品科学研究中常用的感官评价法，从便样稀度、脱水严重程度、皮肤负指数和毛发负指数 4 个方面建立标准，依次对每头仔猪的腹泻程度进行打分，以客观分数来评价各组仔猪的腹泻发生情况，感官评价的具体标准见表 2-11。

表 2-11　仔猪腹泻感官评价标准

腹泻程度感官评价分数		1	2	3	4	5
便样稀度	硬度	很好	好	中等	一般	差
	形态	（硬）条状或粒状	（软）条状或粒状	糊状	稀糊状	水状
脱水严重程度	肋骨突出度	无	不明显	略有	明显	非常明显
	眼窝内陷度	无	不明显	略有	明显	非常明显
皮肤负指数	皮肤褶皱度	无	不明显	略有	明显	非常明显
	皮肤红润度	非常明显	明显	微红	不明显	苍白
毛发负指数	毛发亮泽度	非常明显	明显	不明显	暗淡	无光泽
	毛发光滑度	非常柔顺	柔顺	略显凌乱	凌乱	非常凌乱

初步观察产后一周内各组仔猪生长状况、粪便稀度、肥瘦程度等，经过攻毒后的模型对照组仔猪生长状况不乐观，多数仔猪出现粪质稀薄的现象以及由于排便次数增加等肠道应激反应导致的肛门红肿、体形消瘦、精神萎靡和皮毛稀疏等症状，呈现典型的仔猪腹泻病症。受疫苗保护的 4 个实验组仔猪大都生长状况和精神状态良好、皮肤红润、毛发亮泽、进食活跃。

根据本研究所建立的仔猪腹泻感官评价标准，记录产后一周各组仔猪平均体重和生长状况并对各组仔猪腹泻程度的指标进行打分，结果见图 2-51。如图 2-51（a）所示，受 V_{SFF} 疫苗组保护的仔猪平均体重最高，约为 1.8kg，各组仔猪平均体重顺序为 $V_{SFF}>V_{W}>V_{S}>V_{Fs}>$对照，其中 V_{SFF} 组与模型对照组差异极显著（$p<0.001$）；如图 2-51（b）～（e）所示，评价仔猪腹泻程度的 4 个指标：便样稀度、脱水严重程度、皮肤负指数和毛发负指数，受 V_{SFF} 疫苗组保护的仔猪的平均分值都远远低于模型对照组，差异极显著。

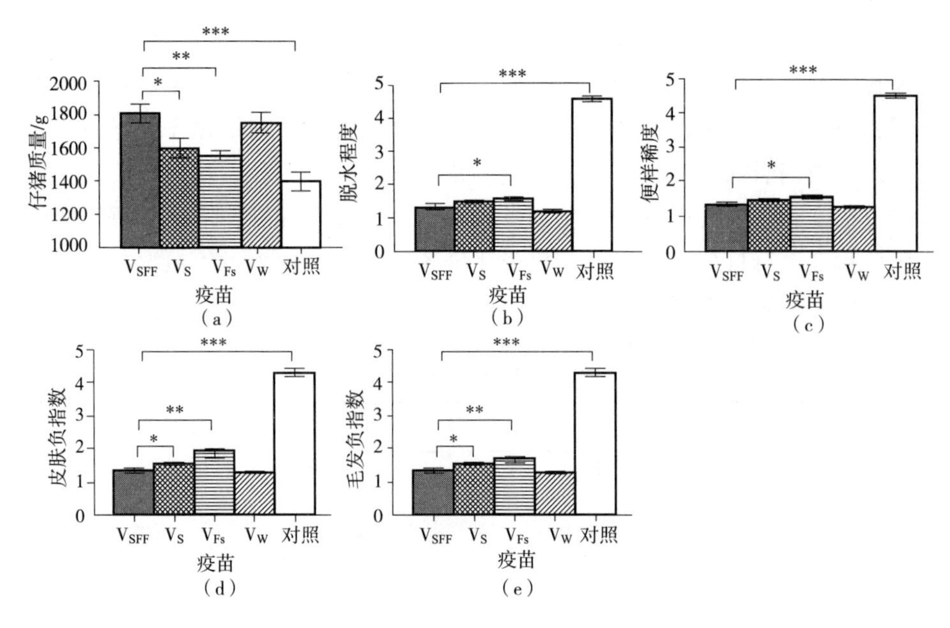

图 2-51　各组仔猪腹泻程度的感官评价

为了直观地判断疫苗的被动免疫保护效果，我们通过对比疫苗组和模型对照组腹泻发生率的变化来分析。根据各组中仔猪腹泻的发病情况，我们引入雷达图来展示包括体重损失程度和便样稀度在内的 5 个指标，来判定仔猪个体是否患病（图 2-52）。依照发病程度和对应感官评价分数，我们定义仔猪腹泻程度综合分数为 5 个评判指标权重相同的加权平均值，腹泻程度综合分数超过 3 分则为患有腹泻。经过鉴别判定，V_{SFF}和 V_W组仔猪全部健康，V_S组患病数为 1/37，V_{Fs}组患病数为 2/35，模型对照组患病数为 10/34（图 2-53）。

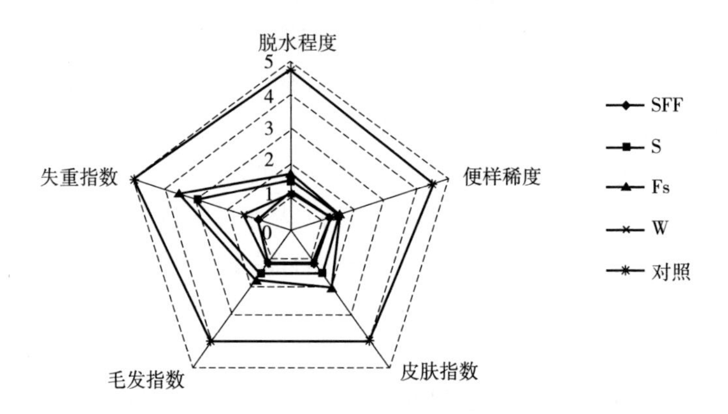

图 2-52　各组中仔猪腹泻指数的综合评分

通过对比发现，本研究制备的多价复合重组疫苗通过母乳传递的特异性抗体有效地抵抗了 ETEC 的感染，在仔猪体内防止了肠道应激反应及腹泻的发生，将攻毒后受感染的腹泻发病率从 30%降到 0，证明本研究制备疫苗能够安全有效预防一般性 ETEC 感染（表 2-12）。

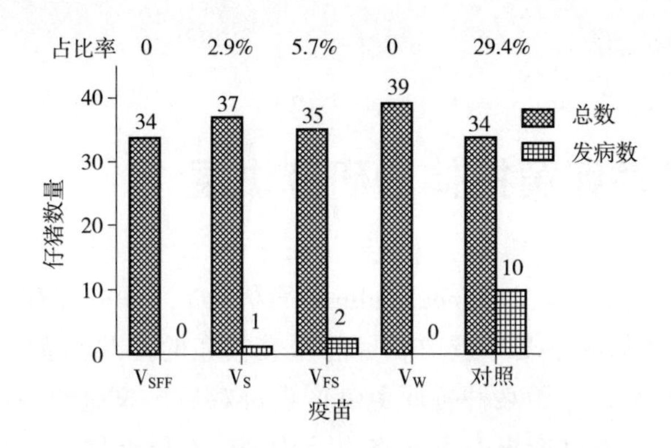

图 2-53 疫苗对仔猪腹泻发病的预防效果

表 2-12 攻毒一周后仔猪的腹泻发病情况

各组仔猪	V_{SFF}	V_S	V_{Fs}	V_W	对照
总数	34	37	35	39	34
腹泻发生数目	0	1	2	0	10
腹泻发病率/%	0%	2. 9%	5. 7	0	29. 4

本研究制备使用的重组复合疫苗安全可靠，可用于免疫母猪动物试验。间接 ELISA 实验显示，免疫后母猪血清中的特异性抗体水平都在持续上升，SLS 抗原的免疫原性最强，相应的抗体水平最高。母猪分娩前血清中抗体水平达到最高，初乳中抗体水平与其接近，说明母猪体内的特异性抗体能够通过母乳有效地传递给仔猪。

通过本研究建立的感官评价标准，对攻毒后各组仔猪生长状况和腹泻发生情况进行打分评估，发现 V_{SFF}组仔猪生长状况良好，未出现肠道应激和腹泻症状，而攻毒模型对照组仔猪出现粪质稀薄、精神萎靡等明显腹泻症状。根据腹泻程度感官评分判定，V_{SFF}和 V_W仔猪全部健康，V_S组患病数为 1/37，V_{Fs}组患病数为 2/35，模型对照组患病数为 10/34。仔猪腹泻被动免疫效果显示，本研究制备的多价复合重组疫苗将攻毒后受感染的腹泻发病率从约 30%降到 0，有效预防了肠道应激反应及腹泻症状的发生。

第3章 特异性卵黄抗体

3.1 特异性卵黄抗体的研究进展

卵黄抗体（egg yolk immunoglobulin）简称 IgY，是一种存在于卵黄中的IgG，因此又称为卵黄免疫球蛋白。目前研究较多的是鸡卵黄抗体，Williams等（1962）研究发现，用某种抗原免疫产蛋母鸡后，鸡血清中可产生相应的抗体，产蛋母鸡又能以产蛋的方式将血清中 IgG 有效地转移至卵黄中。根据需求采用不同的抗原对产蛋母鸡进行免疫，就会产生针对该抗原的特异性抗体。

20 世纪 80 年代以来，归因于商品试剂的推广，诸如对 IgY 特异性的抗体开始广泛应用。C. Staak 博士在 1995 年首先使用“IgY 技术”这一术语。1996年，IgY 抗体的生产和应用被定义为 IgY 技术。如今，它已是一个世界性的标准化技术。1996 年，欧洲实验方法替换确认中心（European Centre for the Validation of Alternative Method，ECVAM）推荐使用 IgY 来代替哺乳动物 IgG，以减少由于抗体采集而造成对动物的伤害。1999 年，基于对动物权益的保护，IgY 技术被瑞士联邦政府兽医办公室接受为可行的替代办法。美国的 FDA（Food and Drug Administration）已将特异性卵黄免疫球蛋白视为替代抗生素的首要候选药物，日本政府投入巨资扶持“禽源抗体产业”。与此同时，涉及IgY 技术各个方面的研究日益增多。IgY 以其化学性质稳定、产量高、成本低，以及动物种系发生距离远的优势，更适于作为一种生物制剂，用于病毒和细菌性疾病的防治，具有广阔的应用前景。

目前 IgY 技术在国内研究与应用的大体情况是：在兽医学和功能食品开发上比较受重视，甚至较许多西方国家更加重视产品开发和商品化。文献显示，在国内 IgY 在医药方面的基础工作还比较薄弱，但不少研究正在进行中，有望得到迅速发展。

3.1.1　IgY 的结构及功能

IgY 是一种 7S 免疫球蛋白，分子量约 180 kDa，由两条重链（分子量 67~70 kDa）和两条轻链（分子量 22~30 kDa）组成，含氮量为 14.8%。IgY 的结构与哺乳动物的 IgG 相似，具有典型的免疫球蛋白的空间构象，也可与抗原结合，但其重链上的氨基酸组成与 IgG 相差很大（图 3-1）。IgY 的重链由 1 个可变区和 4 个稳定区（Cυ1-Cυ4）组成，没有铰链区，Cυ2、Cυ3 之间存在两个重链间二硫键，而哺乳动物 IgG 只有 3 个稳定区（Cγ1-Cγ3）。最近的研究表明，IgY 的疏水基团多于 IgG。比较 IgY 和 IgG 的稳定区发现，IgY 的 Cυ3、Cυ4 区与 IgG 的 Cγ2、Cγ3 区十分相似，而 Cυ2 区可能经“压缩”形成 IgG 的铰链结构。相对于重链而言，两者轻链结构上差异较小，氨基酸组成的相似性较大。

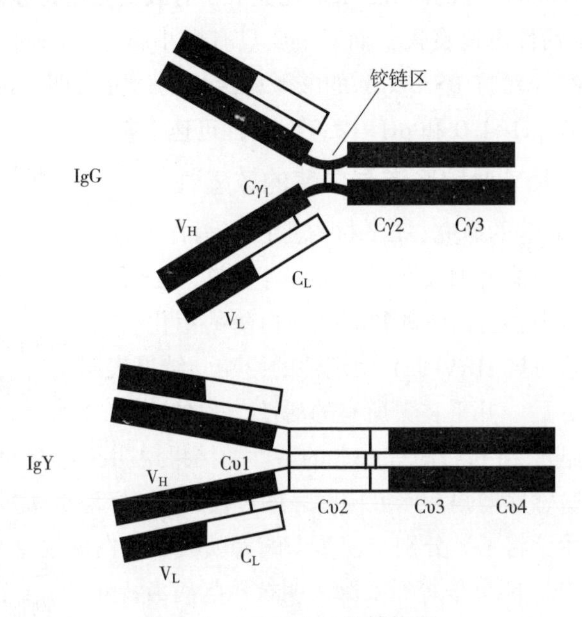

图 3-1　IgG 和 IgY 的结构图

在与抗原结合之外的功能上，IgY 与 IgG 相比具有许多独特的优点：IgY 不与哺乳类的补体结合；不能与蛋白 A 或 G 发生特异结合；不与类风湿性因子结合；不与人类 Fc 受体发生反应。鸡与哺乳动物亲缘关系远，极易产生针对哺乳动物体内各种抗原的 IgY，而且特异性非常高。在高盐条件下（1.5 mol/L NaCl）IgY 可形成二聚体和三聚体，因而能表现较高的抗原凝集作用。

3.1.2 IgY 的性质

3.1.2.1 IgY 对温度的稳定性

Shimizu 等研究 IgY 和哺乳类 IgG（牛、山羊、兔）的热稳定性，结果表明 IgY 与哺乳类（除兔以外）IgG 有着大致相同的热稳定性。发现热（>75℃）或酸（pH<3.0）能够降低 IgY 的抗体活性，温度 65℃时 IgY 活性可保持 24 h 以上，但 70℃处理 90 min 后活性明显下降。Jaradat 等发现 IgY 热稳定性的上限是 60℃，当加入某些糖如 30%蔗糖、海藻糖、乳糖时，可以达到 70℃。Lösch 等用开水（100℃）煮鸡蛋 6 min，IgY 浓度没有下降。

3.1.2.2 IgY 的酸碱稳定性

IgY 等电点在 5.7~7.6（IgG：6.1~8.5），抗体中的 Fc 片段是主要的疏水基团。根据 Shimizu 等的研究，IgY 比兔 IgG 对酸变化更为敏感。当 pH 从 4 降到 3 时，IgY 活性迅速丧失，而对 IgG 只有微小影响。Lösch 等也得到了类似的结果。那红等对抗 BSA-IgY 的酸碱稳定性的研究表明，IgY 在 pH 4.0~11.0 时稳定，而 pH<4.0 和 pH>12.0 时活性迅速下降。

3.1.2.3 IgY 对胃肠道蛋白酶的敏感性

根据 Shimizu 等的研究，IgY 抗胃蛋白酶消化的稳定性较 IgG 差，但抗胰蛋白酶和糜蛋白酶能力则较强。Yolken 等报道，IgY 能够抵抗幼龄动物的胃酸屏障，抵抗肠道中胰蛋白酶和胰凝乳蛋白酶的消化。Hatta 等考察了 3 种主要的胃肠道蛋白酶对抗 HRV-IgY 稳定性的影响，结果表明将胃蛋白酶和 IgY 在 pH 2.0 温育 1 h 后，几乎丧失所有的活性，而在 pH 4.0 温育 1 h 后保持 91%的活性，甚至温育 10 h 后仍有 63%的活性，结果说明，随着 pH 的降低，IgY 对胃蛋白酶的敏感性增强。研究同时表明，IgY 能较好地抗胰蛋白酶及胰凝乳蛋白酶水解作用，将 IgY 分别与胰蛋白酶和胰凝乳蛋白酶温育 8 h，活性分别保持 39%和 41%。熊勇华等经实验表明抗轮状病毒特异性 IgY 在 pH 为 2 时消化产物的 SDS-PAGE 图谱无任何区带出现，此时 IgY 被水解成很小且无活性的碎片。

3.1.2.4 IgY 的贮藏稳定性

IgY 的贮藏稳定性非常好，Larsson 等将 IgY 制剂贮存于 4℃环境中 5 年，置室温下 6 个月经免疫扩散法检测，抗体活性没有降低。将 IgY 溶解在 9 g/L NaCl（含 NaN_3 0.1%）溶液中，贮存于 4℃环境中 6~7 年，用试管沉淀试验测定，抗体活性降低不超过 5%。

3.1.3　IgY 分离纯化方法的研究进展

鸡卵黄提供了一个大量的、廉价的、易纯化的抗体来源。一只蛋鸡每年可产 200~300 枚蛋，从一枚鸡蛋中可获得 100~200 mg IgY。如何将大量的卵黄抗体提取出来，是决定 IgY 能否被广泛应用的一个重要前提。鸡卵黄中含有 48.0%的水、17.8%的蛋白质和 30.5%的脂肪，其中几乎所有脂肪都与蛋白质相结合而以脂蛋白的形式存在。卵黄中不与脂肪结合的蛋白为水溶性蛋白，IgY 则为水溶性蛋白，它以 γ-活性蛋白的形式与另外两种水溶性蛋白 α-活性蛋白（鸡血清蛋白）、β-活性蛋白以及其他各种脂蛋白一起存在于卵黄中。从卵黄中获得 IgY 的过程包括分离、提取、纯化。

在很长一段时间内，由于很难将 IgY 抗体从丰富的卵黄脂质中分离出来，使得鸡蛋作为抗体来源的研究受到限制。直到 20 世纪 80 年代初，Polson 和 Jensenius 相继建立了有效且相对简便的聚乙二醇（PEG）提取法和硫酸葡聚糖提取法，有关这方面的研究便如雨后春笋般大量涌现，并且被广泛应用在生物学的许多领域。

IgY 分离纯化的原则是简便、高效、经济。目前常用的分离方法主要有有机物沉淀法、有机溶剂抽提法、水稀释法、超临界气体提取法、去污剂分离法等，主要通过超滤法或沉淀法将 IgY 提取出来。沉淀法所用的沉淀剂可以是无机物、有机物或有机溶剂，可以采用多种方法联合沉淀，或沉淀法和超滤法相结合提取。为满足不同的使用目的，多数情况下需对提取得到的卵黄抗体进一步纯化，除去其中的杂蛋白、盐、沉淀剂或其他杂质，以获得高纯度的 IgY。纯化时常用的方法有凝胶层析、离子交换层析以及亲和层析。目前使用的提取、纯化方法各有优缺点：沉淀法简单、经济，但其提取的物质纯度低；亲和层析能得到高纯度的特异性卵黄抗体，但因其产率低、费用高而不能得到大规模应用，仅适用于科研；从工艺路线上看，水稀释法和超临界气体提取法具有工艺简便、生产成本较低、产品纯度和回收率高等优点，比较适合大规模工业化生产。总的来说，在实际生产过程中，应优化组合各种方法，制备更加经济、高产率的 IgY。

3.1.4　IgY 应用的研究进展

IgY 的应用与其生物学特性密切相关。国内在兽医临床上的应用较多，其他领域的研究也日见增多，在植物方面的研究已见报道。国外除在兽医临床上展开应用研究外，在人类医学临床上的应用研究也较多，有些研究已取得了很理想的结果。可以预测，随着特异性 IgY 研究的日趋深入，必将在各个方面显示出令人鼓舞的前景。

3.1.4.1 在畜禽生产上的应用

（1）IgY 在家畜养殖上的应用

仔猪大肠杆菌性腹泻是由猪致病性大肠杆菌引起的一种常见传染病，具有发病急、传播快、死亡率高等特点，严重危害养猪业。产肠毒素大肠杆菌（Enterotoxigenic Escherichia coli，ETEC）是引起新生和断奶仔猪腹泻的主要致病菌之一，其主要致病原是具有宿主特异性的菌毛和肠毒素。使用特异性卵黄抗体是防治仔猪大肠杆菌性腹泻的一种新方法并已取得显著效果。免疫原一般选用 ETEC 菌体和提纯的菌毛蛋白。Yokoyama 等最早使用特异性 IgY 来控制仔猪的大肠杆菌性腹泻。将提纯的 ETEC 宿主特异性菌毛 K88、K99、987P 制成单价菌毛蛋白苗，免疫蛋鸡获得卵黄抗体粉末，ELISA 检测结果表明，抗 K88、K99、987P 的卵黄抗体能够特异性地与相应的菌毛抗原作用，用卵黄抗体对不同 ETEC 菌株攻毒的新生仔猪进行口服治疗，治疗组仔猪服用效价为 625 和 2500 的抗体后全部存活，而对照组仔猪死亡率超过 80%。Marquardt 等在此基础上，采用 K88 菌毛免疫母鸡后获得特异性 IgY，用于治疗 K88 + ETEC 攻毒的新生（3 日龄）和断奶后（21 日龄）仔猪，结果表明，新生仔猪用卵黄抗体治疗后 24 h 内均被治愈，而用安慰剂（不含 K88 抗体的卵黄粉）治疗的仔猪继续腹泻且死亡率达 62.5%；断奶仔猪饲喂卵黄抗体后仅出现短暂腹泻，未出现死亡病例且体重明显增加，而对照组出现严重腹泻和脱水症状，且 48 h 内即有仔猪死亡。在商业性猪场的饲粮中添加抗 K88、K99 菌毛的卵黄抗体，能降低早期断奶（14~18 日龄）仔猪的腹泻发生率。国内高云英等用 ETEC 的 K88、K99、987P 标准菌株和地方分离菌株制成多价菌体油乳剂灭活苗，免疫商品蛋鸡，收集高免蛋制备多价卵黄抗体。经预防、攻毒试验及临床治疗效果观察，对新生仔猪免疫保护率可达 90%以上，3 日龄仔猪攻毒保护率达 98%以上，3~11 日龄仔猪临床治愈率达 95%以上。

犊牛在出生后最初两周最易发生腹泻，主要的病原体有轮状病毒、冠状病毒、大肠杆菌 K99 和隐孢子等。Erhard 等给初生犊牛（0~14 日龄）补充抗大肠杆菌 K99 和 HRV 的 IgY 鸡蛋粉，从腹泻率、腹泻程度以及腹泻的时间等几项指标来看，使用 IgY 鸡蛋粉的效果显著，特别是添加 IgY 组的日增重显著高于对照组。

大肠杆菌 O157：H7 是一种感染剂量小（10 个活菌）、危害性很大的致病菌。Cook 等将制备的抗大肠杆菌 O157：H7 的 IgY 鸡蛋粉用于反刍动物，经羊口服后，直肠粪便中病原菌数明显减少，表明这是一种有潜力的治疗肠道感染的生物制剂。

家兔幼兔与仔猪一样，在断奶后常会受到 ETEC 的感染而发生腹泻。Farrely 等用 ETEC 免疫母鸡制备特异性 IgY，经口给药预防兔腹泻。结果对照组在用 ETEC 攻击后 72 h 内全部发生严重腹泻，而试验组在攻击前 4 h 开始饲喂特异性卵黄，攻击后未见不良反应。

（2）IgY 在禽病防治上的应用

IgY 用于禽类疫病防治方面的研究报道较多，且已有产品应用于生产中，如用于紧急预防和治疗新城疫、传染性法氏囊病、抗鸭病毒性肝炎、抗小鹅瘟等疫病的 IgY，效果很好。此外，还有抗鸡脑脊髓炎病、抗鸡病毒性关节炎、抗鸡传染性喉气管炎等特异性的 IgY。卵黄抗体还被应用到一些疑似病、新病的防治研究中。

黄曼霞等以鸡新城疫疫苗为抗原，对产蛋鸡进行免疫。以此制备的抗体治疗自然发病的 115 个新城疫病鸡群，共 68315 只进行了试验治疗，结果表明，平均保护率为 84.02%，最高保护率达 93.52%。另据高广润等报告，用 IgY 治疗非典型新城疫，治愈率达 95%以上，疗效显著。据臧为民等报道，以鸡新城疫和传染性法氏囊病二联灭活苗为抗原，对成年商品蛋鸡进行肌注免疫，同时以鸡传染性法氏囊病的弱毒苗进行口服（即饮水口服）免疫，在第 2 次加强免疫后，抗体效价达到 256 以上时采蛋分离蛋黄，对临床上诊断为典型的传染性法氏囊病的自然病鸡进行治疗试验，结果表明，可使死亡率控制在 6%以下。用于鸡传染性法氏囊病的预防试验，试验组发病率比对照组降低 45%左右。

肠炎沙门氏菌（*Salmonella enteritidis*，SE）不仅能引起家禽发病死亡造成严重的经济损失，而且被污染的家禽产品作为肠炎沙门氏菌的携带者，还严重危害人类健康。Rahimi 等将抗肠炎沙门氏菌的特异性 IgY 用于火鸡的攻毒治疗试验，结果表明，特异性 IgY 能显著降低直肠粪便中 SE 菌数和盲肠中 SE 的浓度。

3.1.4.2　在水产业上的应用

在水产动物方面，Gutierrez 等报道日本鳗鱼通过口服特异性 IgY，可降低死亡率，清除肠道病原菌，从而减少对肝和肾的侵害。Lee 等报道，用耶尔森氏鼠疫杆菌获得的 IgY，对感染前或感染后的鱼口服使用可显著降低死亡率和肠道感染率。虹鳟鱼若在感染前 4 h 腹腔内注射这种 IgY，则可获得相同的被动免疫作用。Nikoo 等通过腹腔注射、口服和在饲料中添加的方式研究抗鳗弧菌 IgY 的免疫作用，发现这 3 种方式均能提高虹鳟鱼的抗病力。Kim 等采用抗对虾白斑综合征病毒（White Spot Syndrome Virus，WSSV）的特异性 IgY 来防治对虾白斑综合征，结果表明，经注射被动免疫，中国对虾的死亡率显著降低。雷勇等以螯虾为实验模型进行攻毒及治疗试验，结果表明，饲料中 0.1%的 IgY 含量能在一定程度上延缓螯虾死亡时间，而 0.2%的 IgY 含量则能够使螯虾的最终死亡率从 100%降至 30%左右。国内学者毛宁等将特异性 IgY 用于鳖病的治疗，结果表明，给试验病鳖注射抗体后 2 天和 3 天仍有死亡，7 天后仍存活的病鳖病情好转，治愈率为 36.6%，治疗效果有待提高。

3.1.4.3 在食品及医学上的应用

（1）IgY 在食品工业中的应用

IgY 在食品工业上的应用是多方面的，包括保健型婴幼儿和老年食品的开发，食品添加剂、食品防腐保鲜及食品病原菌、有毒成分和功能性成分的免疫快速检测。目前 IgY 主要用于婴幼儿和老年人的食品中，用于提高这些弱势免疫群体的抗病力。在生产仿母乳奶粉时，添加 IgY 的产品能提高婴儿对疾病的免疫力，有利于婴儿生长。Shimizu 等亦强调 IgY 可作为食品的免疫型强化剂。将 IgY 添加于食品中，可以间接阻止食品在加工或储运中病原微生物对食品的污染，进而使人体免受危害。IgY 还是一种安全的生物防腐剂，对食品腐败菌有杀灭作用，从而对食品起到保鲜作用。

Otani 等经实验研究提出，IgY 可作为食品添加剂应用于某些胃肠炎的口服液被动性免疫预防。Heo 等发明了一种预防幽门螺旋杆菌（*H. pylori*）的强化食品，所选食品可以是乳酸酪、冰淇淋等普通食品或是营养型酸乳饮料等非普通食品，分别向其中添加嗜酸乳杆菌 1-2 HY2177、干酪乳杆菌 HY2743 和抗 *H. pylori* 特异性卵黄抗体，IgY 的加入提高了对 *H. pylori* 生长的抑制效果，ELISA 分析结果显示 Interleukin-8（IL-8）的产生被抑制了 90%，因此可以用来抑制或治疗胃炎、胃溃疡及十二指肠溃疡，该食品现已申请美国专利。

（2）IgY 在口腔医学上的应用

IgY 无急、慢性毒副作用，无致突变性，是一种安全的口腔局部预防制剂。江千舟等对小鼠予以鸡蛋黄 IgY 喷漱液经口灌胃连续 1 周进行急性毒性实验，30 天后大鼠临床检查、血液、生化、脏器组织病理学等项目测定均无异常，得出结论：IgY 无急、慢性毒副作用，是一种安全的口腔局部预防制剂。Hamada 等应用变形链球菌特异性的 IgY 抑制口腔变形链球菌的生长，从而达到防龋的目的。

（3）IgY 在临床医学上的应用

傅颖媛等研制抗白色念珠菌的特异性 IgY，并将其用于烧伤感染白色念珠菌的大鼠。结果表明，抗白色念珠菌特异性 IgY 有助于烧伤鼠预防白色念珠菌的继发感染。况南珍等的研究表明抗白色念珠菌 IgY 对免疫功能低下鼠阴道感染白色念珠菌有明显的保护作用。

导致肠源性感染的重要因素是肠道免疫屏障的削弱与破坏，如何维护肠道免疫功能、修复肠道免疫屏障是防止肠源性感染的关键所在。近年来，特异性的免疫球蛋白在感染中的作用已逐渐引起临床的重视，高特异性的鸡卵黄多克隆抗体 IgY 对严重感染的防治效应也崭露头角，国内外许多学者都在探索用免疫疗法防治各种严重感染。20 世纪 90 年代初，Ebina 等研究了口服抗轮状病毒 IgY，可以阻断毒株攻击引起的感染，其保护作用与 IgY 抗体中和活性密切相关。有研究表明，口服 IgY 可提高幼儿的免疫力，可以预防由胃肠道常见的轮状病毒引起的腹泻。杨严俊等以大肠杆菌（*E. coli*）为抗原，对蛋鸡进行免疫，制备的 IgY 能有效地抑制 *E. coli* 的生长。

（4）IgY 在免疫检验中的应用

由于 IgY 是从鸡蛋黄中提取的免疫球蛋白，不但分子质量和等电点不同于哺乳动物的 IgG 免疫球蛋白，而且不与哺乳类动物的血清补体和 Fc 段结合，不受类风湿因子的干扰，从而可避免上述假阴性和假阳性结果给免疫学试验带来的干扰，在免疫检测中可提高检测的特异性及敏感性。IgY 这一独特的生物学特性，使其在免疫检测领域有很大的应用潜力。Gross 证实了 IgY 在免疫沉淀、免疫电泳、酶联免疫反应、免疫电镜和免疫印迹取代传统哺乳动物 IgG 的可行性。

3.1.5　口服 IgY 活性保持的研究进展

作为一种生物活性物质，口服 IgY 经过胃时，在高强度的胃酸环境中易被胃蛋白酶降解，失去抗体活性。有两种方式可增强 IgY 对胃酸和胃蛋白酶的稳定性。第一种方式是针对胃中的酸性环境，在服用抗体之前或过程中，服用抗酸剂来中和胃酸。Schmidt 等考察了 IgY 的消化过程，发现碱性（重碳酸钠盐）和高蛋白质溶液能增加 IgY 抗酸和抗蛋白酶水解能力，但此法也将同时阻止酶的消化，因为胃蛋白酶在高 pH 时会丧失活性。第二种方式是针对抗体本身，可用化学修饰或物理的方法来保护抗体，物理法即采用不同的材料将 IgY 包裹起来，使其不在胃内释放，而选择性地在小肠内释放并吸收。Shimizu 等用脂质体包埋 IgY，结果表明不仅能有效降低 IgY 在酸性环境（pH 2.8 和 1.8）中的活性损失，而且可以抑制胃蛋白酶的降解作用。IgY 在 pH 2.8 的胃蛋白酶液中温育 1 h，仍可保持 80%的活性，但脂质体的这种保护作用随其中胆固醇比例的增加而增强。而且脂质体的包埋率很低（$< 30\%$），因而限制了它的应用。Akita 等采用邻苯二甲醋酸纤维素酯（CAP）包被 IgY 的肠溶明胶囊，并考察了其在模拟胃液中和小肠的碱性条件下的释放情况和稳定性，证明 CAP 包被的肠溶明胶囊是一种有效的 IgY 口服载体。

另外，利用微囊化技术使药物定点释放，以达到提高疗效、降低不良反应的目的，为解决保持 IgY 活性提供了一个新思路。对于 IgY 微囊化的研究，国内外学者主要是采用了不同的壁材将 IgY 制成微囊。纵伟等采用明胶为壁材，用乳化法制备抗大肠杆菌的 IgY 微囊，结果表明可提高 IgY 的稳定性，延缓 IgY 的释放，但乳化过程中会破坏 IgY 的抗体活性。Cho 等采用膜乳化法将 IgY 微囊化，显著提高了制备过程中 IgY 的稳定性。Lee 等采用明胶、淀粉为壁材在谷氨酰胺转移酶作用下将 IgY 制成微囊，用于鱼类疾病的防治，与未成囊者相比 IgY 的稳定性有了很大提高。Chang 等分别用环糊精和阿拉伯胶作为壁材通过喷雾干燥制备抗幽门螺杆菌尿素酶的 IgY 微囊，结果表明，这两种微囊均能有效的保护 IgY 的活性。Kovacs 等采用一种聚阴离子的甲基酸共聚物作为壁材制备 IgY 微囊，结果表明，可有效保护 IgY 的口服活性。可见采用合适的材料将 IgY 制成微囊是提高其口服稳定性的有效途径。将 IgY 微囊化后，不仅可以增强 IgY 的口服稳定性，还可以提高它作为药物的生物利用度，延缓 IgY 的释放。微囊与胶囊相比，优点在于它是一种小颗粒，可根据不同的使用对象将其做成不同的剂型来给药，口服方便，适用面更广。

3.2 微囊化特异性卵黄抗体治疗仔猪腹泻的研究

3.2.1 抗腹泻致病菌 ETEC 的特异性卵黄抗体的制备

3.2.1.1 细菌培养及菌毛的制备、纯化

将 K88 标准菌株接种于 LB 液体培养基，37℃培养 36 h，8000 r/min 离心

15 min 收集菌体，PBS 重悬，置 60℃水浴 30 min，振荡 10 min，14000 r/min 离心 15 min，取上清，用直径 0.22 μm 滤膜过滤，滤液即为 K88 菌毛粗提物。将粗提物用 2.5%柠檬酸调 pH 至 4.0，4℃静置 2 h，4℃、11000 r/min 离心 30 min，弃上清，沉淀用 PBS 溶解，这一过程重复 3 次。将沉淀溶于 PBS 中，用考马斯亮蓝法测蛋白质浓度，配制浓度为 1 mg/mL 和 2 mg/mL 的菌毛蛋白液。用 4%~15%梯度凝胶的 SDS-PAGE 检测菌毛蛋白的纯度。

ETEC 的特异性菌毛位于细菌表面，为非鞭毛的细丝状附加物，长 0.2~1.3 μm。菌毛是 ETEC 的一个重要毒力因子，其化学本质为蛋白质，K88 菌毛蛋白的近似分子量为 23.5~26 kDa，不同血清型其分子量也不同。由 SDS-PAGE 可见，粗菌毛蛋白中含有很多杂蛋白，经 pH4.0 的等电点沉淀 3 次，可以有效的沉淀目的蛋白并且杂蛋白较少，获得较高的纯度（图 3-2）。

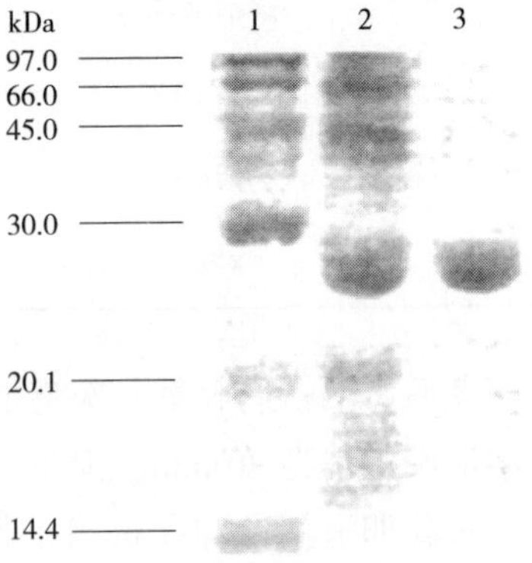

kDa　1　2　3
97.0
66.0
45.0
30.0
20.1
14.4

图 3-2　等电点沉淀纯化菌毛的 SDS-PAGE（还原性）

3.2.1.2　免疫原的制备

（1）菌毛蛋白疫苗的制备

弗氏完全佐剂苗：将菌毛蛋白液和弗氏完全佐剂等量混合，充分乳化。

弗氏不完全佐剂苗：将菌毛蛋白液和弗氏不完全佐剂等量混合，充分乳化。

（2）ETEC 灭活疫苗的制备

将 K88 标准菌株接种于 LB 液体培养基，在 37℃条件下培养 16~18 h，4℃、8000 r/min 离心 15 min，收集菌体，用生理盐水稀释并调节细菌的浓度。加入体积分数 0.3%的甲醛，37℃灭活 24 h，不时摇动，经无菌检验合格后分别加入等量弗氏完全佐剂或弗氏不完全佐剂，充分乳化后制成全菌灭活疫苗。

3.2.1.3　蛋鸡的免疫、鸡蛋的收集及水溶性组分的提取

初免为完全弗氏佐剂苗，二、三免为不完全弗氏佐剂苗。初免每只鸡胸肌注射 4 点，颈部皮下注射 1 点，每点 0.2 mL。初免后 2 周进行二免，方法同初免，每点免疫剂量增加至 0.3 mL。二免后 2 周进行三免，每点免疫剂量增加至 0.4 mL。具体方案见表 3-1。

表 3-1　实验设计

组别	抗原	抗原浓度	抗原剂量	鸡的数量
1	纯化菌毛	1. 0 mg/mL	0. 5/0. 75/1mg	5
2	纯化菌毛	2. 0 mg/mL	1/1. 5/2mg	5
3	粗菌毛	1. 0 mg/mL	0. 5/0. 75/1mg	5
4	灭活全菌	6.97×10^{8} CFU/mL	5	
5	灭活全菌	7.2×10^{9} CFU/mL	5	
6	灭活全菌	1.08×10^{10} CFU/mL	5	
7	对照		5	

二免后每隔一周收集一次鸡蛋，先用清水洗净蛋表污物，再用 0. 5%新洁尔灭溶液浸泡消毒 20 min，晾干，编号存于 4℃。测定时使用卵黄分离器分离卵黄，去除卵清蛋白和卵黄膜，收集卵黄，加 6 倍于卵黄体积的蒸馏水，用 0. 1 mol/L 盐酸调 pH 至 5. 0，搅匀后 4℃ 放置过夜，4℃、10000 r/min 离心 25 min，取上清液即 WSF（水溶性组分，Water Soluble Fraction），测特异性 IgY 抗体的效价。

3. 2. 1. 4　间接 ELISA 法检测特异性 IgY 抗体效价的建立

在建立某一 ELISA 测定中，应对包被抗原或抗体的浓度和酶标抗原或抗体的浓度予以选择，以达到最合适的测定条件并节省测定费用。下面是间接 ELISA 法测抗体最适工作浓度的选择方法：

（1）酶标二抗工作浓度

按照使用说明书使用（1∶30000）。

（2）棋盘滴定法选择抗原最适包被浓度

① 用包被液将 1 mg/mL 纯化的 k88 菌毛蛋白液分别作 1∶1600、1∶3200、1∶6400、1∶12800 稀释，每个稀释度平行加两孔，每孔 100 μL，4℃ 包被过夜。

② 用洗涤液洗涤酶标板 3 次，每孔加 100 μL 封闭液，37℃ 温育 2 h 后甩干、洗涤 3 次。

③ 将阳性对照（2#的强阳性血清）和阴性对照（非特异性 IgY）用结合物稀释液分别做梯度稀释（1∶20000、1∶40000 和 1∶80000）稀释，37℃ 反

应 2 h。

④ 反应结束，用洗涤液洗酶标板各孔 3 次，再向各孔加兔抗鸡 IgG-HRP（1∶30000）100 μL，37℃反应 1 h。

⑤ 洗涤液洗涤各孔 5 次，每孔加 100 μL TMB 底物溶液，室温下显色 20 min，每孔加 50 μL 终止液终止反应，用酶标仪测 $OD_{450/630}$。

⑥ 选择阳性对照的 OD 值为 0.8 左右、阴性对照的 OD 值小于 0.1 的包被抗原的稀释度作为工作浓度，即为 K88 菌毛的最适包被浓度。

（3）特异性 IgY 抗体的效价测定

用建立的 ELISA 方法检测 WSF 中特异性抗体的效价。将纯化的 K88 菌毛蛋白用包被液稀释成最适包被浓度。每孔加 100 μL 包被 96 孔酶标板，4℃过夜。用洗涤液洗涤酶标板 3 次，每孔加 100 μL 封闭液，37℃温育 2 h 后甩干、洗涤 3 次，每孔加入以稀释液倍比稀释的卵黄上清液 100 μL，同时加入阴性对照、阳性对照和空白对照，37℃反应 2 h。反应结束，用洗涤液洗酶标板各孔 3 次，再向各孔加兔抗鸡 IgG-HRP 100 μL，37℃反应 1 h。洗涤液洗涤各孔 5 次，每孔加 100 μL TMB 底物溶液，室温下显色 20 min，每孔加 50 μL 终止液终止反应，用酶标仪测 $OD_{450/630}$。OD 值大于阴性对照平均值 2.1 倍的最高稀释度为其抗体效价。

将 1 mg/mL 纯化的 K88 菌毛蛋白液用包被液作倍比稀释（1∶1600、1∶3200、1∶6400、1∶12800），包被过夜，再分别加入用结合物稀释液倍比稀释的阳性对照和阴性对照（1∶20000、1∶40000、1∶80000），反应，确定抗原的最佳包被量。结果见图 3-3。

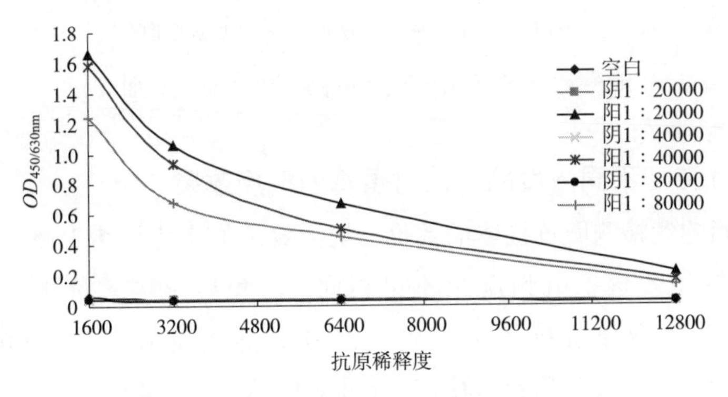

图 3-3　棋盘滴定法确定抗原的最佳包被量

随着抗原浓度的减少和阳性对照稀释倍数的增加，其吸光值不断减小，当抗原包被量在 1∶3200、阳性对照在 1∶40000 时，阳性对照的吸光值在 0.8 左右，此时阴性对照（选用 1∶40000）的吸光值小于 0.1，所以选用稀释度 1∶3200（即菌毛蛋白浓度 0.3 μg/mL）来进行间接 ELISA 检测制备的特异性卵黄抗体的效价。

3.2.1.5 不同浓度的菌毛蛋白对蛋鸡的免疫效果

二免后开始用 ELISA 法连续检测卵黄抗体的效价，抗体效价的变化见图 3-4。初免 14 天后在卵黄中均可检测到抗 K88 菌毛的特异性 IgY 抗体，三免后抗体效价迅速上升。1# （1 mg/mL）和 2# （2 mg/mL）在 56 天达到高峰，最高抗体效价分别为 1∶400000 和 1∶480000；3# （粗菌毛蛋白）在 49 天达到高峰，抗体效价最高达 1∶400000；三组抗体效价均能在高水平长时间持续，初免 84 天后，未见有明显下降的趋势。

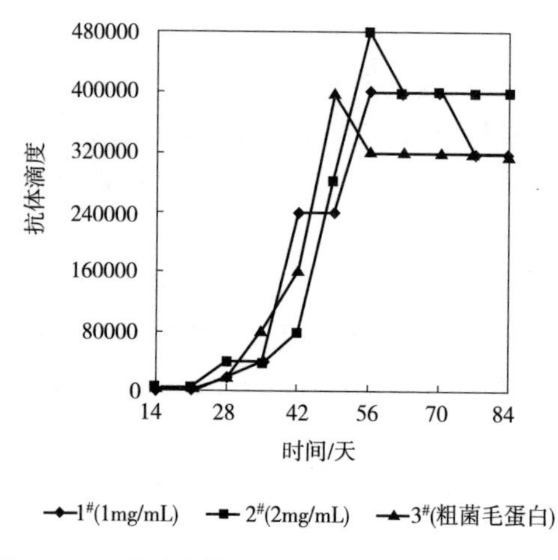

图 3-4 以菌毛为抗原的抗体效价随时间变化曲线

3.2.1.6 不同浓度的全菌对蛋鸡的免疫效果

二免后连续检测卵黄抗体的效价，抗体效价的变化见图 3-5。全菌浓度不同，其抗体效价上升情况也不尽相同，三免后抗体效价迅速上升，4# （10^8CFU/mL）高效价抗体出现较晚，70 天达到高峰（1∶280000）；5# （10^9CFU/mL）在 42 天达到高峰，高抗体效价维持了约 40 天，然后出现缓慢下降，免疫 84 天后效价仍能维持在 1∶80000。6# （10^{10}CFU/mL）70 天达到高峰，免疫 84 天时仍持续较高效价。

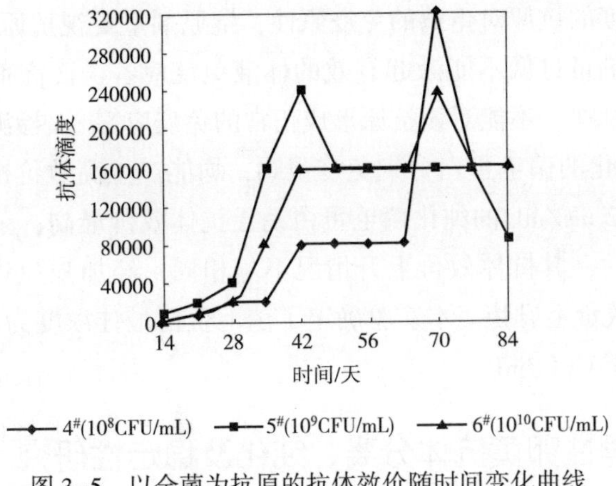

图 3-5　以全菌为抗原的抗体效价随时间变化曲线

3.2.1.7　菌毛蛋白与全菌对蛋鸡免疫效果的比较

比较菌毛蛋白与全菌对蛋鸡的免疫效果（图 3-4 和图 3-5），由图可见，抗体效价变化的共同点是：初免 14 天前抗体效价很低甚至没有，14～28 天（即二免～三免）抗体效价上升缓慢，因此 0～28 天为抗体诱导期，28 天（即三免）后抗体效价迅速上升，并在高水平长时间维持。不同点是：菌毛蛋白苗免疫获得的抗体效价在整体上明显高于全菌疫苗免疫获得的抗体效价。

3.2.1.8　特异性卵黄抗体制备研究小结

本研究以 ETEC K88 的菌毛及全菌两种抗原制品分别免疫健康蛋鸡 30 羽，经 ELISA 法检测，可以产生长久的免疫应答，从而免去周期性地加强免疫和试血过程。华荣虹等将 K88 菌毛蛋白苗免疫蛋鸡后，49 天达到高峰并在此水平上持续了 120 天以上。本研究表明抗 K88 菌毛或全菌的特异性 IgY 抗体效价在高水平上长时间持续，初免 84 天后仍未见有明显下降的趋势。给蛋鸡免疫相当于一次感染过程，因而产生的免疫应激反应对蛋鸡的生理活动有一定的影响。本实验中 30 羽蛋鸡经免疫后，产蛋率在短时间内受到了一定影响，影响时间为 5 天左右，个别蛋鸡在免疫 4～7 天时注射部位上出现硬肿块。

卵黄抗体的产生，主要与免疫原、免疫途径、蛋鸡本身的应答性及饲养条件有关。其中，抗原的特性、剂量及佐剂是影响机体对外来抗原物质免疫应答反应强度的几个重要因素。从抗原的特性方面讲，菌毛是 ETEC 的一个重要毒力因子，其成分为蛋白质，具有良好的免疫原性。本文采用 ELISA 法连续检测了这两种抗原免疫蛋鸡后产生的卵黄抗体效价，结果表明菌毛蛋白苗免疫获得的抗体效价明显高于全菌疫苗免疫获得的抗体效价。本实验重点研究了不同浓度的抗原对蛋鸡的免疫原性，抗原剂量要视抗原性的高低而定，对蛋鸡而言，剂量过低不能激起有效的体液免疫应答，而高剂量的抗原也可能导致鸡免疫麻痹，不能对该抗原形成正常的免疫应答。本实验采用1 mg/mL和2 mg/mL纯化的菌毛蛋白分别免疫蛋鸡，均能产生高效价抗体而且能长时间持续，其中2 mg/mL的纯化菌毛蛋白诱导抗体效价最高；采用不同浓度的全菌免疫蛋鸡后，其抗体效价上升情况不尽相同，经加强免疫后，高浓度的全菌诱导抗体效价上升快。本实验确定了菌毛蛋白最佳浓度为2 mg/mL，全菌最佳浓度为 10^{10} CFU/mL。

3.2.2 特异性卵黄抗体分离、纯化及稳定性研究

3.2.2.1 IgY分离、纯化的工艺路线

IgY分离、纯化的工艺路线中关键步骤具体操作见图3-6。

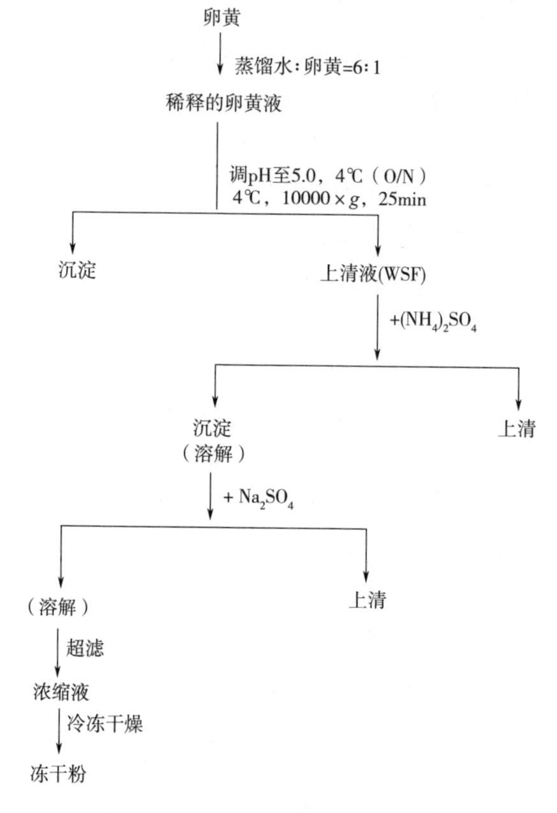

图3-6 卵黄抗体分离纯化流程图

（1）WSF 的分离

参照 Akita 等的方法，用清水洗净鸡蛋，再用 0.5%新洁尔灭溶液浸泡 20 min，晾干。用卵黄分离器分离卵黄，去除卵清蛋白和卵黄膜，收集卵黄，加 6 倍于卵黄体积的蒸馏水，用 0.1 mol/L 盐酸调 pH 至 5.0，搅匀后 4℃放置过夜，4℃、10000 r/min 离心 25 min，取上清，经直径 0.45 μm 滤膜过滤，收集的滤液即为 WSF。

（2）IgY 的提取

在 WSF 中缓慢加入（$(NH_4)_2SO_4$）至不同饱和度，混匀，待完全溶解后置 4℃过夜。4℃、10000 r/min 离心 15 min，弃上清，用去离子水重新悬浮沉淀至原体积，再加入不同质量浓度（g/L）的 Na_2SO_4混匀，置室温过夜。25℃、10000 r/min 离心 15 min，弃上清，用去离子水重新悬浮沉淀至原体积，即为 IgY 的提取液。

（3）超滤浓缩

按照图 3-7 对超滤系统进行连接，将 500 mL 去离子水放于样品瓶中；运行蠕动泵，缓慢增加泵速，保持循环液流速在 200~400 mL/min 的范围，控制滤过液流出速度；保持膜系统 400 mL 左右的清洗量，检查系统管路接口是否有漏液，待去离子水完全通过膜腔，系统预处理过程完成，进行样品超滤、回收及清洗。

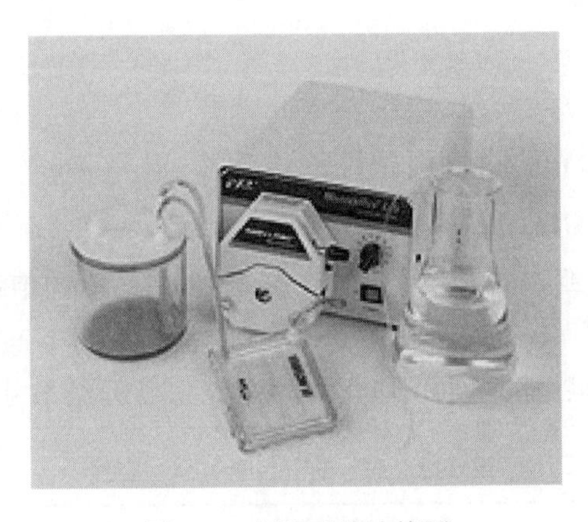

图 3-7 超滤系统连接图

（4）冷冻干燥

在-70℃低温冰箱中将待干燥样品预冻 2 h，然后置于干燥盘中，在真空度 20 Pa 条件下，进行冷冻干燥。

3.2.2.2 IgY 含量测定

参照 Akita 等的方法，采用单向琼脂扩散法测定 IgY 含量。用 pH 7.4 的 PBS（0.01 mol/L，含 0.02% NaN_3）配制 1%琼脂糖凝胶，沸水浴溶化后加入 3%兔抗鸡 IgG 的抗血清（抗血清稀释 5 倍），倒入培养皿中，待凝固后打孔，孔径为 3 mm。将稀释一定梯度（0.1 mg/mL、0.2 mg/mL、0.4 mg/mL、0.6 mg/mL、0.8 mg/mL、1.0 mg/mL）的标准鸡 IgY 和稀释适当倍数的待测样品分别加入小孔中，每孔 6 μL，置于湿盒内，37℃培养 24 h，测沉淀环直径（图 3-8）。重复 3 次所得平均值，以标准鸡 IgY 沉淀环直径对 IgY 浓度的对数做标准曲线（图 3-9），从标准曲线中查得待测样品的 IgY 浓度。

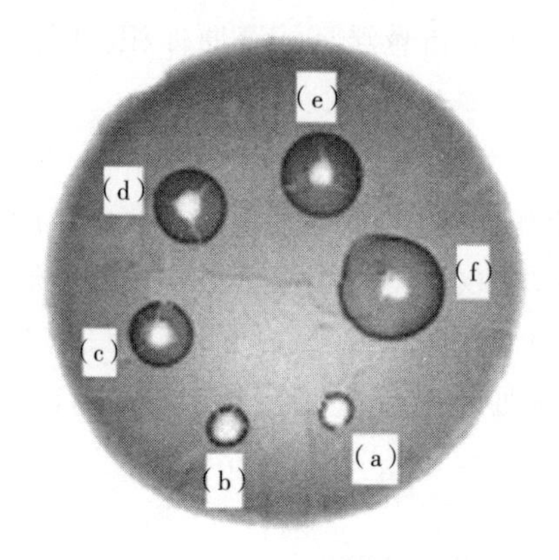

图 3-8　标准 IgY 单向琼脂扩散结果

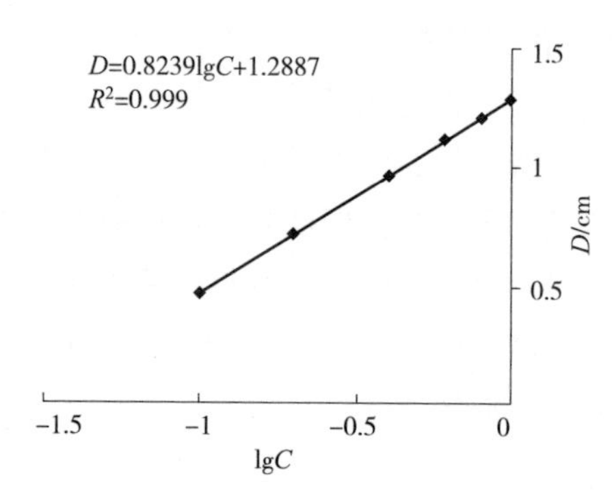

图 3-9　测定 IgY 含量的标准曲线

3.2.2.3 IgY 盐析分离条件的优化

（1）$(NH_4)_2SO_4$盐析条件的优化

取经水稀释法粗提的 IgY，分别于 25%～80%的不同饱和度的硫酸铵盐析后，经 SDS-PAGE，Lab-Image 软件分析推算盐析产物中 IgY 的纯度。根据免疫扩散结果分析推断盐析产物中 IgY 的回收率，实验结果见表 3-2。

表 3-2　IgY 的 $(NH_4)_2SO_4$盐析

$(NH_4)_2SO_4$ 饱和度/%	沉淀	
	回收率/%	纯度/%
25	0	21.9
30	45.15	66.5

续表

$(NH_4)_2SO_4$ 饱和度/%	沉淀	
	回收率/%	纯度/%
40	87.9	61.9
50	91.3	35.6
60	92.6	34.0
70	92.8	23.6
80	93.15	23.6

由SDS-PAGE结果可见（图3-10），随着硫酸铵饱和度从25%~80%的一系列梯度增加，IgY的溶解度迅速降低，在低于40%饱和度时，大部分杂蛋白残留于盐析上清液中，随着硫酸铵饱和度的不断增加，越来越多的杂蛋白由可溶性状态转为沉淀析出，从而影响了盐析产品的IgY纯度。当硫酸铵饱和度达50%时，大部分IgY从可溶性状态转变为沉淀析出。

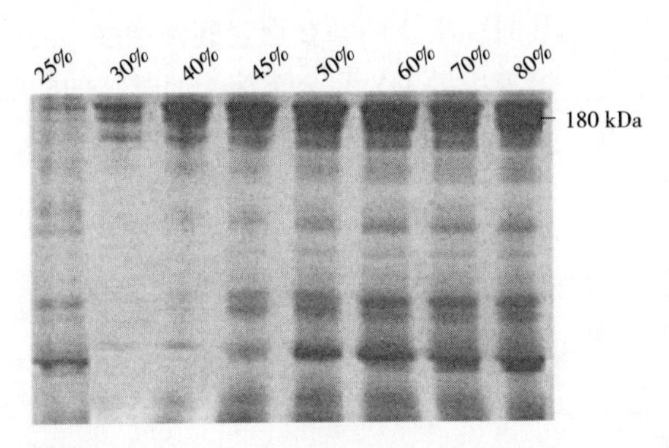

图3-10 不同饱和度 $(NH_4)_2SO_4$ 提取IgY的SDS-PAGE图（非还原性）

实验结果表明，随着硫酸铵浓度进一步提高，析出的杂蛋白量不断增加，产品的抗体纯度反而逐渐下降（表3-2）。盐析分离IgY时，硫酸铵盐析的最佳饱和度为50%，此时，IgY可获得91.3%的良好回收率，纯度也可提高近一倍。

（2）Na_2SO_4 盐析条件的优化

硫酸铵盐析一次获得的卵黄抗体，用去离子水溶解，再加入硫酸钠进行二次盐析，进一步去除杂蛋白，提高抗体的纯度。实验分别取6%~18%一系列硫酸钠浓度梯度进行盐析后，经 SDS-PAGE 检测。将电泳结果运用 Lab-Image 软件分析，推算出盐析产物中 IgY 的纯度。由 SDS-PAGE 结果可见（图 3-11），随着硫酸钠浓度从 6%~18%的梯度增加，IgY 的析出量逐渐增多。

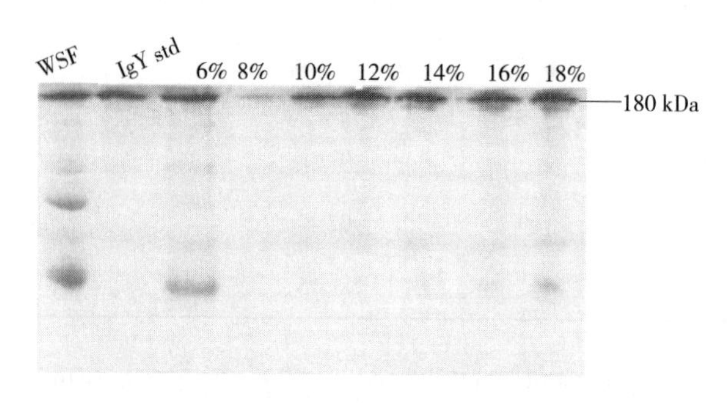

图 3-11　二次盐析时不同浓度 Na_2SO_4纯化 IgY 的 SDS-PAGE 图（非还原性）

根据免疫扩散结果分析，计算出盐析产物中的抗体和蛋白得率（表 3-3）。硫酸钠浓度低于 8%时，大部分蛋白残留于盐析上清液中，IgY 基本没有析出。随着硫酸钠浓度的不断增加，越来越多的 IgY 由可溶性状态转为沉淀析出。但当硫酸钠浓度高于 14%时，析出的杂蛋白量逐渐增多，纯度有所下降。硫酸钠浓度过低时不能使溶液中的 IgY 完全沉淀，而过高的硫酸钠会使越来越多的杂蛋白沉淀析出，影响盐析产品的 IgY 纯度。综合考虑回收率及纯度，选择 14%的硫酸钠为合适浓度。

表 3-3　IgY 的 $(Na)_2SO_4$盐析

$(Na)_2SO_4$ 质量浓度/（g/L）	沉淀	
	回收率/%	纯度/%
100	12	74
120	43	78.2
140	46	77
160	70	72
180	82	60.2

3.2.2.4　IgY 回收率及纯度测定

①以 BSA 为标准蛋白，用考马斯亮兰法测蛋白质浓度。

②采用 SDS-PAGE 检测蛋白纯度，非还原条件下为 4%~7.5%梯度凝胶，

还原条件下为 4%~15%梯度凝胶。

③应用 Lab-Image2.71 软件根据 SDS-PAGE 图分析推算 IgY 的纯度。

电泳结果可见（图 3-12），非还原条件下，样品中目的蛋白的分子量为 180 kDa，而在还原条件下，目的蛋白被分为两条带，60~70 kDa 为 IgY 重链，20~30 kDa 为 IgY 轻链，这与相关文献相符。

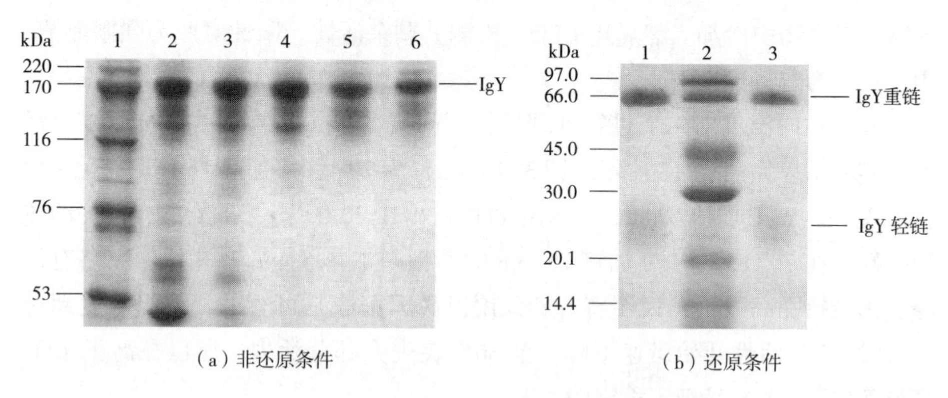

图 3-12　分离纯化 IgY 各阶段的 SDS-PAGE 图

卵黄用 7 倍水稀释后，在 pH 5.2 时，卵黄中的脂类大部分可沉淀下去，得到的 WSF 经微孔过滤还可进一步除去其中的脂蛋白沉淀。图 3-12（a）可见，从卵黄中分离得到的 WSF 含有较多杂蛋白，Burley 等报道 WSF 主要存在的蛋白包括 IgY（γ-活性蛋白）、α-活性蛋白（70 kDa）、β-活性蛋白（42 kDa）和低密度脂蛋白。可看到经 50%饱和度（$(NH_4)_2SO_4$）一步盐析后，70 kDa 和 42 kDa 的 α、β 活性蛋白有所减少，而经两步盐析后，基本上就可除去大部分非 γ-活性蛋白部分，纯度显著提高。另外，经冷冻干燥后最终获得的 IgY 冻干粉纯度为 82%，且从中可以看出冷冻干燥并未使 IgY 断裂，IgY 仍是一个完整的大分子。

3.2.2.5　IgY 活性检测

将纯化的 K88 菌毛蛋白液用包被液稀释成 0.3 μg/mL。每孔加 100 μL 包被 96 孔酶标板，4℃过夜。用洗涤液洗涤酶标板 3 次，每孔加 100 μL 封闭液，37℃温育 2 h 后甩干、洗涤 3 次，加待测样品 100 μL。同时加入阴性对照、阳性对照和空白对照，37℃反应 2 h；反应结束，用洗涤液洗酶标板各孔 3 次，再向各孔加兔抗鸡 IgG-HRP 100 μL，37℃反应 1 h；洗涤液洗涤各孔 5 次，每孔加 100 μL TMB 底物溶液，室温下显色 20 min，每孔加 50 μL 2 mol/L 硫酸终止反应，用酶标仪测 $OD_{450/630}$。

3.2.2.6 IgY 的热稳定性检测

将 IgY 冻干粉溶解在 PBS 中，使其浓度为 1 mg/mL，分别于 30℃、40℃、50℃、60℃、62.5℃、65℃ 水浴加热 30 min，70℃、80℃、90℃ 水浴加热 15 min，其中 70℃、80℃、90℃在水浴 5 min 后取样。样品取出后立即将其放入冰水混合物中冷却。然后用 ELISA 检测其剩余活性。阳性对照为强阳血清，阴性对照为非特异性 IgY。

采用不同温度对 IgY 进行处理后，用间接 ELISA 法检测残余抗原结合活性，实验结果如图 3-13 所示。图 3-13（a）为 70~90℃加热 15 min，图 3-13（b）为 70~90℃加热 5 min。从图中可以看出在 70℃以下，IgY 具有良好的热稳定性；在 70℃，对 IgY 加热 15 min 的活性与加热 5 min 时相比，仅略有下降，仍维持在高效价，说明将 IgY 采用巴氏灭菌法是可行的；但当温度超过 70℃时，IgY 活性开始迅速下降，至 80℃丧失大部分活力。所以在高于 70℃高温条件下，IgY 是极不稳定的。

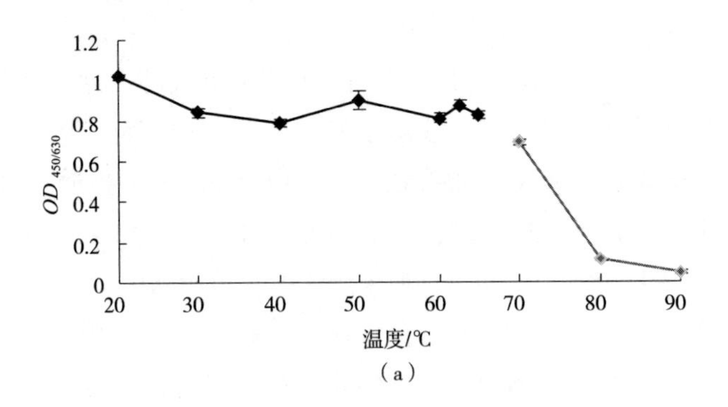

（a）

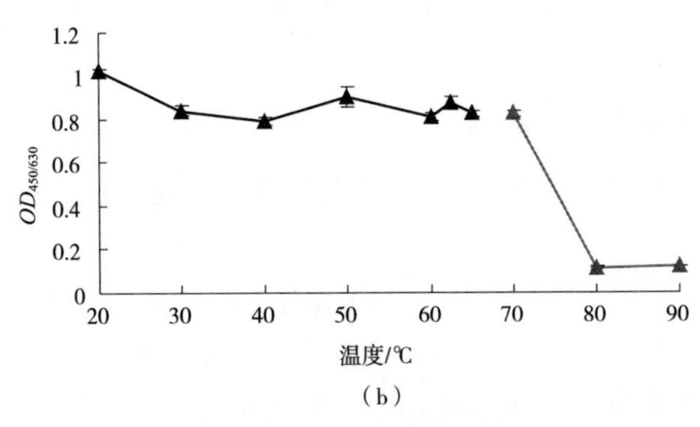

（b）

图 3-13　IgY 的热稳定性

3.2.2.7　IgY 的酸稳定性检测

将 IgY 冻干粉溶解在 PBS 中，使其浓度为 1.0 mg/mL，用 0.1 mol/L HCl 配置成 pH 为 1.0、2.0、3.0、4.0、5.0、6.0 7 个不同的梯度。用 PBS 使其最终浓度为 1 mg/mL。37℃温育 3 h。用 2 mol/L Tris（pH11.4）中和，使其最终浓度为 7.0 左右，然后用 ELISA 检测其剩余活性。阳性对照为强阳血清，阴性对照为非特异性 IgY。

用间接 ELISA 法测定了 IgY 在不同 pH 条件下免疫活性的变化。在 pH 4~7 范围内，IgY 的活力基本不受影响。但当 pH 下降至 4 时，活性便开始急剧下降，至 pH 为 1 时，IgY 活性降至 30%（图 3-14）。实验表明 IgY 具有一定的耐酸性，在中性 pH 时是十分稳定的。

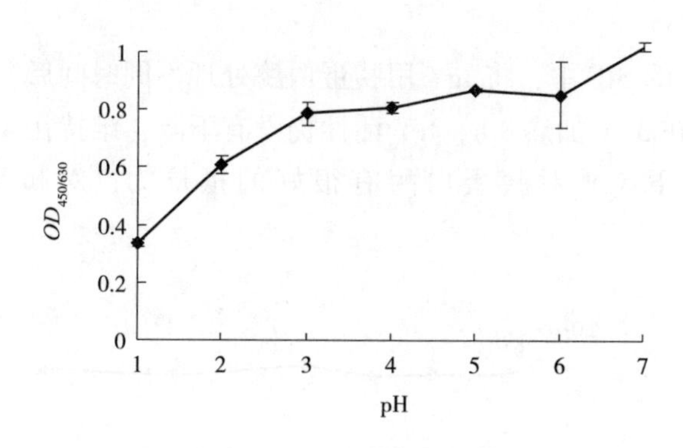

图 3-14　IgY 的酸稳定性

3.2.2.8　IgY 对胃蛋白酶的稳定性

将 IgY 冻干粉溶解于 SGF 中，*E*（加酶量）：*S*（底物量）= 1：20，37℃振荡培养，100 r/min。分别在 0、0.5 h、1 h、2 h、3 h、4 h 取样。加入 Na_2CO_3溶液（0.1 mol/L，pH 9.6）终止反应，使其 pH 在 9.0 左右。然后用 ELISA 检测其剩余活性。阳性对照为强阳血清，阴性对照为非特异性 IgY。

在 pH 1.2 的 SGF 中，将 IgY 用胃蛋白酶处理不同时间后，检测 IgY 活性，结果如图 3-15 所示，在低 pH 条件下加胃蛋白酶 37℃处理 1 h，IgY 活性几乎完全丧失。实验表明 IgY 对胃蛋白酶十分敏感。

3.2.2.9　IgY 对胰蛋白酶的稳定性

将 IgY 冻干粉溶解于 SIF 中，*E*：*S* = 1：50，37℃振荡培养，100 r/min。分别在 0、0.5 h、1 h、2 h、3 h、4 h、6 h、8 h 取样。放置于冰上终止反应，

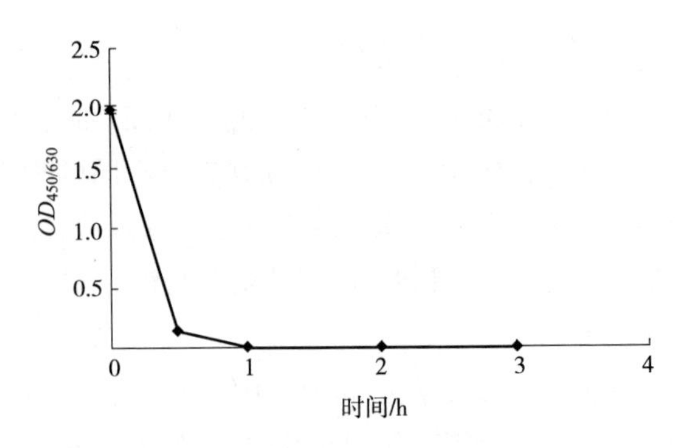

图 3-15　IgY 对胃蛋白酶的稳定性

然后用 ELISA 检测其剩余活性。阳性对照为强阳血清，阴性对照为非特异性 IgY。

在 pH 6.8 的 SIF 中，将 IgY 用胰蛋白酶处理不同时间后，检测其活性结果表明，即使在 37℃加热 8 h，IgY 活性仍没有下降，维持在高水平，说明在中性 pH 条件下 IgY 对胰蛋白酶有很好的抵抗力，对胰蛋白酶不敏感（图 3-16）。

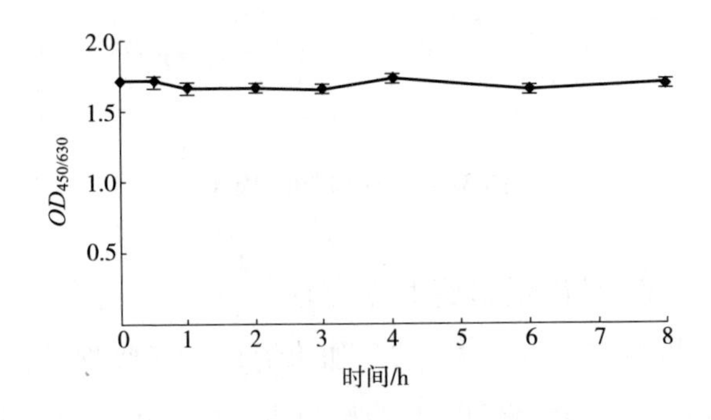

图 3-16　IgY 对胰蛋白酶的稳定性

3.2.2.10　IgY 的冷冻干燥稳定性

将适量 IgY 冻干粉用 PBS 稀释至冷冻干燥前的对应体积，完全溶解后，采用 ELISA 法检测样品在冷冻干燥前后的剩余活性。阳性对照为强阳血清，阴性对照为非特异性 IgY。

取适量纯化后的 IgY 水溶液，冷冻干燥后，用 ELISA 法检测冷冻干燥前后特异性 IgY 活性。结果表明，冷冻干燥对 IgY 活性有不利的影响（图 3-17）。JP$OD_{450/630}$从 0.94 下降到了 0.8，下降了 14.9%。

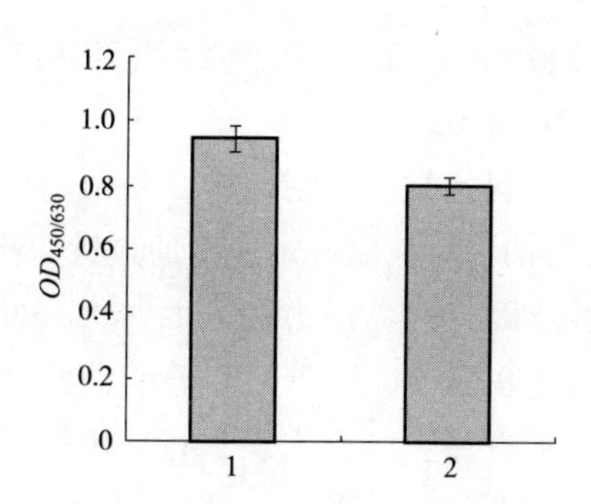

图 3-17　冷冻干燥对 IgY 活性的影响

3.2.2.11　IgY 的贮藏稳定性

取适量 IgY 冻干粉分别置于-20℃和 4℃环境，放置 1～12 个月，于 0、3、6、9、12 个月测定其抗体效价。抗体的稳定性用抗体活性保留率表示，将其表示为：

$$抗体活性保留率(\%) = \frac{贮存后抗体效价}{贮存前抗体效价} \times 100\% \tag{3-1}$$

图 3-18 是 IgY 冻干粉在不同温度下贮藏一段时间后抗体的效价变化，由图中可以看出，IgY 冻干粉在-20℃和 4℃环境中均比较稳定，抗体效价可保持一年不发生变化。

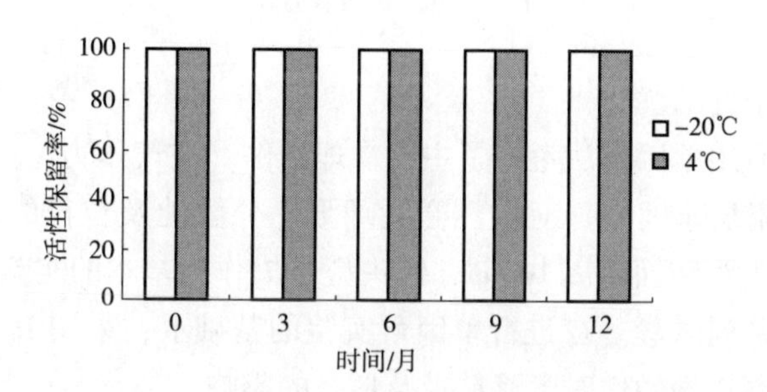

图 3-18　贮藏对 IgY 冻干粉活性的影响

3.2.3　特异性卵黄抗体微囊的制备及性能表征

3.2.3.1　空白壳聚糖—海藻酸钠微囊（BCAM）的制备、粒径分布及形态学研究

(1) BCAM 的制备

微囊制备装置如图 3-19 所示。喷枪悬于盛有成囊溶液容器的液面上方一定

距离处，成囊溶液为 200 mL 含有 $CaCl_2$（终浓度为 1.5%，*W/V*）的 0.2%（*W/V*）壳聚糖溶液，pH=4.0。

利用气体吹喷制囊法制备微囊，制备时，当恒流泵以恒定速度将静置脱泡的 2%（*W/V*）海藻酸钠水溶液以一定速度通过针头推出时，同方向的空气压力克服了海藻酸钠溶液固有的黏滞力和表面张力，使其呈一定粒径的雾滴喷入成囊溶液中，迅速交联形成壳聚糖—海藻酸钠微囊。反应 30 min 后，所得微囊经 50 mL 去离子水洗涤，冷冻干燥。将新鲜制备的微囊用数码相机拍照，然后用 Image J 软件对照片进行分析，测定其平均粒径及分布。用扫描电镜（Scanning Electron Microscope，SEM）观察冷冻干燥后微囊表面的形貌。

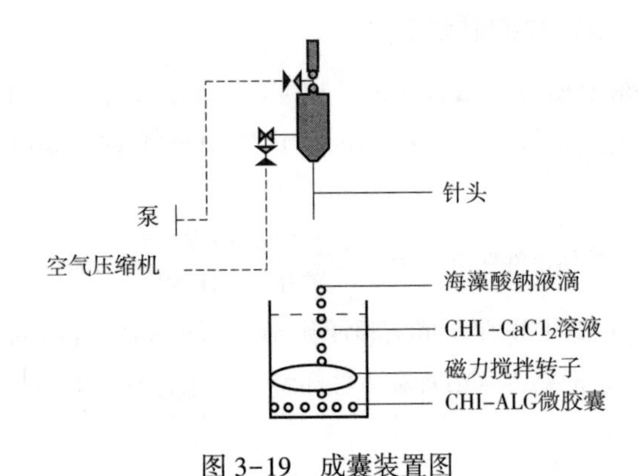

图 3-19　成囊装置图

（2）物理条件的优化

预实验中采用单因素法考察了主要物理条件（空气压力 *V*、液面距 *L*、搅拌速度 *R*、恒流泵速度 *Q*）对空白微囊球形、分散性及粒径的影响。以泵速 3 mL/min，针头距液面距离 10 cm，针头型号 $7^{\#}$作为基本的实验条件，改变单一条件制备一系列微囊。在进行单因素实验的基础上，采用 L_9（3^4）正交表设计实验，考察物理条件对微囊粒径及形态的影响。

3.2.3.2　IgY 微囊的制备、粒径分布及形态学研究

制备 IgY 微囊时，将 IgY 冻干粉溶于 20 mL 2%（*W/V*）的海藻酸钠溶液中（W_{IgY}：W_{ALG}=1：4），自然溶解。4℃过夜脱除气泡。

为摸索不同的反应条件对微囊性能的影响，以最佳物理条件作为初始条件，分别改变成囊溶液的 pH、壳聚糖浓度、$CaCl_2$浓度、海藻酸钠浓度及药载比水平，制备一系列微囊，并且在摸索每一个条件时，以已经摸索出的最优条件作为基础，最后得出整个实验的最优条件。

3.2.3.3　IgY 微囊性能检测

（1）载药量和包封率的测定

取 IgY 微囊冻干粉 10 mg，于 50 mL 具塞锥形瓶中，加入破囊溶液 5 mL（0.2 mol/L $NaHCO_3$；0.06 mol/L $Na_3C_6H_5O_7 \cdot 2H_2O$，pH 8.0），在恒温摇床上于 37℃、140 r/min 下振摇 2 h。完全溶解后 4500 r/min 离心 10 min。采用 BCA 蛋白质定量试剂盒测定上清中蛋白质的浓度，以 BSA 为标准蛋白。由标准曲线计算样品浓度，按式（3-2）和式（3-3）计算 IgY 载药量（IgY loading）和包封率。

$$\text{IgY 载药量}(\%) = C_{\text{IgY}} \times V/W \times 100\% \tag{3-2}$$

式中：C——所测样品浓度，mg/mL；

V——所测样品体积，mL；

W——IgY 微囊质量，mg。

$$\text{包封率}(\%) = \frac{\text{包封的 IgY 质量}}{\text{投入的 IgY 质量}} \times 100\% \tag{3-3}$$

（2）IgY 微囊对 SGF 的稳定性

取 IgY 微囊冻干粉 10 mg，于 50 mL 具塞锥形瓶中，加入 SGF（E∶S=1∶20），在恒温摇床上于 37℃、100 r/min 振摇 2 h。然后将微囊过滤，加入破囊溶液 5 mL，在恒温摇床上于 37℃、140 r/min 下振摇 2 h。完全溶解后，样液于 4500 r/min 离心 10 min，测定上清液中 IgY 的浓度。采用间接 ELISA 法检测微囊中保留的 IgY 抗体活性，将其用式（3-4）表示：

$$\text{相对活性}(\%) = \frac{\text{SGF 培养 2 h 后微囊中 IgY 的活性}}{\text{同种浓度未处理的 IgY 活性}} \times 100 \tag{3-4}$$

（3）体外释放性能的测定

药物在胃中的滞留时间为 0.5~4.5 h，在小肠的滞留时间为 2~6 h，鉴于此，本研究确定微囊在 SGF 中的释放时间为 2 h，在 SIF 中为 4 h。取 IgY 微囊冻干粉 10 mg，于 50 mL 具塞锥形瓶中，加入不含胃蛋白酶的 SGF 10 mL，在恒温摇床上于 37℃、100 r/min 振摇 2 h。然后将微囊过滤，转移至 10 mL 不含胰蛋白酶 SIF 中，定点取样（同时补充等量同温介质），样液于 4500 r/min离心 10 min，测定上清液中蛋白质的浓度，方法同上。根据下式计算 IgY 的累积释放率，绘制释放曲线。

$$Q\% = (C_n \times V + V_i \sum_{i=0}^{n-1} C_i)/(W \times \text{IgY 载药量}) \times 100\% \tag{3-5}$$

式中：C_n——第 n 个时间点所取样品浓度，mg/mL；

V——释放介质总体积，mL；

V_i——第 i 个时间点的取样体积；

C_i——第 i 个时间点所取样品浓度（V_0及 C_0均为零）；

W——IgY 微囊质量，mg；

IgY loading——微囊载药量。

（4）IgY 蛋白完整性分析

采用 SDS-PAGE 分析微囊化 IgY 经 SGF 温育 2 h 后 IgY 的完整性。分离胶浓度为 7.5%，浓缩胶浓度为 4%。

（5）蛋白质含量的测定

采用 BCA（bicinchoninic acid）蛋白质定量试剂盒测定上清中蛋白质的浓度，以 BSA 为标准蛋白。碱性条件下，蛋白将 Cu^{2+} 还原为 Cu^{+}，Cu^{+} 与 BCA 试剂形成紫色的络合物，测定其在 562 nm 处的吸收值，并与标准曲线对比，即可计算待测蛋白的浓度。该方法快速灵敏、稳定可靠，对不同种类蛋白质检测的变异系数非常小。

操作步骤：

①配制工作液：根据标准品和样品数量，按 50 体积 BCA 试剂 A 加 1 体积 BCA 试剂 B（50∶1）配制适量 BCA 工作液，充分混匀。BCA 工作液室温 24 h 内稳定。

②稀释标准品：取 100 μL 标准品用相应的背景溶液稀释不同梯度，使其终浓度分别为 2000μg/mL、1500μg/mL、1000μg/mL、750μg/mL、500μg/mL、250μg/mL、125μg/mL、50μg/mL、25μg/mL、0，然后加到 96 孔板的蛋白标准品孔中。

③每个样品取 25 μL，加到 96 孔板的样品孔中。

④各孔加入 200 μL BCA 工作液，37℃温育 30 min。

⑤冷却到室温，用酶标仪测定 OD_{562}，根据标准曲线计算出蛋白浓度。

（6）IgY 含量测定

将标准 IgY 用包被液倍比稀释成一定梯度（0.005～1.28 μg/mL），破囊后的样品和 IgY 冻干粉也稀释成一定梯度，每孔加 100 μL 包被 96 孔酶标板，4℃过夜。用洗涤液洗涤酶标板 3 次，每孔加 100 μL 封闭液，37℃温育 2 h 后甩干、洗涤 3 次，再向各孔加兔抗鸡 IgG-HRP 100 μL，37℃反应 1 h；洗涤液洗涤各孔 5 次，每孔加 100 μL TMB 底物溶液，室温下显色 20 min，每孔加 50 μL 终止液终止反应，用酶标仪测 $OD_{450/630}$。以标准鸡 IgY 的 OD 值对 IgY 浓度做标准曲线，从标准曲线中查得待测样品的 IgY 浓度。

3.2.3.4　物理条件对空白微囊粒径及形态学的影响

（1）单因素实验考察物理条件对微囊粒径及形态的影响

不同物理条件对新鲜制备的微囊粒径影响结果如图 3-20 所示。从图 3-20（a）可知，随着 V 的增大，微囊平均粒径有减小的趋势，但超过一定的 V 值后，粒径的变化不是太大，而且微囊黏连情况增加，因此 V 值选择在 0.2～0.4 m^3/h 范围内；从图 3-20（b）可以看出，在 4～12 cm 范围内，L 对微囊平均粒径影响不大，而 $L<4$ cm 时，粒径变大而且微囊易黏连；从图 3-20（c）可以看出，R 对微囊平均粒径影响不大，主要影响微囊的形态及黏连情况，R 过低或过高都有黏连现象，因此 R 值选择在 50～200 r/min 范围内；从图 3-20（d）可以看出，随着 Q 的增大，微囊平均粒径增加，在 4～8 mL/min 范围，微囊的平均粒径变化不是太大，而 $Q>8$ mL/min 时，微囊易黏连，因此 Q 值选择在 4～8 mL/min 范围内。

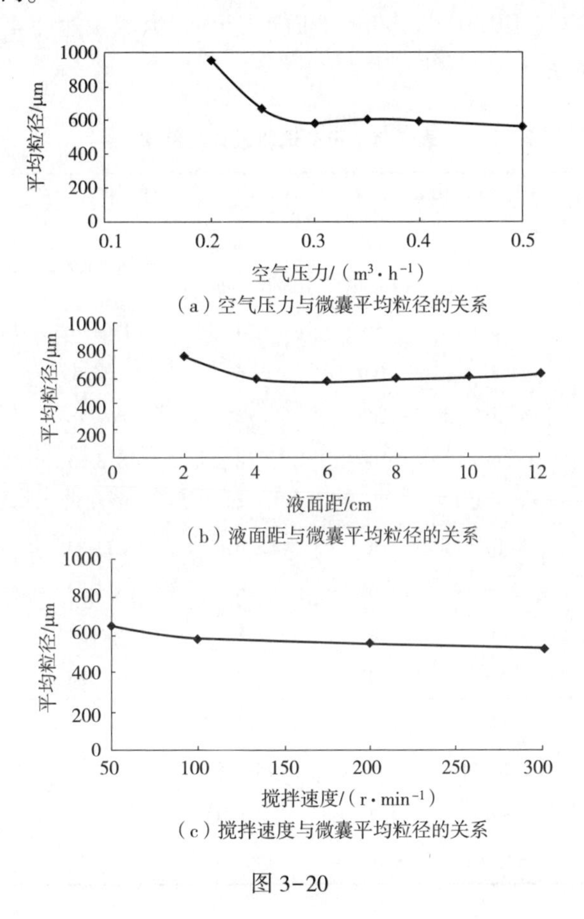

（a）空气压力与微囊平均粒径的关系

（b）液面距与微囊平均粒径的关系

（c）搅拌速度与微囊平均粒径的关系

图 3-20

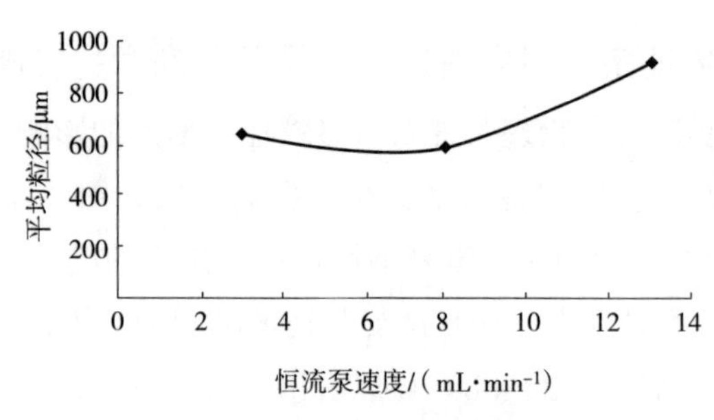

(d) 恒流泵速度与微囊平均粒径的关系

图 3-20　物理条件对微囊粒径的影响

（2）正交实验考察制备条件对微囊粒径的影响

从表 3-4 可以看出，4 个因素影响微胶囊平均粒径的大小关系为 $V>Q>L>R$，空气压力的影响最大，搅拌速度的影响最小；制备微囊的最佳条件组合为 $V_3L_2R_3Q_1$，即空气压力 0.3 m^3/h，液面距 8 cm，恒流泵速度 4 mL/min，搅拌子转速 200 r/min。

表 3-4　正交试验设计与结果

序号	因素				指标	形态描述
	$V/(m^3\cdot h^{-1})$	L/cm	$R/(r\cdot min^{-1})$	$Q/(mL\cdot min^{-1})$	平均粒径/μm	
1	0.2	6	50	4	1704.62	球形圆整，分布均匀
2	0.2	8	100	6	1236.39	球形较为规则
3	0.2	10	200	8	869.15	分布不均
4	0.3	6	100	8	812.33	分布不均
5	0.3	8	200	4	1080.81	球形圆整，分布均匀
6	0.3	10	50	6	885.84	分布不均
7	0.4	6	200	6	507.27	部分有黏连
8	0.4	8	50	8	406.94	部分有黏连
9	0.4	10	100	4	697.58	部分有黏连
K_1	3810.16	3024.22	2997.4	3483.01		
K_2	2778.98	2724.14	2746.3	2819.81		
K_3	1611.79	2452.57	2457.23	2088.42		
R	2198.37	571.65	540.17	1394.59		

（3）最佳物理条件下空白微囊的形貌观察及粒径分布

根据单因素及正交实验的结果，在最优物理条件下，制备空白微囊。新鲜制备的微囊呈圆整规则的球形，表面光滑圆整［图 3-21（a）］。Image J 软件分析表明，新鲜空白微囊平均直径为 1080 μm［图 3-21（b）］。冷冻干燥后微囊分散性很好，但微囊收缩，内凹明显［图 3-21（c）］。SEM 结果显示，由于冷冻干燥过程中水分挥发均匀，其放大 2000 倍表面无裂痕［图 3-21（d）］。

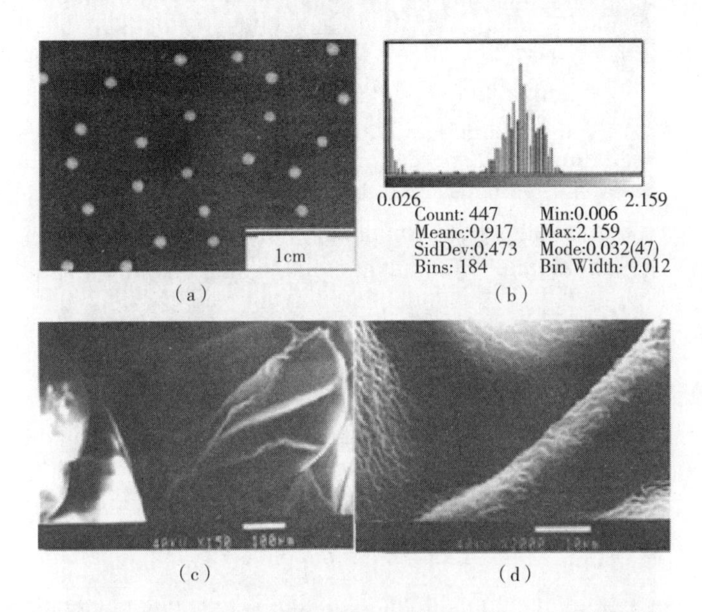

图 3-21　最佳物理条件下制备的空白微囊的形态及粒径分布

3.2.3.5　成囊溶液的 pH 对微囊性能的影响

为研究成囊溶液的 pH 对微囊性能的影响，在实验中保持各溶液体积用量、壳聚糖浓度 0.2%（W/V），$CaCl_2$浓度 1.5%（W/V），海藻酸钠浓度 2%（W/V），以及药载比 25%（W_{IgY}：$W_{ALG}=1:4$）不变，采用不同 pH 的成囊溶液制备一系列微囊，所得微囊的性能考察如下。

（1）成囊溶液的 pH 对 IgY 微囊的粒径分布及形态学的影响

不同 pH 条件下形成的空白微囊和相应的 IgY 微囊，经冷冻干燥后，微囊收缩，有凹陷，其表面结构见图 3-22，其中图 3-22（1a）~（1d）为不同 pH 条件下形成的空白微囊表面结构的 SEM 图，由图可见，成囊溶液 pH 的改变，影响了微囊的表面结构。在 pH 3.0、pH 4.0、pH 6.0 条件下形成的空白微囊在其微囊表面可观察到有许多的微孔和褶皱。而在 pH = 5.0 条件下，膜最致密，有一个光滑带褶皱的表面。微囊表面结构的改变可能是由于微囊形成过程中成囊溶液的 pH 影响了壳聚糖和海藻酸钠的解离度。图 3-22（2a）~图 3-22（2d）为不同 pH 条件下形成的 IgY 微囊表面结构的 SEM 图，由图可见，与对应的空白微囊比较，海藻酸钠溶液中 IgY 的存在改变了微囊原有的表面结构，这可能是由于微囊制备过程中 IgY 从微囊扩散到水相引起的。

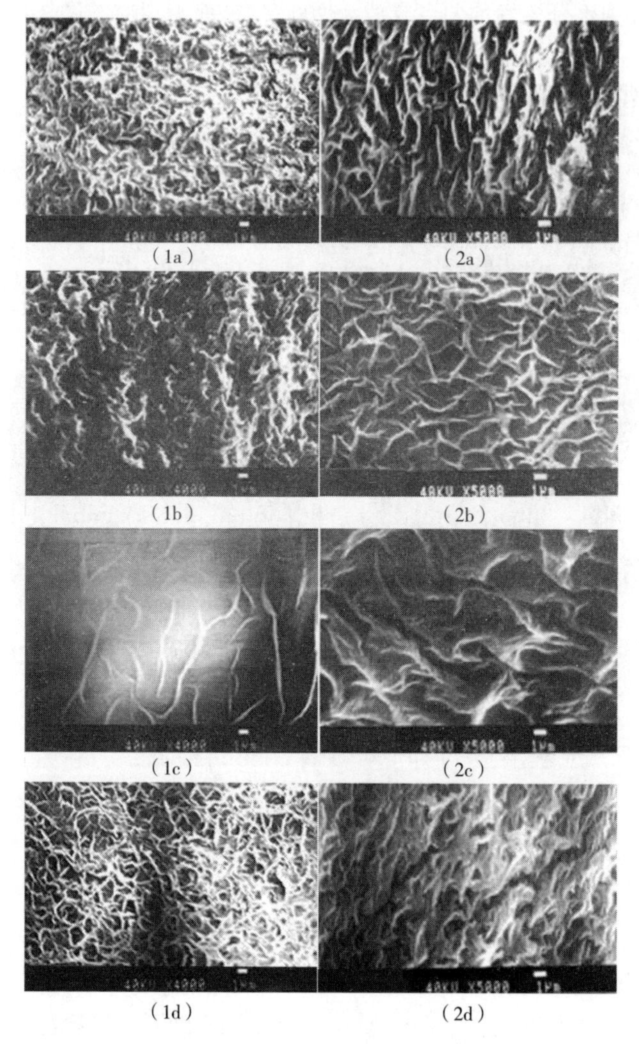

图 3-22　不同 pH 条件下制备的冷冻干燥微囊的 SEM 图

（2）成囊溶液的 pH 对 IgY 微囊的载药量及包封率的影响

由表 3-5 可见，升高 pH（从 3.0 到 6.0）对微囊的载药量没有明显影响

（P>0.05），载药量在 16.72%~19.69%。但 pH 影响了微囊的包封率，pH 在 3.5 时，包封率达到最高（73.93%），然后随着 pH 的增加而减少。另外，定性观察发现，在制备微囊的过程中，在 pH<4 条件下，微囊有凝聚的趋势而且不透明，而在 pH≥4 条件下，微囊呈半透明。这与 Vandenberg 等观察到的相符。

表 3-5 成囊溶液的 pH 对 IgY 微囊的载药量及包封率的影响

pH	IgY 载药量%	EE%
3.0	18.52 ± 0.65^{a}	65.44 ± 0.90^{c}
3.5	19.69 ± 0.94^{a}	73.93 ± 0.86^{a}
4.0	18.39 ± 0.60^{a}	68.06 ± 1.71^{b}
5.0	16.72 ± 1.84^{a}	60.50 ± 1.05^{d}
6.0	17.52 ± 1.18^{a}	61.04 ± 0.77^{d}

注 同列的不同字母代表差异性显著（P<0.05）。

（3）成囊溶液的 pH 对微囊保护 IgY 在 SGF 中稳定性的影响

将 IgY 微囊在 SGF 中温育 2 h 后，检测微囊中保留的 IgY 抗体活性，结果如图 3-23 所示。未包埋的 IgY 在高强度胃酸环境中迅速被胃蛋白酶水解失活，在 1 h 内抗体活性几乎完全丧失［图 3-23（a）］。相反，IgY 经壳聚糖—海藻酸钠微囊化后，抗体活性得到了很大的提高，但成囊溶液的 pH 对微囊保护 IgY 在 SGF 中稳定性没有明显影响（P>0.05）。抗体活性保持在 61.36%~74.61%［图 3-23（b）］。结果表明，壳聚糖—海藻酸钠微囊在 SGF 中可抵抗 H^{+}的侵蚀，保护 IgY 的抗体活性。

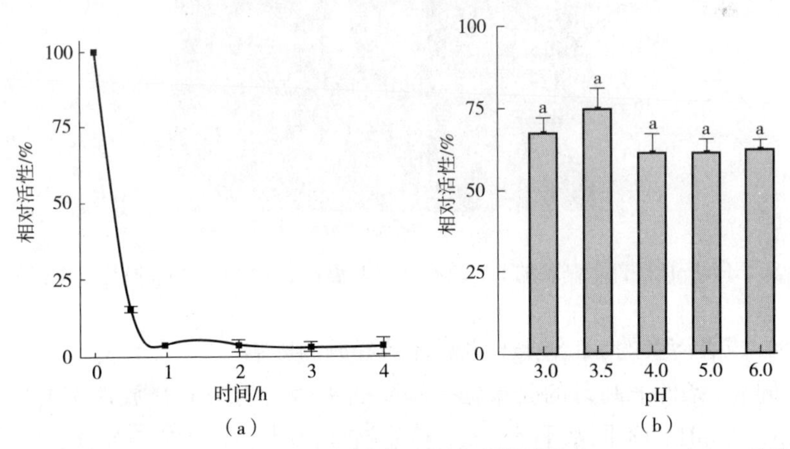

图 3-23 未包埋的 IgY（a）和不同 pH 条件下制备的微囊化 IgY（b）对 SGF 的稳定性

（4）IgY 的完整性

不同 pH 条件下制备的 IgY 微囊经 SGF 温育 2 h 后，破囊，考察微囊中 IgY 蛋白完整性。SDS-PAGE 结果表明，在 SGF 中 2 h 后，所有样品在 220 kDa 处均出现一条完整的蛋白条带［图 3-24（a）］，说明壳聚糖—海藻酸钠微囊可有效保护 IgY 抵抗胃蛋白酶的降解。标准 IgY 的分子量为 180 kDa，为了研究目的蛋白分子量增加的原因，对相应的未经 SGF 温育的 IgY 微囊直接破囊，进行电泳分析，结果表明，在较低的 pH 条件（3.0 或 3.5）下形成的 IgY 微囊，在 220 kDa 处均出现一条完整的蛋白条带；而在较高的 pH 条件（≥4.0）下条件下形成的 IgY 微囊，在 180 kDa 处均出现清晰的蛋白条带［图 3-24（b）］。

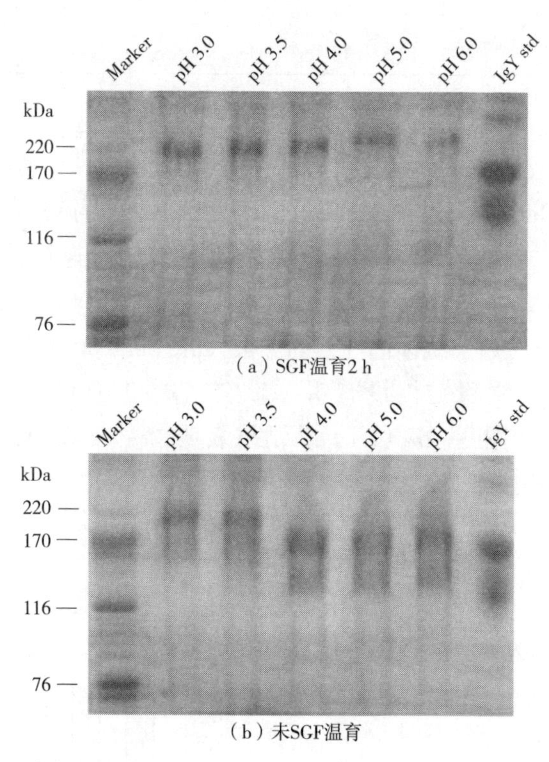

图 3-24　不同 pH 条件下制备的 IgY 微囊经 SGF 温育 2 h 后 IgY 的完整性（非还原性）

（5）成囊溶液的 pH 对 IgY 微囊体外释放的影响

不同 pH 条件下制备的壳聚糖—海藻酸钠微囊对 IgY 释放速率的影响见图 3-25。在 pH 的不同水平下，IgY 释放趋势相同。在 SGF 中温育 2 h，所有样品中 IgY 的累积释放率均小于 10%。在转移至 SIF 后，微囊开始释放，在突释后有一个持续的释放。结果表明，在 SIF 中 IgY 的释放明显受到成囊溶液的 pH 影响（$P<0.05$），释放速率随着 pH 的减少而增加。在低 pH 条件（3.0）下，IgY 释放加速，1 h 内累计释放了约 90%。而在 pH 5.0 条件下，IgY 释放速率最小，在 4 h 内仅累计释放了约 50%。

综上，成囊溶液的 pH 对载药量无明显影响，但对包封率有明显影响，pH 为 3.5 时，包封率达到了最大值；成囊溶液的 pH 对微囊化 IgY 在 SGF 中的稳定性无明显影响，且抗体活性均保持在 70%左右；在体外释放方面，在较低的 pH 条件下形成的微囊易于释放 IgY。综合考虑，确定最优的成囊溶液的 pH 为 3.5。

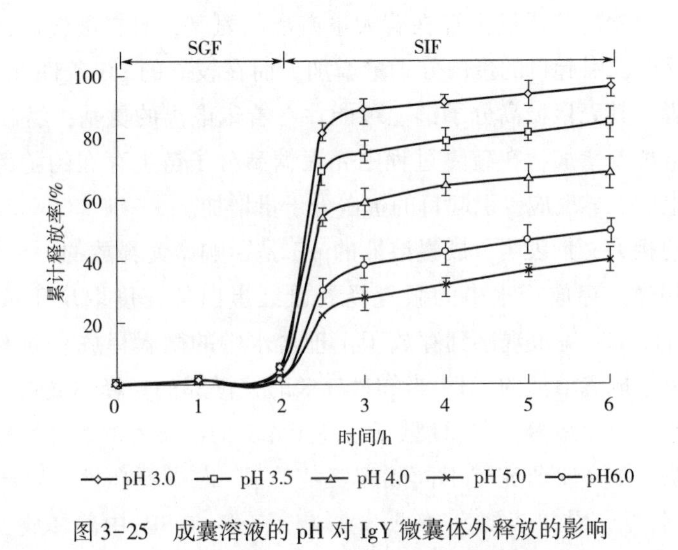

图 3-25　成囊溶液的 pH 对 IgY 微囊体外释放的影响

当溶液 pH 发生变化时，海藻酸盐和壳聚糖的解离度、海藻酸盐分子链上的羧基和壳聚糖分子链上的伯氨基的电荷密度都会发生显著变化，从而对聚电解质成膜反应进行的程度和过程产生影响，最终对微囊膜性能产生影响。

目前的研究结果表明，成囊溶液的 pH 对微囊的载药量、保护 IgY 在 SGF 中的稳定性无明显影响，但却是微囊的包封率、体外释放行为的重要影响因素。

为考察壳聚糖—海藻酸钠微囊对包埋的 IgY 是否有保护作用，通过 SGF 进行体外评价。结果显示，经 SGF 2 h，未包埋的 IgY 在高强度胃酸中迅速被胃蛋白酶水解失活，而微囊化的 IgY 保留了大部分的抗体活性，但成囊溶液的 pH 对保留的抗体活性没有明显的影响。图 3-23（a）显示出壳聚糖—海藻酸钠微囊可有效抵抗胃蛋白酶的降解。然而，在较低的 pH（3.0 或 3.5）条件下形成的微囊，经 SGF 温育后破囊，目的蛋白分子量增加，与直接破囊相比较，分子量均为 220 kDa。而在较高的 pH 条件（≥ 4.0）下形成的微囊，经 SGF 温育后破囊，目的蛋白分子量从直接破囊的 180 kDa 增加至 220 kDa。目的蛋白分子量增加的原因，可能是由于 IgY 与某种因素发生电荷吸引结合。

IgY 的 pI 为 5.7~7.6，破囊溶液的 pH 为 8.0，在破囊过程中 IgY 带负电。海藻酸盐分子链由甘露糖醛酸（Mannuronic acid，M）和古罗糖醛酸（Guluronic acid，G）构成，其 p*K*a 分别为 3.38 和 3.65，而壳聚糖的 p*K*a 值为 6.3。可推测，在较低的 pH（3.0 或 3.5）条件下形成的微囊，其聚合物复合膜上的壳聚糖高分子链上存在着大量游离的氨基，直接破囊后，可与带负电的 IgY 反应，引起目的蛋白分子量增加。而在较高的 pH 条件（≥4.0）下形成的微囊，其壳聚糖高分子链上可能存在着未电离的氨基；经 SGF 温育后壳聚糖的电离度增加，在破囊过程中壳聚糖高分子链上存在的游离的氨基就可与带负电的 IgY 反应，引起目的蛋白分子量增加。

大量的相关文献表明，成囊溶液的 pH 是影响微囊释放的一个重要因素。Huguet 等报道，存放于水中的微囊释放血红蛋白的速度取决于成囊溶液的 pH。类似的，Lee 等也观察到存放于生理盐水中的微囊释放愈创木酚甘油醚的速度取决于成囊溶液的 pH。当 pH=4.8 时，微囊的控释性最强，释放愈创木酚甘油醚的速度最慢，在 pH 低于或高于 4.8 时，微囊的控释性较弱，释放的速度较快。本实验研究了不同成囊溶液的 pH 对微囊在模拟胃肠液中释放 IgY 速率的影响。结果表明，pH 明显影响了 IgY 在 SIF 中的释放，对 IgY 在 SIF 中的释放具有控释性，在较低 pH 条件下形成的 IgY 微囊更易于释放。这可以通过不同 pH 条件下形成的聚电解质膜的致密度发生变化来解释。当 pH=5.0 时，壳聚糖的氨基和海藻酸钠的羧基都有 70%~80%离子化，可以使壳聚糖和海藻酸钠按照链节配对通过静电相互作用形成致密的聚电解半透膜。而当 pH=6.0 时，海藻酸钠的羧基基本全部电离，但壳聚糖氨基的电离受到压制，其未电离部分不能与海藻酸钠的羧基产生静电相互作用，会在壳聚糖—海藻酸钠聚电解质半透膜中形成缺陷，导致聚电解质半透膜较疏松，增加了释放速率。类似地，在较低 pH（3.0，3.5）值条件下，壳聚糖的氨基基本全部电离，而海藻酸钠的羧基电离很少，不能与壳聚糖的氨基充分作用，因此形成的聚电解质膜不致密，易于释放。另外，微囊在 SIF 0.5 h 突释较明显，可能是由于冷冻干燥对微囊释放行为有影响。

3.2.3.6 壳聚糖浓度对微囊性能的影响

为研究壳聚糖浓度对微囊性能的影响，在实验中保持各溶液体积用量，$CaCl_2$浓度 1.5%（*W/V*），海藻酸钠浓度 2%（*W/V*），成囊溶液的 pH 3.5 以及药载比 25%不变，采用不同壳聚糖浓度制备一系列微囊，所得微囊的性能考察如图 3-26~图 3-29 所示。最初超过 0.8%（*W/V*）的壳聚糖浓度也被采用，但由于高浓度的壳聚糖黏度太大，所产生的微囊大部分黏连，因此摸索的壳聚糖浓度范围为 0~0.8%（*W/V*）。

（1）壳聚糖浓度对 IgY 微囊的粒径分布及形态学的影响

经冷冻干燥，不同壳聚糖浓度制备的微囊都收缩现象，表面有凹陷。图 3-26给出了不同壳聚糖浓度制备的 IgY 微囊表面结构，结果表明未加入壳聚糖时，海藻酸钙微囊表面粗糙且有微孔［图 3-26（a）］。添加低浓度（0.05%；*W/V*）的壳聚糖改变了微囊表面结构，这是由于壳聚糖和海藻酸钠通过静电作用在微囊表面复合形成聚电质半透膜的结果［图 3-26（b）］。壳聚糖浓度为 0.2%或 0.8%（*W/V*）时，与低浓度相比，表面更光滑、致密。这可能是由于壳聚糖浓度过低，不能将囊心有效的包封［图 3-26（c），图 3-26（d）］。随着壳聚糖浓度的提高，微囊表面褶皱度增加，这可能是由于聚电质半透膜成膜量增加造成的，由于膜的厚度与膜量有关，因此，提高壳聚糖浓度可能会产生一个较厚的膜。

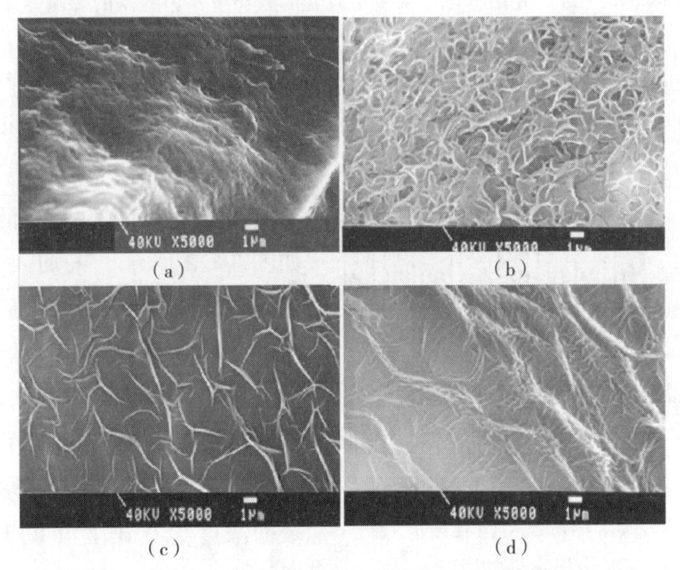

图 3-26 不同壳聚糖浓度制备的冷冻干燥微囊的 SEM 图

（2）壳聚糖浓度对 IgY 微囊的载药量及包封率的影响

图 3-27（a）给出了壳聚糖浓度对 IgY 微囊载药量的影响。未加入壳聚糖的海藻酸钙微囊的载药量为 8.12%，而加入最低浓度的壳聚糖（0.05%；*W/V*）明显增加了载药量（13.31%）。随着壳聚糖浓度的提高，载药量也不断提高。壳聚糖浓度为 0.2%（*W/V*）时载药量达到了最大值，但当壳聚糖浓度超过 0.2%（*W/V*）时，未观察到载药量有进一步提高。壳聚糖浓度对包封率的影响，与载药量趋势相同［图 3-27（b）］。

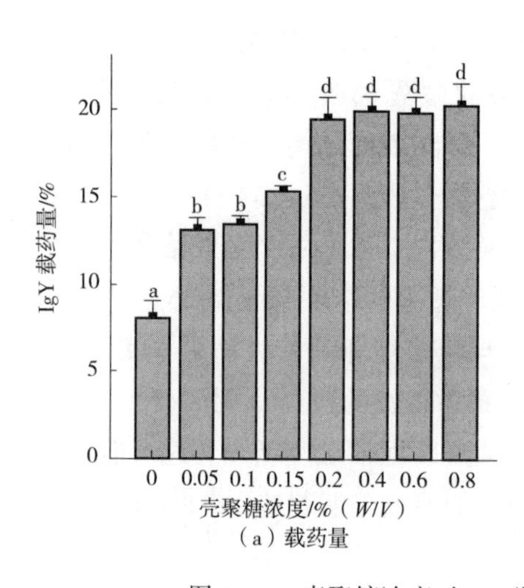

（a）载药量

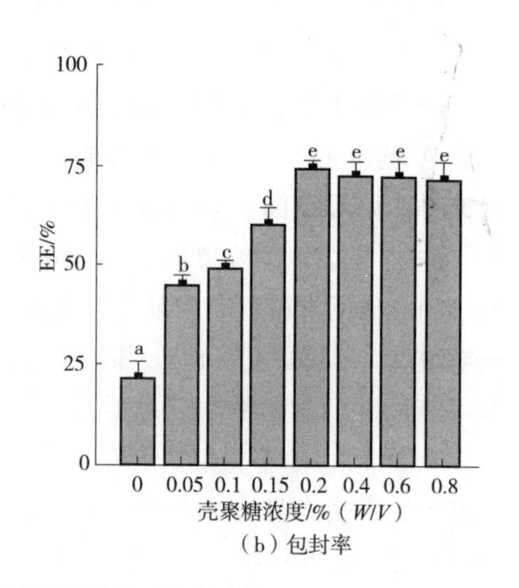

（b）包封率

图 3-27 壳聚糖浓度对 IgY 微囊的载药量及包封率的影响

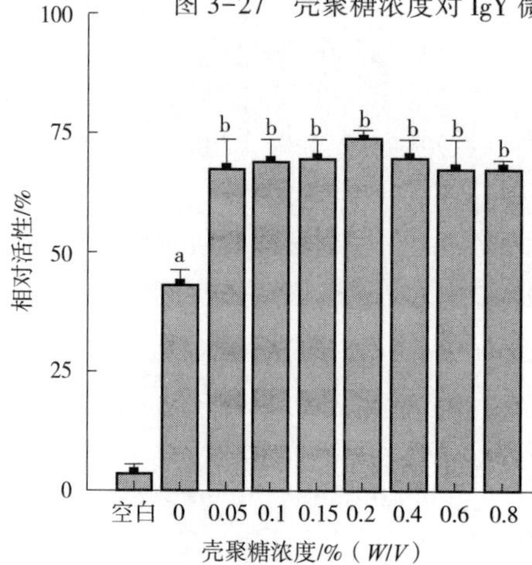

图 3-28 壳聚糖浓度对微囊保护 IgY 在 SGF 中稳定性的影响

（3）壳聚糖浓度对微囊保护 IgY 在 SGF 中稳定性的影响

IgY 微囊在 SGF 中温育 2 h 后，检测微囊中保留的抗体活性，结果如图 3-28 所示。未加入壳聚糖时，IgY 经海藻酸钙微囊化后，在 SGF 中抗体活性得到了较大的提高（43.5%）；加入壳聚糖后，由于壳聚糖—海藻酸钠复合膜的保护，保留的抗体活性得到进一步提高。壳聚糖浓度为 0.05%（*W/V*）时抗体活性为 67.1%，但进一步增加壳聚糖浓度并没有显示出更好的保护效果。抗体活性保持在 67.4~73.9%。

（4）壳聚糖浓度对 IgY 微囊体外释放的影响

图 3-29 给出了不同壳聚糖浓度制备的壳聚糖—海藻酸钠微囊对 IgY 释放速率的影响。在 SGF 中温育 2 h，所有样品中 IgY 的释放率均小于 10%。在转移至 SIF 后，微囊开始释放，在突释后有一个持续的释放。在未添加壳聚糖或较低浓度壳聚糖（<0.2%；*W/V*）情况下，在 SIF 2 h 内，IgY 几乎完全释放。0.2%（*W/V*）壳聚糖延缓了 IgY 的释放，在 SIF 4 h 内，累计释放了约 87%，但当壳聚糖浓度超过 0.2%（*W/V*）时，微囊的释放无明显区别。

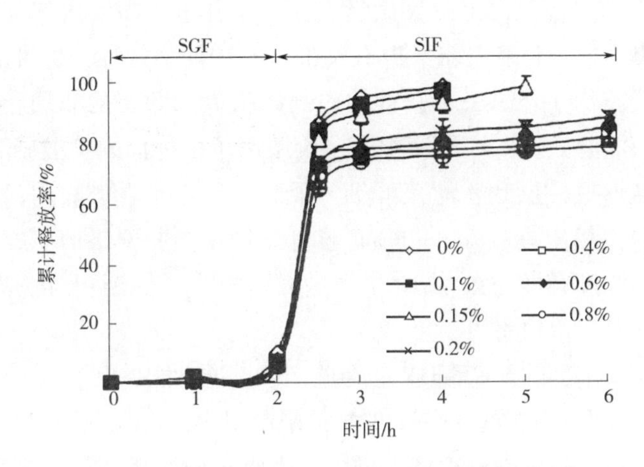

图 3-29 壳聚糖浓度对 IgY 微囊体外释放的影响

实验结果表明，壳聚糖浓度对微囊的控释性的影响应该分成两个区域来考虑，即：在一定低浓度范围（≤0.2%；*W/V*）内，随着壳聚糖浓度的升高，微囊的控释性逐渐增强；超出这个范围（>0.2%；*W/V*）时，随着壳聚糖浓度的升高，微囊的控释性恒定。

综上，壳聚糖浓度为 0.2%（*W/V*）时，载药量和包封率都达到了最大值；壳聚糖—海藻酸钠微囊保护 IgY 在 SGF 中抗体活性的效果优于海藻酸钠微囊，SGF 2 h 后抗体活性保持在 70%以上；在体外释放方面，壳聚糖浓度为 0.2%（*W/V*）时，IgY 在 SGF 中累积释放率小于 10%，在 SIF 4 h 中累计释放率接近 85%，符合释放要求。因此，确定最优的壳聚糖浓度为 0.2%（*W/V*）。

目前的研究结果表明，壳聚糖浓度是微囊的载药量、包封率、体外释放行为的重要影响因素，而对微囊保护 IgY 在 SGF 中的稳定性没有显著性影响。

大量的文献已报道，壳聚糖可提高囊心（BSA、血红蛋白、葡聚糖）的包封率。实验结果表明，壳聚糖可显著提高 IgY 载药量和包封率。当壳聚糖浓度增加，微囊表面复合形成聚电质半透膜，限制囊心从微囊到水相的扩散，减少了囊心在制备过程中的损失，提高了囊心的包封率。但同时壳聚糖在微囊表面的复合也增加了微囊的质量。当壳聚糖浓度超过一定值时，壳聚糖浓度的增加不仅会减少囊心损失，还会减少囊心在胃囊中的百分含量，从而就有可能导致囊心的载药量和包封率没有进一步地提高。另外，包封率的变化可能与成囊过程中海藻酸钠、壳聚糖和 IgY 的电荷状态有关。

海藻酸钙微囊提高了 IgY 在 SGF 中的稳定性，但大部分活性还是丧失了。这可能是由于 SGF 通过海藻酸钙微囊表面的微孔进入微囊内部（图 3-26）。海藻酸钙微囊在一定程度上能保护 IgY 在 SGF 中的稳定性，这可能是由于本实验通外部凝胶化（外源法）获得的内部疏松表面致密的非均相凝胶网络。将海藻酸钠溶液分散在 Ca^{2+} 溶液中，二价阳离子由外向内扩散凝胶，但由于微囊表面快速形成一层致密海藻酸钙，限制了钙离子在微囊内的扩散速度，所得到的为非均相微囊。Skjåk-Bræk 等对非均相凝胶网络的研究结果表明，表面海藻酸钠浓度是核心处的 10 倍，这样就提供了一个相对非渗透性的外壳，抵抗胃酸及胃蛋白酶的侵蚀。

随着壳聚糖浓度的提高，IgY 的释放变慢。这可能是由于当未添加壳聚糖或壳聚糖浓度较低时，微囊对 IgY 的扩散限制很小，IgY 释放很快，以致出现快速的持续释放。随着壳聚糖浓度增大，微囊表面壳聚糖与海藻酸钠所形成的聚电解质复合膜增厚，而且越来越致密，IgY 的释放变慢。Huguet 等发现：当用 0.2%（*W/V*）的壳聚糖溶液制备微囊时，在贮存于水的过程中，微囊化的血红蛋白的释放在 90%以上，而用 0.8%（*W/V*）的壳聚糖溶液制备微囊时，微囊化的血红蛋白的释放仅 1%。Sezer 等研究发现：随着壳聚糖浓度的升高，如从 0.25%（*W/V*）升高到 0.4%（*W/V*），微囊化葡聚糖在 PBS 中的释放速率开始逐渐减慢。相反，Polk 等考察用浓度 0.1%~0.2%（*W/V*）的壳聚糖溶液制备微囊时，发现 BSA 的释放速率随壳聚糖浓度的升高而升高。

但当壳聚糖浓度超过 0.2%（*W/V*）时，其释放行为未发生显著变化。Vandenbosche 等研究发现：海藻酸钠—聚赖氨酸复合膜随着聚赖氨酸浓度的增加而变厚；在 4 g/L 浓度以上，成膜量是恒定的。本实验采用一步法制备微囊，其制备过程与无搅拌界面聚合反应类似。当海藻酸钠和壳聚糖分子在界面相遇时，立即发生电荷吸引和分子扩散作用，这种瞬间的作用易导致分子链的相互缠绕，形成结构无序而致密的聚电解质复合膜。由于反应条件温和，没有剧烈搅拌、高温等条件，这种致密的聚电解质复合膜与结构疏松的海藻酸钙凝胶珠比较，就会阻碍壳聚糖进一步扩散进入海藻酸钠体系。因此，由这种方法制备的微囊膜很薄，壳聚糖可能仅结合在微囊表面，结合量较少。当壳聚糖浓度超过0.2%（*W/V*）时，成膜量可能没有明显地提高，导致微囊释放行为未发生显著变化。

3.2.3.7 $CaCl_2$浓度对微囊性能的影响

为研究$CaCl_2$浓度对微囊性能的影响，在实验中保持各溶液体积用量，壳聚糖浓度0.2%（*W/V*），海藻酸钠浓度2%（*W/V*），成囊溶液的pH 3.5以及药载比25%不变，采用不同$CaCl_2$浓度制备一系列微囊，考察该因素对微囊性能的影响，结果见图3-30~图3-32。

（1）$CaCl_2$浓度对IgY微囊的载药量及包封率的影响

图3-30给出了$CaCl_2$浓度对IgY微囊载药量和包封率的影响。实验结果表明，$CaCl_2$浓度对微囊的载药量和包封率影响较大（$P<0.05$）。二者具有相同的变化趋势，随着$CaCl_2$浓度从0.05%增加到3%（*W/V*），载药量和包封率均逐渐减少。当$CaCl_2$浓度为0.05%（*W/V*）时，微囊的载药量和包封率分别高达22.62%和83.12%；但是随着$CaCl_2$浓度增大，二者均不断降低，当$CaCl_2$浓度为3%（*W/V*）时，微囊的载药量和包封率分别仅为16.93%和62.53%。另外，定性观察发现，$CaCl_2$浓度低于0.5%（*W/V*），微囊的机械强度明显下降。

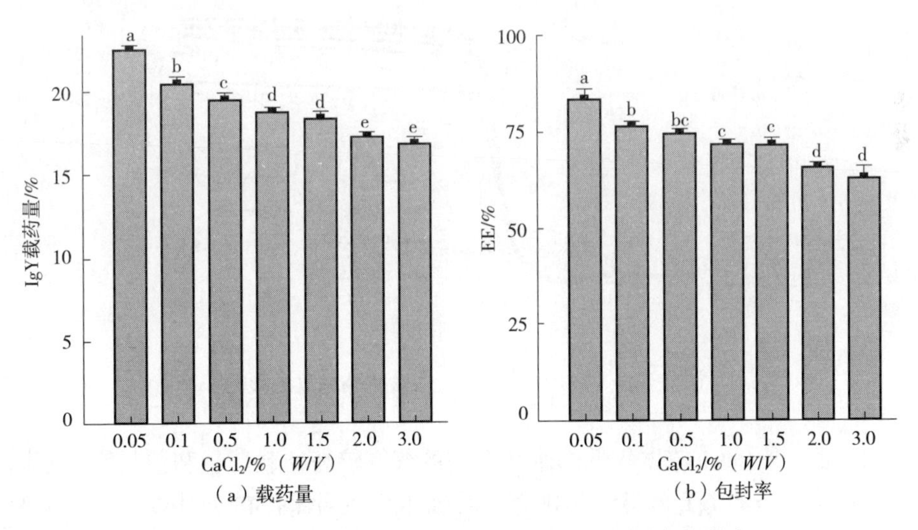

（a）载药量　　（b）包封率

图3-30 $CaCl_2$浓度对IgY微囊的载药量及包封率的影响

（2）$CaCl_2$浓度对微囊保护 IgY 在 SGF 中稳定性的影响

图 3-31 结果显示出，不同 $CaCl_2$浓度制备的 IgY 微囊均能提高 IgY 在 SGF 中的稳定性。但 $CaCl_2$ 浓度对微囊保护 IgY 在 SGF 中稳定性没有明显影响（$P>0.05$）。SGF 2 h 后 IgY 抗体活性保持在 70%左右。

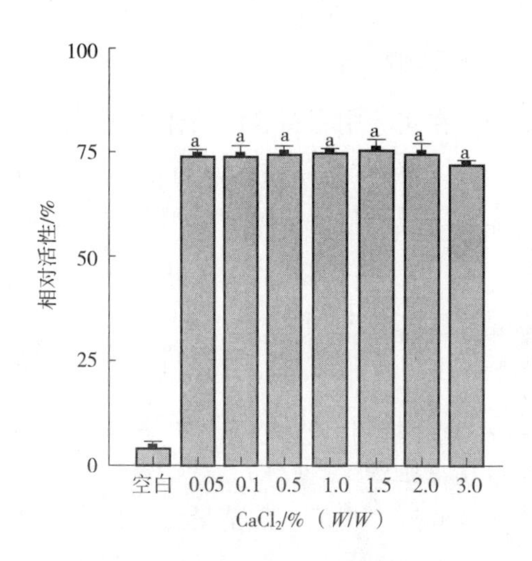

图 3-31　$CaCl_2$浓度对微囊保护 IgY 在 SGF 中稳定性的影响

（3）$CaCl_2$浓度对 IgY 微囊体外释放的影响

图 3-32 给出了不同 $CaCl_2$浓度制备的壳聚糖—海藻酸钠微囊对 IgY 释放速率的影响。在 SGF 中温育 2 h，所有样品中 IgY 的累计释放率均小于 10%。在转移至 SIF 后，微囊开始释放，在突释后有一个持续的释放。$CaCl_2$ 浓度为 0.05%（*W/V*）时 4 h 累计释放约 65%；$CaCl_2$浓度为 0.1%（*W/V*）时，4 h 累计释放达到 80%。$CaCl_2$浓度在 0.1%～3%（*W/V*），对 IgY 的释放无明显影响（$P>0.05$）。

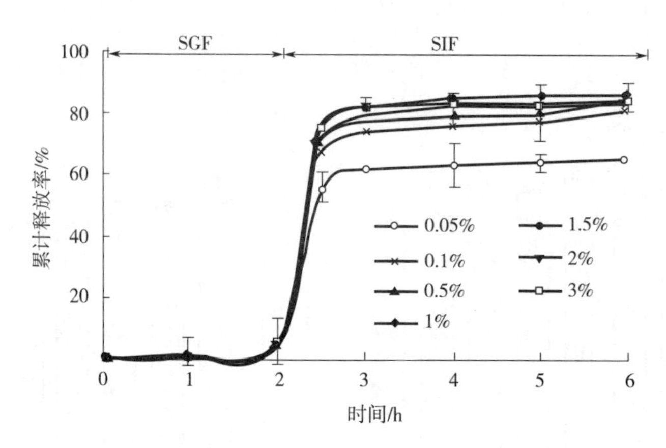

图 3-32　$CaCl_2$浓度对 IgY 微囊体外释放的影响

综上，在 $CaCl_2$浓度较低的水平上，可获得较高的载药量和包封率；不同 $CaCl_2$浓度制备的 IgY 微囊经 SGF 2 h 后抗体活性均保持在 70%以上，但无明显差别；在体外释放方面，$CaCl_2$浓度在 0.1%～3%（*W/V*）范围内对 IgY 释放无明显影响，SGF 中 2 h 累计释放率小于 10%，在 SIF 4 h 中累计释放率约 80%，符合释放要求。综合考虑，确定最优的 $CaCl_2$浓度为 0.5%（*W/V*）。

目前的研究结果表明，$CaCl_2$浓度明显影响了 IgY 微囊的载药量和包封率，而对微囊保护 IgY 在 SGF 中的稳定性没有显著性影响，这与本研究所采用的海藻酸钠的凝胶方式有关，海藻酸钠的凝胶化过程分为外源法和内源法。本实验采用外源法即成囊过程中通过外部凝胶化获得内部疏松表面致密的非均相凝胶网络，具有一个相对厚的外层基质。由外向内可以分为致密层、较致密层和疏松内核，其厚度分别为 h_1、h_2、r_3（$r_3 \geqslant h_2 > h_1$）。Skjåk-Bræk 等对非均相凝胶网络的研究结果表明，囊内海藻酸钠的凝胶化过程，微囊边缘处首先形成凝胶，并在凝胶层前端形成反应界面，微囊囊心处的海藻酸钠分子同时向反应界面扩散，反映平衡时，囊内凝胶呈现非均相分布，即边缘处的凝胶梯度高于囊心处。海藻酸钠的非均相性与众多因素有关，包括 $CaCl_2$浓度。非均一性基本上是不可逆的凝胶化机理的结果，是具有交联离子的强位点结合，进一步由 Ca^{2+}与海藻酸钠分子间的相对扩散速率掌控。外源 Ca^{2+}浓度减少，导致 Ca^{2+}浓度向反应界面扩散速率减少，促使凝胶梯度增强，从而限制囊心从微囊到水相的扩散，提高了微囊的载药量和包封率。本实验中 $CaCl_2$最低浓度为 0.05%（*W/V*）时，此时非均相程度最大，因此微囊的载药量和包封率最高。

3.2.3.8 海藻酸钠浓度对微囊性能的影响

为研究海藻酸钠浓度对微囊性能的影响，在实验中保持各溶液体积用量，壳聚糖浓度 0.2%（*W/V*），$CaCl_2$浓度 0.5%（*W/V*），成囊溶液的 pH3.5 以及药载比 25%不变，采用不同海藻酸钠浓度制备一系列微囊，考察该因素对微囊性能的影响，结果见图 3-33~图 3-35。

（1）海藻酸钠浓度对 IgY 微囊的载药量及包封率的影响

图 3-33 显示，海藻酸钠浓度明显影响了微囊的载药量和包封率，随着海藻酸钠浓度的增大，载药量逐渐增加。海藻酸钠浓度为 2%（*W/V*）时，载药量达到最大值（20.07%），当海藻酸钠浓度低于 2%（*W/V*）时，载药量为 17.73%，这是由于海藻酸钠浓度太低，壳聚糖—海藻酸钠聚电解质膜过薄，另外，海藻酸钠外源化凝胶过程所产生的非均相程度减少也会引起囊心从微囊到水相的扩散，使载药量下降。而当海藻酸钠浓度高于 2.5%（*W/V*）时，载药量很快下降到 16.43%，这是因为海藻酸钠浓度过高，体系黏度大，形成的微囊易大团黏连，包埋效果也不好。海藻酸钠浓度对包封率的影响，与载药量趋势相同。

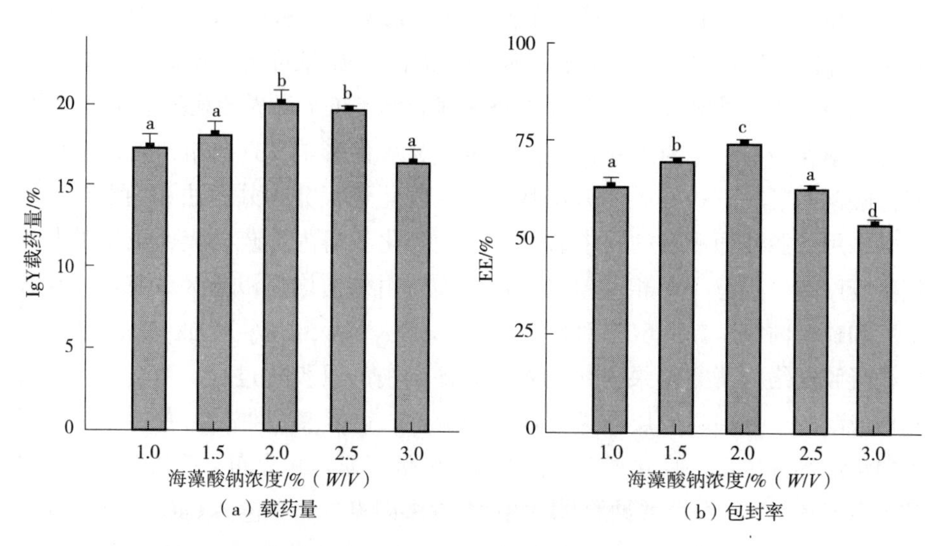

图 3-33　海藻酸钠浓度对 IgY 微囊的载药量及包封率的影响

（2）海藻酸钠浓度对 IgY 微囊保护 IgY 在 SGF 中稳定性的影响

图 3-34 结果显示出，不同海藻酸钠浓度制备的 IgY 微囊均能提高 IgY 在 SGF 中的稳定性。但海藻酸钠浓度对 IgY 微囊保护 IgY 在 SGF 中稳定性没有明显影响（$P>0.05$）。SGF 2 h 后 IgY 抗体活性保持在 70%左右。

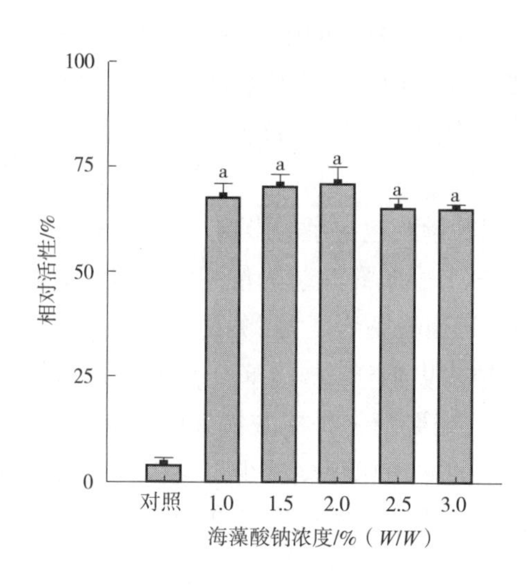

图 3-34　海藻酸钠浓度对微囊保护 IgY 在 SGF 中稳定性的影响

（3）海藻酸钠浓度对 IgY 微囊体外释放的影响

对微囊释放性能的考察结果表明（图 3-35），在海藻酸钠浓度的不同水平下，IgY 释放趋势相同。在 SGF 中温育 2 h，所有样品中 IgY 的释放率均小于 10%。在转移至 SIF 后，微囊开始释放，在突释后有一个持续的释放。IgY 的释放明显受到海藻酸钠浓度的影响（$P<0.05$），释放速率随着海藻酸钠浓度的增加而减少。海藻酸钠浓度为 1.0%（W/V）时，IgY 释放加速，4 h 内累计释放了约 90%。海藻酸钠浓度为 3.0%

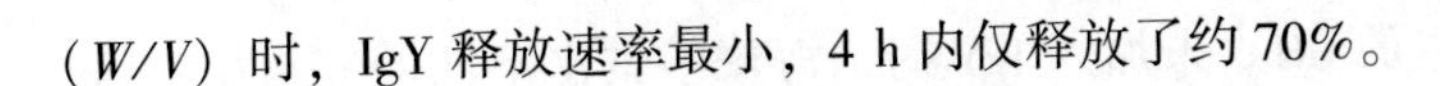

（*W/V*）时，IgY 释放速率最小，4 h 内仅释放了约 70%。

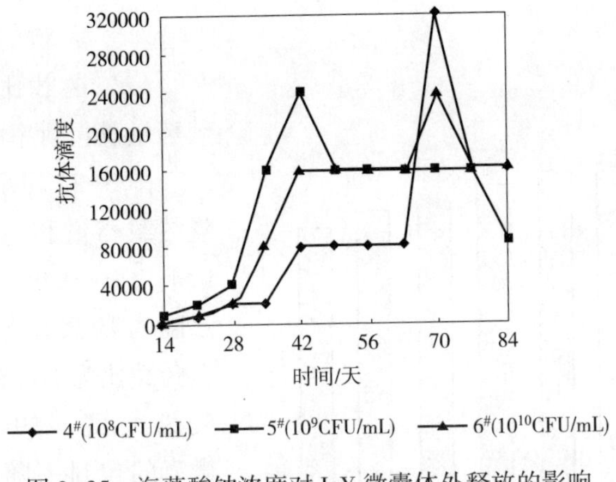

图 3-35　海藻酸钠浓度对 IgY 微囊体外释放的影响

综上，海藻酸钠浓度为 2%（*W/V*）时，载药量和包封率都达到了最大值；不同壳聚糖浓度制备的 IgY 微囊经 SGF 2 h 后抗体活性均保持在 70%以上，但无明显差别；在体外释放方面，海藻酸钠浓度为 2%（*W/V*）时，IgY 在 SGF 中累计释放率小于 10%，在 SIF 4 h 中累计释放率接近 85%，符合释放要求。因此，确定最优的海藻酸钠浓度为 2%（*W/V*）。

目前的研究结果表明，海藻酸钠浓度是微囊的载药量、包封率、体外释放行为的重要影响因素，而对微囊保护 IgY 在 SGF 中的稳定性没有显著性影响。海藻酸钠浓度对微囊这几方面性能的影响与海藻酸钠的非均相性凝胶有关。如上所述，非均相凝胶网络中，海藻酸钠浓度的增加会导致非均相性增加，这样会提供一个更密实的基质，减少微囊的渗透性，提高了微囊的载药量、包封率。另外，海藻酸钠浓度增加，微囊的控释性增强，这可能是由于高浓度的海藻酸钠制备的微囊表面复合膜比较致密，其碱侵蚀速率较慢。

3.2.3.9　药载比对微囊性能的影响

为研究药载比对微囊性能的影响，在实验中保持各溶液体积用量，壳聚糖浓度 0.2%（*W/V*），$CaCl_2$浓度 0.5%（*W/V*），成囊溶液的 pH 3.5 以及海藻酸钠浓度 2%（*W/V*）不变，采用不同药载比制备一系列微囊，考察该因素对微囊性能的影响，结果见图 3-36~图 3-39。

（1）药载比对最初的海藻酸钠与 IgY 混合溶液 pH 的影响

图 3-36 显示，药载比（即 IgY 与海藻酸钠的质量比）发生变化，影响了

最初 IgY 与混合溶液的 pH。未加入 IgY 时，海藻酸钠水溶液的 pH 为 7. 18，随着药载比从 12. 5%增加至 100%，IgY 与海藻酸钠混合溶液的 pH 不断下降，由 6. 88 下降至 5. 84。

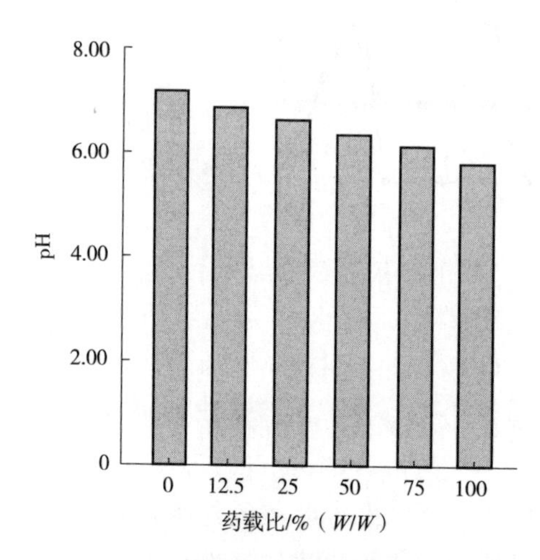

图 3-36　药载比对最初的海藻酸钠与 IgY 混合溶液 pH 的影响

（2）药载比对 IgY 微囊的载药量及包封率的影响

图 3-37 显示，药载比对微囊的载药量和包封率均有显著影响（$P<0.05$）。微囊的载药量随着药载比的增加而增加，至药载比为 100%时，载药量达到最大值（59. 55%）。相反，微囊的包封率随着药载比的增加而降低，药载比为 12. 5%时，包封率超过 95%；而药载比为 50% 时，包封率反而下降至 70%左右。进一步增加药载比，对包封率没有明显影响。

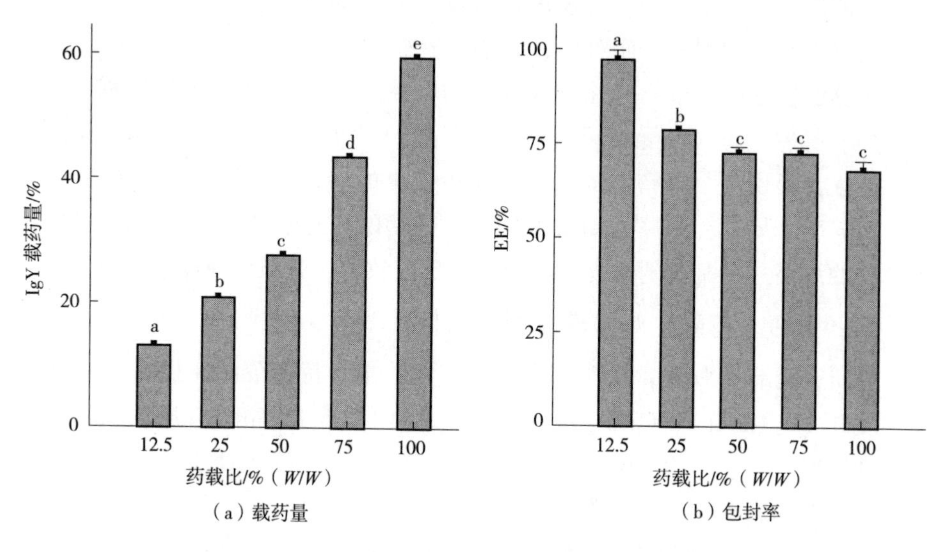

图 3-37　药载比对微囊的载药量及包封率的影响

（3）药载比对微囊保护IgY在SGF中稳定性的影响

图3-38结果显示出，药载比明显影响了微囊化IgY在SGF中的稳定性（$P<0.05$）。药载比超过25%时，随着IgY在海藻酸钠溶液中质量增加，SGF 2 h后微囊内IgY抗体活性不断下降。药载比≤25%时，IgY抗体活性保持在70%左右，而药载比达到100%时IgY抗体活性仅保持在28%左右，保留的抗体活性大大减少。这可能是由于IgY的添加量过大，使许多IgY暴露于壁材表面，经SGF时抗体失活引起的。

（4）药载比对IgY微囊体外释放的影响

图3-39给出了不同药载比制备的壳聚糖—海藻酸钠微囊对IgY释放速率的影响。在SGF中温育2 h，所有样品中IgY的累计释放率均小于10%。在转移至SIF后，IgY的释放明显受到药载比的影响（$P<0.05$），释放速率随着药载比的增加而降低。药载比12.5%和25%的微囊，在SIF中温育4 h后累计释放率达80%以上，而药载比为75%和100%的微囊在SIF中温育4 h后累积释放率均小于20%。

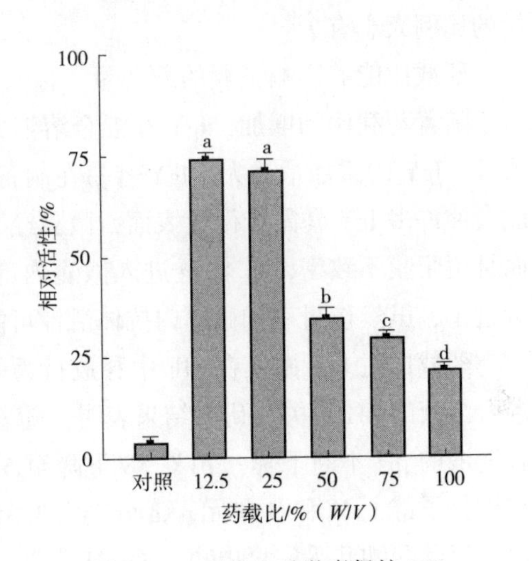

图3-38 药载比对微囊保护IgY在SGF中稳定性的影响

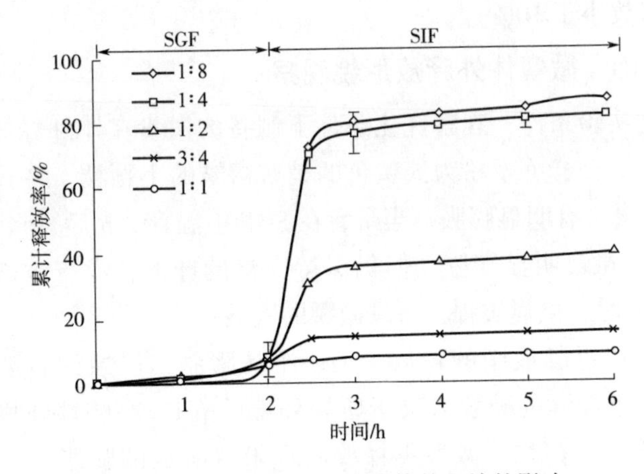

图3-39 药载比对IgY微囊体外释放的影响

综上，在药载比较低的水平上（≤ 25%），可获得较高的包封率；在 SGF 环境中可保留较高的 IgY 抗体活性；在体外释放方面，SIF 4 h 中的累积释放率约 80%，符合释放要求。

综合考虑，确定最优的药载比为 25%。

目前的研究结果表明，药载比是影响微囊的载药量、包封率、微囊保护 IgY 在 SGF 中的稳定性以及体外释放行为的重要因素。这可能与海藻酸钠—IgY混合溶液中海藻酸钠、IgY 的荷电状态，制备过程中 IgY 损失量占总量的比例大小有关。

药载比能够影响微囊的载药量、包封率、微囊在 SGF 中的稳定性，这是由于随着药载比的增加，IgY 在混合溶液中的比例增大，因此载药能力增强。另外，IgY 的添加量过大，IgY 容易在制备过程中流失，因此包封率下降，可能会使许多 IgY 暴露于微囊表面，微囊经 SGF 温育后，膜表面的 IgY 易失活，而且由于膜不致密，H^+渗透进入微囊内部，导致抗体活性下降。IgY 的添加量过小，虽然包封率和微囊内抗体活性可能上升，但包埋成本将会增大。

药载比对 IgY 微囊在 SIF 中释放行为的影响，主要与最初海藻酸钠—IgY 混合溶液的 pH 有关。研究结果表明，随着药载比的增加，IgY 与海藻酸钠混合溶液的 pH 不断下降（由 6. 88 下降至 5. 84）。IgY 的 p*I* 为 5. 7~7. 6，海藻酸钠分子链上 M 和 G 单元 p*K*a 分别为 3. 38 和 3. 65。在 pH 5. 84~6. 88 的范围内，海藻酸钠几乎完全电离，而 pH 降低会引起 IgY 所带电荷减少，形成 IgY 共聚物，由于分子太大不能穿过海藻酸钙的凝胶网络，所以释放减少。药载比为 100%时，药载比对 IgY 微囊在 SIF 中释放行为的影响最明显，IgY 在 SIF 中 4 h 累计释放小于 10%。

3. 2. 3. 10　微囊体外释放形貌观察

按照前述实验条件，观察优化条件下制备的微囊在体外释放时的形貌变化（图 3-40）。微囊冻干粉为淡黄色的稍有褶皱的小颗粒，将其在 SGF 中温育 2 h 后，微囊未有明显膨胀。当微囊在 SGF 中温育 2 h 后，将其转移至 SIF 中温育 0. 5 h，微囊明显膨胀，但仍保持完整的球形，没有破裂的现象。在 SIF 中温育 4 h 时，微囊破损，可见微囊的残骸。

微囊在模拟胃肠液中的释放，是一个从膨胀、侵蚀到破裂的过程。壳聚糖—海藻酸钠微囊的破裂取决于所处环境的 pH。在酸性环境介质中，由于微囊中离子键的存在，微囊不释放而且未有明显的膨胀。一旦微囊暴露于中性环境中，壳聚糖—海藻酸钠复合膜上海藻酸钠分子链上的 COO^-会逐

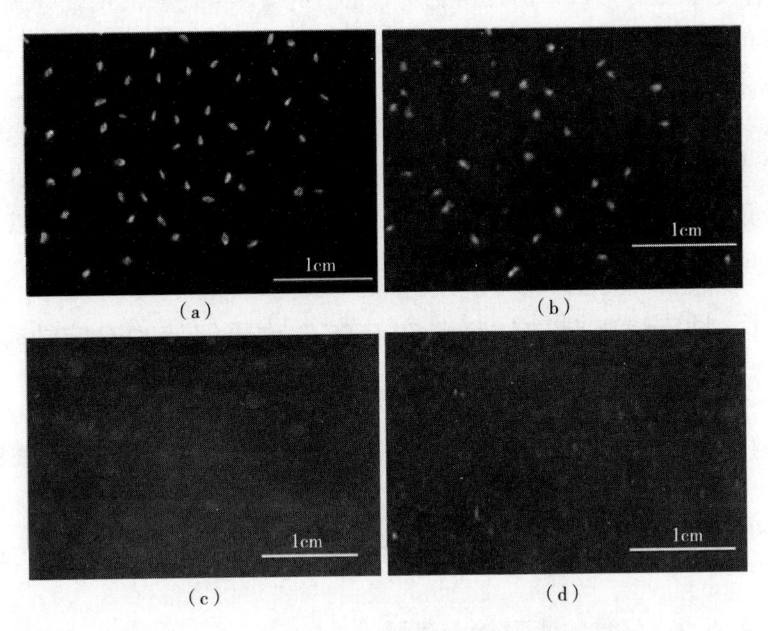

图3-40　微囊体外温育过程中的形貌变化图

渐被 OH^-代替，更重要的是复合膜上的壳聚糖会丢失正电荷，因此微囊聚电解质复合膜逐渐解聚，并暴露出囊内的海藻酸钙凝胶珠，基质受到侵蚀，囊心释放。

来自动物和临床的大量研究表明，口服特异性 IgY 可有效预防和治疗人及动物的许多肠道疾病，如牛和人的轮状病毒、产肠毒素大肠杆菌（ETEC）、牛的冠状病毒、沙门氏菌、葡萄球菌、鱼的耶尔森氏鼠疫杆菌感染以及假单孢菌等。但 IgY 在应用中存在的一个主要问题，IgY 在高强度胃酸环境中易被胃蛋白酶水解，它的抗原结合活性会降低甚至完全丧失，大大降低了它的生物利用度。由于幼龄动物及婴幼儿胃内酸度不高，一般 pH>3，因此，IgY 在胃内一般不会严重失活；而对于成年动物及成年人来讲，胃内 pH 1~2，非常有必要采取措施保护 IgY 的口服活性，抵抗胃酸和胃蛋白酶的降解作用，使其在小肠内稳定地发挥作用。

海藻酸钠和壳聚糖分别为阴、阳离子聚电解质，当海藻酸钠喷入含有壳聚糖和 Ca^{2+}的成囊溶液中时，海藻酸钠分子链上的游离的羧基与壳聚糖游离的氨基在静电力的作用下，通过聚电解质络合反应，可快速形成壳聚糖—海藻酸钠聚电解质复合膜。Ca^{2+}由于分子量比壳聚糖小，因此可快速扩散进入海藻酸钠核心，最终形成以海藻酸钙为核心，壳聚糖—海藻酸钠聚电解质复合膜包覆的两层结构。影响微囊性能的因素比较多，包括壁材的性质和浓度、反应的条件、微囊的制备方法；囊心不同，这些因素对微囊性能的影响也不同，最佳的工艺参数也不同。根据已有的相关研究，本研究着重对影响微囊性能较大的几个因素分别加以考察，对于不同条件下制备的微囊，具体研究了反应条件对微囊的载药量、包封率、保护 IgY 在 SGF 中的稳定性以及微囊在体外的释放行为的影响。

3.2.4 特异性卵黄抗体微囊对 ETEC 攻毒仔猪的治疗效果研究

3.2.4.1 IgY 微囊的制备

在优化的微囊体系下制备微囊，即成囊溶液的 pH 为 3.5，壳聚糖浓度 0.2%（*W/V*），$CaCl_2$浓度 0.5%（*W/V*），海藻酸钠浓度 2%（*W/V*），药载比 25%，大量制备 IgY—壳聚糖—海藻酸钠微囊。冷冻干燥后，获得 IgY 微囊冻干粉。

3.2.4.2 仔猪攻毒及治疗试验

40 日龄断奶仔猪 16 头，随机分成 4 组（每组 4 头），各组分别选择单独的饲养舍。所有仔猪于 0 h 进行口服攻毒，每头 5 mL，含量为 10^{11} CFU/mL。攻毒后，在治疗组Ⅰ仔猪口服 IgY 冻干粉 0.4 g/头・次；治疗组Ⅱ仔猪口服 IgY 微囊冻干粉 2 g/头・次（相当于 0.4 g IgY 冻干粉）；治疗组Ⅲ仔猪口服金霉素 0.25 g/头・次，第 2、第 3 天每日 2 次；对照组口服 30 mL 生理盐水，每日观察各组仔猪精神状态、食欲变化、临床变化及治愈、死亡等各方面情况。于 0、72 h 称量仔猪体重。每日早晚 2 次逐头采集仔猪的直肠拭子，用于检测 ETEC K88 浓度。72 h 后，选择治疗组中一头治疗效果最佳的仔猪，对其进行空气静脉注射致死，解剖后，立即用 pH 试纸测其胃酸及小肠的 pH。

3.2.4.3 仔猪生长状态临床观察及抗腹泻效果判定

以腹泻率、粪便指数、体重损失和治愈率作为检测指标反映治疗组之间和对照组差异是否显著。粪便指数按照 Sherman 等制定的标准判定，即 0 分为正常，粪便固态成形；1 分为轻度腹泻，粪便稀软成形；2 分为中度腹泻，粪便呈黄色水样；3 分为重度腹泻，粪便呈水样喷射。按照此方法对 4 个组分别进行试验。

攻毒 3 h 后，对照组部分仔猪开始出现严重腹泻并呈喷射状，食欲下降，嗜水，精神沉郁，同时伴有抽搐、呕吐现象；3 天后精神状态未见好转，食欲下降。至攻毒 9 h，各组大部分仔猪均出现不同程度的腹泻。治疗组Ⅰ仔猪在口服 IgY 冻干粉 1 天后，仔猪精神状态明显好转，但食欲仍下降，2 天后，食欲、精神恢复正常；治疗组Ⅱ仔猪在口服 IgY 微囊 1 天后，精神开始恢复，食欲正常；治疗组Ⅲ仔猪在口服金霉素 1 天后，腹泻症状改善不明显，有腹泻复发现象。各临床指标见表 3-6。

表 3-6 仔猪攻毒治疗期间的临床指标

组别	猪的总数	不同时间治疗后腹泻仔猪（FC 评分）数量				体重增量（g）	治愈率（%）
		9 h	24 h	48 h	72 h		
对照	4	3/4（2.5）	3/4（2.5）	3/4（2.0）	3/4（2.0）	−16	0%
Ⅰ号处理组	4	4/4（2.0）	3/4（1.3）	1/4（1.0）	0/4（0）	+65	100%
Ⅱ号处理组	4	3/4（2.0）	0/4（0）	0/4（0）	0/4（0）	+96.7	100%
Ⅲ号处理组	4	4/4（2.0）	2/4（2.0）	3/4（1.5）	2/4（1.5）	+72	50%

注 FC 评分指平均粪便稀度感官评分。评分标准为：0 分，粪便硬度正常；1 分，粪便较软；2 分，轻度腹泻；3 分，严重腹泻。FC 评分<1 的仔猪被认为没有发生腹泻。

由表 3-6 可见，腹泻断奶仔猪服用 IgY 微囊后，病情很快得到控制，1 天后所有病猪得到治愈，未见复发，治愈率为 100%，而且体重增加最快；而未包埋的 IgY 冻干粉治疗效果低于微囊化 IgY，3 天后所有病猪得到治愈，治愈率为 100%，这反映出未经微囊保护的 IgY 在断奶仔猪胃内被部分水解，导致活性损失，治疗效果下降。尽管如此，未包埋的 IgY 治疗效果仍然略高于抗菌药物对照组（治愈率 50%）。

而对照组仔猪未用任何药物治疗，口服生理盐水，第 1 天有腹泻症状的仔猪 3 天后仍未见好转，体重下降。由此可见，IgY 经壳聚糖—海藻酸钠包埋后，可以很好的保护其不被胃酸及蛋白酶水解，并且能够有效治愈断奶仔猪腹泻。

3.2.4.4 仔猪直肠拭子中 ETEC K88 浓度变化

采用 ELISA 法检测直肠拭子中 ETEC K88 的浓度。将制备的 ETEC K88 菌液（10^{11} CFU/mL）作为标准菌液，用生理盐水稀释并调节细菌的浓度至一系列梯度（10^{3}～10^{11} CFU/mL），每孔加 100 μL 包被 96 孔酶标板，同时每孔加 100 μL 直肠拭子检样包被 96 孔酶标板，4℃过夜。用洗涤液洗涤酶标板 3 次，每孔加 100 μL 封闭液，37℃温育 2 h 后甩干、洗涤 3 次；每孔加 100 μL IgY

溶液（用稀释液稀释 IgY 冻干粉至 1 μg/mL），37℃反应 2 h，反应结束后，洗涤 3 次；再向各孔加兔抗鸡 IgG-HRP 100 μL，37℃反应 1 h；洗涤液洗涤各孔 5 次，每孔加 100 μL TMB 底物溶液，室温下显色 20 min，每孔加 50 μL 终止液终止反应，用酶标仪测 $OD_{450/630}$。以标准菌液的 OD 值作为参考，检测待测样品中 ETEC K88 的浓度。

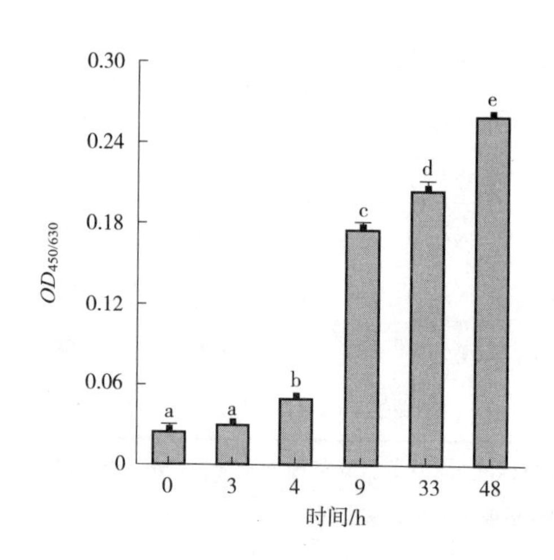

图 3-41　对照组直肠拭子中 ETEC K88 浓度随时间变化图

ELISA 法检测攻毒后 0~48 h 内对照组腹泻仔猪的直肠拭子中 ETEC K88 浓度，结果如图 3-41 所示。攻毒 3 h 后，仔猪开始出现严重腹泻并呈喷射状，但检样中 ETEC K88 浓度与 0 h（未攻毒）相比无明显区别。4 h 时，ETEC K88 浓度开始升高，并且随着攻毒时间的延长而不断增加。ETEC 引起仔猪腹泻的主要致病原是具有宿主特异性的菌毛和肠毒素。首先，ETEC 通过特异性菌毛吸附到小肠黏膜上皮细胞表面的受体上，这种牢固的结合使菌体能够抵抗肠道蠕动产生的冲刷作用从而定殖下来。然后 ETEC 大量繁殖，并产生肠毒素，进而导致肠黏膜细胞内水、钠、氯、碳酸氢钾等过度分泌至肠腔引起腹泻。本实验结果说明在未用任何药物治疗的情况下，ETEC K88 在仔猪小肠中不断定居繁殖，分泌肠毒素，从而引起粪便中 ETEC 浓度的不断增加。

分别跟踪检测不同治疗组中腹泻最严重的一只仔猪，在攻毒后 9~48 h 内直肠拭子中 ETEC K88 浓度的变化，结果如图 3-42 所示。由图可见，对照组仔猪，随着攻毒时间的延长，直肠拭子中 ETEC K88 浓度不断增加；治疗组Ⅰ和治疗组Ⅱ仔猪，在分别口服 IgY 冻干粉和微囊化 IgY 治疗后，48 h 内直肠拭子中 ETEC K88 浓度都有明显减少的趋势，这说明特异性 IgY 在小肠中阻止了 ETEC 繁殖，中和了肠毒素；而治疗组Ⅲ仔猪在口服金霉素后，48 h 内直肠拭子中 ETEC K88 浓度没有明显减少，说明金霉素杀菌效果不明显。

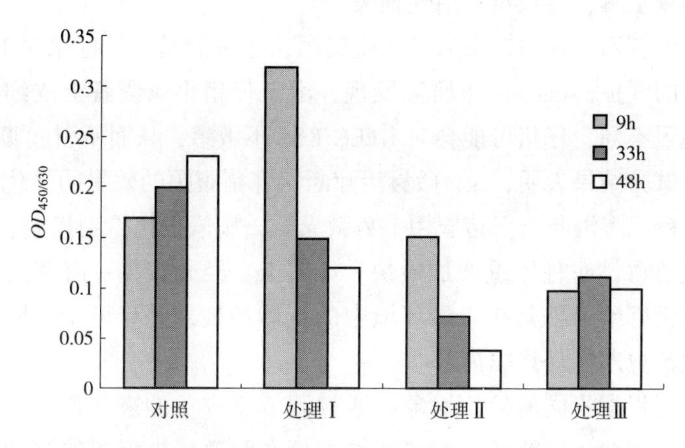

图3-42　不同治疗组直肠拭子中ETEC K88浓度随时间变化图

3.2.4.5　胃及小肠pH

经pH试纸检测，仔猪胃酸的pH在2左右，小肠的pH在6~7，这与相关文献报道相符。

为了研究IgY—壳聚糖—海藻酸钠微囊在体内水平是否能达到在胃中保护IgY免受胃蛋白酶降解，从而使IgY在肠道中定点释放的目的，本部分研究需要选择一种胃酸较高的动物作为动物模型。

大量的文献表明，新生或断奶仔猪饲喂特异性卵黄抗体可高效防治仔猪大肠杆菌性腹泻。特异性IgY经仔猪口服后有抗ETEC感染的作用，它的作用方式是通过附着在小肠黏膜上皮细胞的受体细胞膜上，改变细胞膜的完整性，或附着在细菌的菌毛上，与特异性菌毛抗原结合，减少或阻断菌毛黏附到仔猪肠道黏膜上皮细胞表面，使ETEC不能在小肠定居繁殖，不能分泌肠毒素从而防止了腹泻的发生。但对于日龄较大的仔猪，Yokoyama等跟踪检测了特异性IgY经其胃肠道抗体活性的变化，结果发现，纯化后的IgY经胃酸及胃蛋白酶的作用，抗体活性大大下降。鉴于此，本部分研究决定选择日龄较大（40天）的断奶仔猪（胃内pH为2左右）作为动物模型，考察特异性IgY微囊对仔猪腹泻的攻毒保护效果。

本研究结果表明，IgY微囊治疗断奶仔猪腹泻的效果明显优于未包埋的IgY冻干粉。这说明壳聚糖—海藻酸钠微囊可在正常的消化条件下，避免IgY在胃酸环境中被胃酸及蛋白酶水解，并且可于小肠中定点释放，与病原菌结合，治愈仔猪腹泻。而未经微囊保护的IgY治疗效果下降是由于IgY在断奶仔猪胃内被部分水解，导致抗体活性损失。

本研究中有两头仔猪攻毒后未产生腹泻，这可能是由于仔猪对 ETEC K88 不敏感引起的。Jeyasingham 等研究发现，由于仔猪小肠黏膜上皮细胞的受体上糖蛋白基因不同，仔猪可能会对 ETEC K88 不敏感，从而不引起腹泻。

本部分试验结果表明，IgY 微囊治疗断奶仔猪腹泻的效果明显优于未包埋的 IgY 冻干粉。腹泻断奶仔猪服用 IgY 微囊后，病情很快得到控制，1 天后所有病猪得到治愈，而且体重增加最快。证明 IgY 经壳聚糖—海藻酸钠微囊包埋后，可以很好地保护其在胃酸环境中的抗体活性，并且可于小肠中定点释放，能有效治愈断奶仔猪腹泻。

另外，可根据不同的使用对象，通过调节反应条件来制备具有不同控释效果的微囊。因此，壳聚糖—海藻酸钠微囊在肠道感染疾病的被动免疫治疗中具有广阔的应用前景。

第4章 生物活性肽

4.1 生物活性肽研究进展

生物活性肽（Bioactive Peptides，BAP）是指对生物机体的生命活动有益或具有生理作用的肽类化合物。与蛋白质相比，活性肽不仅具有乳化性高、溶解性强、吸收快以及吸收率高等优点，还具有抗菌、免疫调节、抗氧化、促生长及调节风味等多种功效。李新国等在仔猪的日粮中添加大米活性肽可以缓解断奶应激造成的肠道组织损伤，提高肠道内某些酶的活性，使小肠功能提前发育且速度加快，提高仔猪的存活率。邱玉朗等用大豆活性肽替代基础日粮中2%的豆粕来饲喂仔猪，50天时日粮的总抗氧化能力、超氧化物歧化酶（SOD）活性及TP水平显著高于对照组，有效缓解断奶仔猪氧化应激，并且显著改善仔猪肠道微生态平衡和消化功能。

生物活性肽是介于氨基酸与蛋白质之间的肽类聚合物，相对分子质量一般小于6000Da，少至由两个氨基酸残基组成，多至由数十个（一般50个以内）氨基酸残基通过肽键连接而成，通常肽段可被磷酸化、糖基化或酰基化修饰。多数BAP是在蛋白质的长链中以非活性状态存在，当蛋白质分子活性片段经蛋白酶水解游离出来，得到肽段的生物活性也获得释放。

随着生物活性肽的发现和研究的深入，许多传统的蛋白质化学和生物医学的认知和观点已经发生改变。小肽吸收理论以及客观证据的提出改变了传统消化理论认为“食物的蛋白质只有被消化成游离氨基酸才被摄入体内”的观点。而且这些小肽类物质能够直接参与消化、代谢及内分泌的调节，其吸收机制优于蛋白质和氨基酸。生物活性肽包括存在于动、植物和微生物体内的天然生物活性肽和蛋白质降解后产生的生物活性肽成分。生物活性肽按照功能可分为抗菌肽、抗血栓肽、抗氧化肽、激素肽和激素调节肽、神经活性肽、免疫活性肽、抗肿瘤肽、抗疲劳肽及促进有益微量元素吸收的矿物元素结合肽等，且研究发现某些肽段常常具有多重生理活性。

近年来，利用动物蛋白和植物蛋白水解制备生物活性肽的研究备受关注，研究人员相继酶解鱼头及内脏、虾壳等水产动物副产物和大豆、菜籽、葵花籽等油料作物种子粕等废弃蛋白质，并从酶解物中分离鉴定出具有不同生物学功能的活性肽，使废弃蛋白得到高效利用，此技术应用于保健食品、药品及饲料添加剂中，产生了巨大的社会效益和经济效益。Ali 等人使用酶解的方式开发利用沙丁鱼的头和内脏等副产物蛋白制备活性肽时，酶解物经过凝胶过滤色谱和高效液相色谱分离纯化后获得高抗氧化活性的肽段，其中氨基酸序列鉴定为 Leu-His-Tyr 的三肽在 150 μg/mL 浓度下 DPPH 自由基清除率为 (63±1.57)%。Hu 等人研究碱性蛋白酶水解核桃粕蛋白制备抗氧化肽的工艺，经过超滤分离获得的分子量小于 3kDa 的组分显示出最强的抗氧化性，氨基酸序列鉴定为 LAYLQYTDFETR 的一种新型活性肽，0.1mg/mL 的核桃肽 ABTS 自由清除率为 67.67%，DPPH 自由基清除率为 56.25%，羟基自由基的清除率为 47.42%。He 等人将紫苏粕蛋白酶解分离纯化得到的 PSP3c 肽段进行抗肿瘤活性研究，MTT 法检测结果显示紫苏肽 PSP3c 对肝癌 HepG2 细胞增殖具有较强抑制作用，当浓度为 10000μg/mL 时紫苏肽对 HepG2 抑制率达到了 90%以上；通过对肝癌小鼠模型给药治疗，在高浓度（20 mg/mL）紫苏肽 PSP3c 作用下，小鼠体内的肿瘤抑制率为 69.5%，具有一定的抗肿瘤效果。

生物活性肽在抑制病原菌生长方面具有广谱性且不易产生耐药性，同时往往还具备抗氧化、抗疲劳等多重生物活性，在动物疾病预防和治疗方面有着十分广阔的前景。最新研究发现抗菌活性肽不仅能够缓解肠道炎症，还具有肠道屏障保护功能，抗菌活性肽被认为是在饲料添加剂应用上非常有潜力的抗生素替代品。浙江大学汪以真团队一直以来致力于生物活性肽对仔猪营养与肠道免疫和肉品质形成的机制方面的研究，团队成员易宏波使用抗菌肽 CWA 有效地防治了断奶仔猪腹泻，研究了抗菌肽 CWA 可能通过 TLR4-MyD88-NF-κB 信号通路抑制炎症反应，展示了抗菌肽作为抗生素替代在应对仔猪肠道应激中的应用潜力；韩菲菲以小鼠模型研究了乳铁蛋白肽改良后预防腹腔感染 *E. coli* K88 的效果，试验结果表明抗菌肽对染菌小鼠腹腔液、肝脏和肠系膜淋巴结感染的大肠杆菌都具有显著的抑制效果。诸多研究成果表明，利用生物活性肽来缓解仔猪肠道应激综合征、提升仔猪生产性能切实可行，综合全面开发不同蛋白质来源来制备生物活性肽，在研究和应用上有很大的空间和潜力，市场前景广阔。

4.2　紫苏活性肽的制备及其调节仔猪腹泻的研究

生物活性肽具有多重生理活性，对仔猪腹泻等动物疾病具有系统性调节作用，被认为是可用于动物饲料添加剂中非常有潜力的抗生素替代品之一。紫苏是一种籽、叶、茎（梗）都极具利用价值的药食同源植物。紫苏籽中含有大量富含不饱和脂肪酸和所有必需氨基酸。目前，对紫苏籽的利用主要是将紫苏籽油用作高端食用油的开发，但脱油后的紫苏粕不易被消化和直接利用，常被丢弃或者用作低价值普通饲料，难以高效利用。因此，利用现代生物化学技术——控制酶解技术对紫苏粕蛋白进行深度开发，制备具有抗氧化、抗菌等调节肠道应激功效的富肽酶解物，开发系列功能饲用添加剂，不仅可提高紫苏资源的综合利用率，为紫苏粕的深度加工提供一条新思路，而且对探索我国绿色天然资源的抗生素替代品和发展抗仔猪腹泻生物活性肽应用领域具有重要的社会效益和经济效益。

4.2.1　紫苏蛋白的分离及理化性质研究

紫苏籽含有大量的油脂和蛋白质，其含油率为 45%左右，主要由 α-亚麻酸、亚油酸和油酸等不饱和脂肪酸组成，可以作为高级保健食用油使用，拥有广阔的消费市场潜力。而紫苏粕作为紫苏籽脱脂榨油后的工业副产品，其蛋白质含量也高达 65%左右。由于紫苏粕蛋白不易被人体直接消化吸收，在生产过程中，榨油后所制的紫苏粕常被用来作为动物饲料或者直接丢弃，造成环境污染和资源浪费，随着紫苏籽油市场的不断扩大，生产剩余的紫苏粕越来越多且亟待深入开发利用。

油料作物种子脱脂成粕后蛋白质的提取和利用，是当前油料作物“变粕为宝”的重要措施和研究热点。盛彩虹等人通过碱溶酸沉法从脱脂后的紫苏粕中提取紫苏分离蛋白，并且还优化得到了最佳提取工艺；刘春以大豆加工副产物——大豆乳清和大豆皮为原料，以低成本的新方法制备生物活性蛋白质，研究其抗炎、抗菌等活性及输送特性，以实现对大豆加工副产物的高值化利用；Yang 等利用新型水酶法工艺在提取植物油的同时，可实现对蛋白质的提取，反应条件温和、毛油品质高、设备投入成本低、资源利用率高、绿色环保。

4.2.1.1 紫苏粕中各组分蛋白的分离制备

紫苏粕中各组分蛋白的分离和制备工艺条件在参考 Ren 和 Osborne 等人采用方法的基础上有所改进，从紫苏粕中分离提取了紫苏分离蛋白、清蛋白、球蛋白、谷蛋白和醇溶蛋白 5 种不同类型蛋白，各组分蛋白的制备工艺流程如图 4-1 所示。

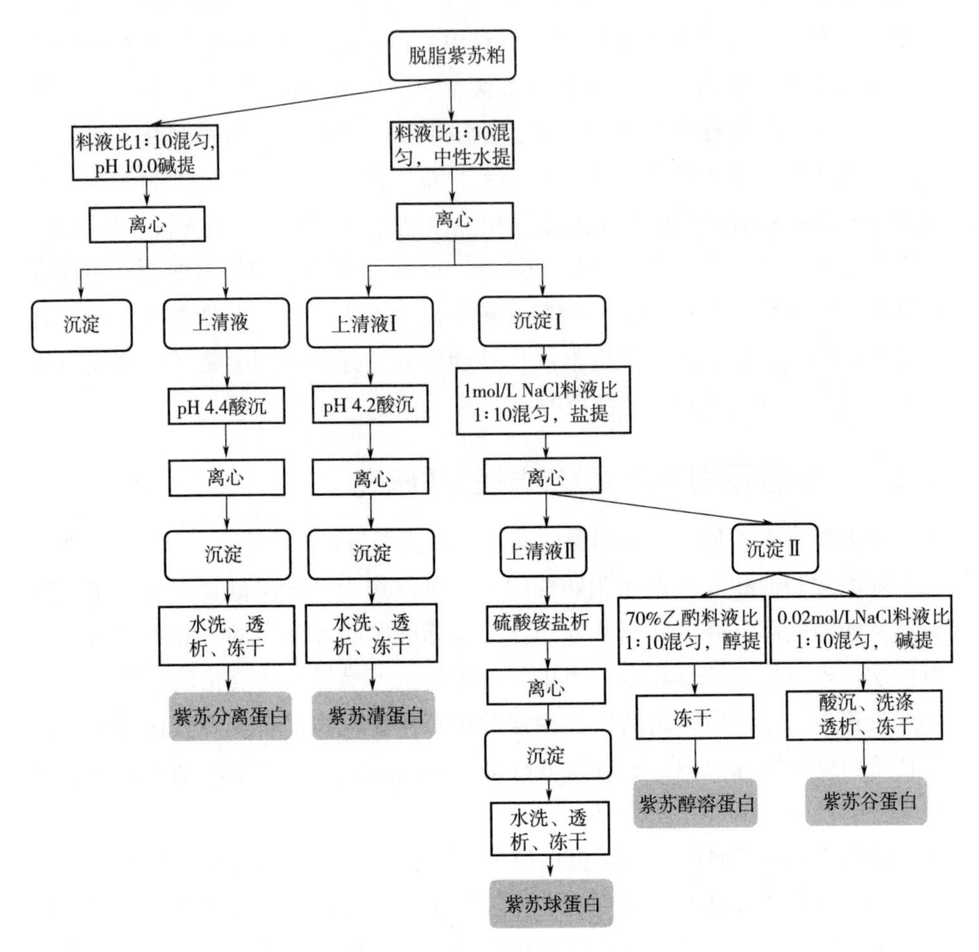

图 4-1　紫苏蛋白制备工艺流程图

紫苏分离蛋白按照碱溶酸沉法制备，取脱脂紫苏粕粉以 1 : 10 的料液比加去离子水搅拌均匀，调节 pH 至 10.0，在室温下碱提 60 min 后离心（5000 r/min，10 min）取上清液；调节上清液 pH 至 4.4，以转速 5000 r/min 离心 10 min，取下层沉淀；沉淀用去离子水水洗 3 次，调节至中性，装入 MW8000

的透析袋中，在中性透析液中4℃透析3d，冷冻干燥后获得紫苏分离蛋白。

紫苏粕中其他组分蛋白在Osborne法基础上改进后进行分级提取，取脱脂紫苏粕粉以1∶10的料液比与去离子混合搅拌1h后，以转速5000 r/min离心10 min后取上清液，重复提取3次，合并为上清液Ⅰ，同时保留沉淀Ⅰ；调节上清液Ⅰ pH至4.2，5000 r/min离心10 min后取沉淀，装入MW8000的透析袋中，在中性透析液中4℃透析3d，冷冻干燥获得清蛋白；取沉淀Ⅰ按照1∶10的料液加入1 mol/L NaCl溶液盐提，5000 r/min离心10 min后取上清液，重复提取3次，合并为上清液Ⅱ，同时保留沉淀Ⅱ；取上清液Ⅱ加入硫酸铵至饱和，离心后收集沉淀，沉淀透析除盐过程同清蛋白，冷冻干燥获得球蛋白；沉淀Ⅱ用70%乙醇以1∶10料液比提取3次，合并上清，冷冻干燥得醇溶蛋白；沉淀Ⅱ用0.02mol/L NaOH以1∶10料液比提取，碱提后上清液的处理同紫苏分离蛋白的制备工艺相同，获得谷蛋白（碱溶蛋白）。

4.2.1.2 紫苏粕及各组分蛋白成分分析

粗蛋白含量测定：采用自动凯氏定氮仪，原理参照凯氏定氮法（GB 5009.5—2016）；

粗脂肪含量测定：采用全自动脂肪测定仪，原理参照索氏提取法（GB 5009.6—2016）；

粗纤维含量测定：采用重量法（GB/T 5009.10—2003）；

灰分含量测定：采用灼烧法（GB 5009.4—2016）；

水分含量测定：采用快速水分测定仪105℃直接干燥法（GB 5009.3—2016）。

本研究所采用的紫苏籽和脱油的紫苏粕的主要化学成分见表4-1，其中本研究所用的紫苏品种ZB1收获的紫苏籽粗蛋白和粗脂肪的含量分别是(31.55±2.31)%和（46.17±1.12)%，脱油以后的紫苏粕中粗蛋白的含量为(65.17±0.15)%，略高于葵花粕粗蛋白含量（62.22%），高于菜籽粕粗蛋白含量（38.4%），说明紫苏粕具有较高的利用价值和开发潜力，是一种很好的蛋白来源。

表4-1 紫苏籽及紫苏粕主要化学成分

原料	粗蛋白/%	粗脂肪/%	粗纤维/%	水分/%	灰分/%
紫苏籽	31.55±2.31	46.17±1.12	9.75±0.73	5.29±1.01	4.15±0.08
紫苏粕	65.17±0.15	0.88±0.08	6.23±0.07	9.28±0.13	7.87±0.01

本研究采用碱溶酸沉法分离制备紫苏分离蛋白，又使用改进 Osborne 法将紫苏粕中的蛋白质细分成紫苏球蛋白、清蛋白、谷蛋白和醇溶蛋白，选取商用大豆分离蛋白作为对照进行后续的营养、结构的对比研究，制备的 5 种紫苏蛋白和大豆分离蛋白的溶液如图 4-2 所示。从图中看到，除了醇溶蛋白，其他蛋白溶液都呈现深浅不同的颜色，可能是由于原料粕粉中一些酚类物质的影响，鉴于酚类物质含量低且后续制备肽的分离纯化工艺会除去，在此不做深入研究。

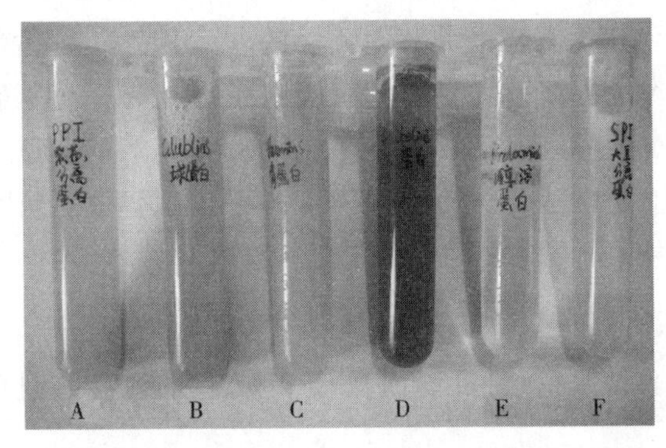

图 4-2　紫苏蛋白及大豆分离蛋白溶液的颜色特征对比

A：紫苏分离蛋白；B 紫苏球蛋白；C：紫苏清蛋白；

D：紫苏谷蛋白；E：紫苏醇溶蛋白；F：大豆分离蛋白

紫苏蛋白各组分主要化学成分分析见表 4-2，从表 4-2 中可以看到，紫苏分离蛋白、紫苏球蛋白和紫苏清蛋白的粗蛋白含量接近，判断紫苏分离蛋白中的主要组分可能是球蛋白和清蛋白。

表 4-2　各组分紫苏蛋白主要化学成分

组分	粗蛋白/%	粗脂肪/%	粗纤维/%	水分/%	灰分/%
紫苏分离蛋白	87. 3	1. 21	1. 23	1. 41	2. 25
紫苏球蛋白	85. 1	1. 12	1. 21	2. 35	1. 13
紫苏清蛋白	86. 4	0. 93	1. 2	2. 93	2. 43
紫苏谷蛋白	78. 5	1. 05	1. 23	2. 65	2. 17

4. 2. 1. 3　紫苏蛋白的聚丙烯酰胺凝胶电泳（SDS-PAGE）分析

本研究分别采用 10%、12. 5% 和 15% 3 个浓度分离胶的还原型 SDS-PAGE 对紫苏粕中分离得到的几种组分蛋白进行检测分析，并且选择了大豆分离蛋白作为对照，对比不同浓度电泳效果并且分析紫苏粕中不同组分蛋白的差异（表 4-3）。

表 4-3　分离胶及浓缩胶配方

成分	体积/mL			
	10%分离胶	12.5%分离胶	15%分离胶	5%浓缩胶
dH_2O	5.90	4.9	3.4	2.590
A 液（30%单体）	5.00	6.00	7.500	0.750
B 液（4×Buffer）	4.00	4.000	4.000	—
C 液（4×Buffer）	—	—	—	1.125
10% APS	0.100	0.100	0.100	0.030
TEMED	0.010	0.010	0.010	0.005
总体积	15	15	15	4.5

紫苏分离蛋白、球蛋白、清蛋白、谷蛋白、醇溶蛋白和大豆分离蛋白的 SDS-PAGE 电泳图如图 4-3 所示。紫苏分离蛋白有多条电泳条带，分子量最大的条带在 52 kDa 处，分子量最小的条带小于 6.5 kDa，经巯基乙醇处理打

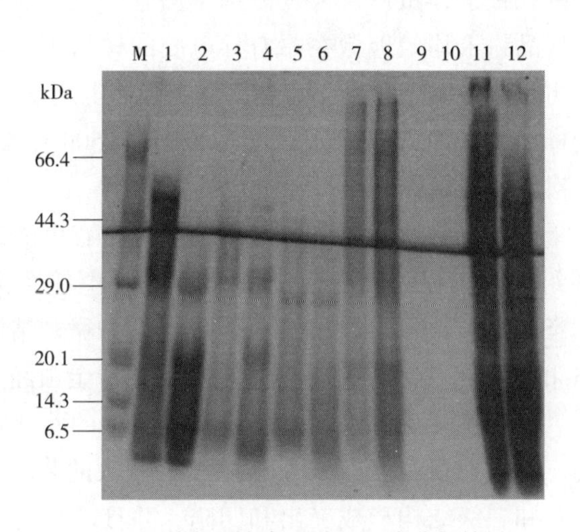

图 4-3　紫苏蛋白各组分的电泳分析结果

［M：低分子量蛋白标准。泳道 1～2：紫苏分离蛋白（无巯基乙醇、加巯基乙醇）。泳道 3～4：紫苏球蛋白（无巯基乙醇、加巯基乙醇）。泳道 5～6：紫苏清蛋白（无巯基乙醇、加巯基乙醇）。泳道 7～8：紫苏谷蛋白（无巯基乙醇、加巯基乙醇）。泳道 9～10：紫苏醇溶蛋白（无巯基乙醇、加巯基乙醇）。泳道 11～12：大豆分离蛋白（无巯基乙醇、加巯基乙醇）］

开二硫键后，分子量最大的条带在 29 kDa 左右，分子量小于 20.1 kDa 的条带丰度增加，说明紫苏分离蛋白含有一定量的半胱氨酸。紫苏球蛋白 49 kDa、29 kDa 和 6.5 kDa 处有较明显条带，其他紫苏蛋白组分大于 29 kDa 的条带较少，说明紫苏分离蛋白中 20 kDa 以上的蛋白成分主要是球蛋白；二硫键破坏以后，出现较明显的 20.1 kDa 条带，说明半胱氨酸主要存在于球蛋白中。紫苏清蛋白分子量最大条带出现在 27 kDa 左右，10 kDa 以下的小分子蛋白条带较深，且巯基乙醇作用效果不明显，说明清蛋白中半胱氨酸含量较少，且构成了紫苏分离蛋白中的主要小分子蛋白。紫苏谷蛋白加入巯基乙醇后变化不大，在 30 kDa、18 kDa 和 7 kDa 附近有隐约可以识别的条带，而且出现轻微拖尾现象影响条带的清晰度，分析是因为蛋白溶解度不佳造成的。紫苏醇溶蛋白由于含量很少，未在电泳图中清晰呈现，而且由于制备方法不同，醇溶蛋白理论上不存在于紫苏分离蛋白组分中。选择作为对照的大豆分离蛋白条带分布范围较广，而且加入巯基乙醇后 55 kDa 以上的蛋白条带消失、二硫键破坏。对比大豆分离蛋白，紫苏分离蛋白的大分子蛋白含量相对少一些，以小于 52 kDa 分子量的蛋白质居多。

4.2.1.4 紫苏蛋白的扫描电镜测试分析检测

将分离制备的几种紫苏蛋白及大豆分离蛋白置于烘箱中脱水干燥，依次用棉签蘸取几种样品粉末均匀地撒在贴有导电胶的样品座上，用洗耳球吹去未黏住的粉末，再镀上一层导电膜（喷金）后，加速电压设为 20 kV，在扫描电镜下观察不同样品的表面形态，分别选取 250×、2500×、25000×放大倍数下的样品图像，对比分析观察。

为了对紫苏蛋白各组分的微观结构（四级结构）有更深刻的认识，本研究对紫苏蛋白各组以及大豆分离蛋白进行 SEM 扫描电镜图像分析，结果见图 4-4~图 4-9。SEM 图像可以直观显示不同组分蛋白微观结构和空间构象的异同。如图 4-5 和图 4-6 所示，紫苏球蛋白和紫苏清蛋白经 25000 倍放大的图像对比显示，二者在微观下都呈现有一定空间结构的不规则球状颗粒，且颗粒大小比较均一（分离蛋白大小不均），在颗粒较大的紫苏球蛋白表面还可以看到有许多亚基和三级结构形成突出和凹陷；并且球蛋白的分子颗粒要比清蛋白的分子颗粒大的多，这也与 SDS-PAGE 结果相一致。从图 4-4 可以看出，紫苏分离蛋白微观颗粒聚合在一起，分析是由于碱溶酸沉的制备分离过程使蛋白质发生聚合、个别小颗粒尺寸与清蛋白颗粒尺寸接近造成的。如图 4-7 和图 4-8 所示，紫苏谷蛋白的 SEM 图像呈现致密片层结构，而紫苏醇溶蛋白 SEM 图像呈现不规则球状结构，且有不同程度的聚合。作为对照的大豆分离蛋白，微观结构呈现大小不同的球状颗粒，与球蛋白和清蛋白的微观颗粒类似，放大 25000 倍的微观图像呈现有突出和凹陷的蛋白质空间构象（图 4-9）。从 SEM 图像判断，紫苏分离蛋白主要由球蛋白和清蛋白组分组成。

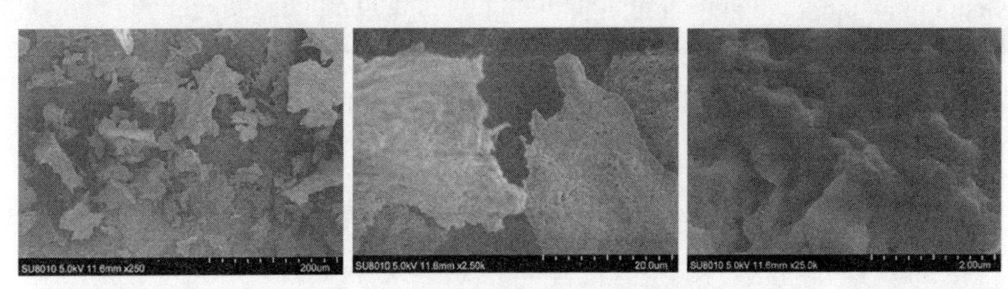

图 4-4　紫苏分离蛋白扫描电镜图

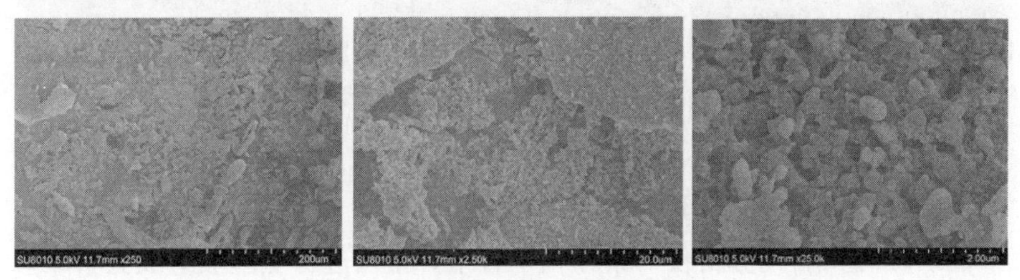

图 4-5　紫苏球蛋白扫描电镜图

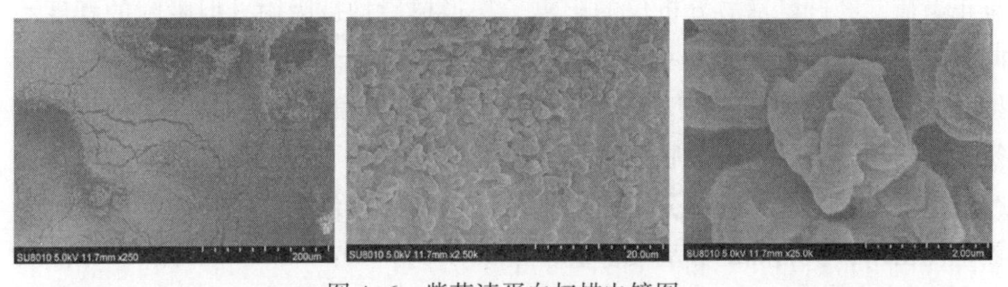

图 4-6　紫苏清蛋白扫描电镜图

图 4-7　紫苏谷蛋白扫描电镜图

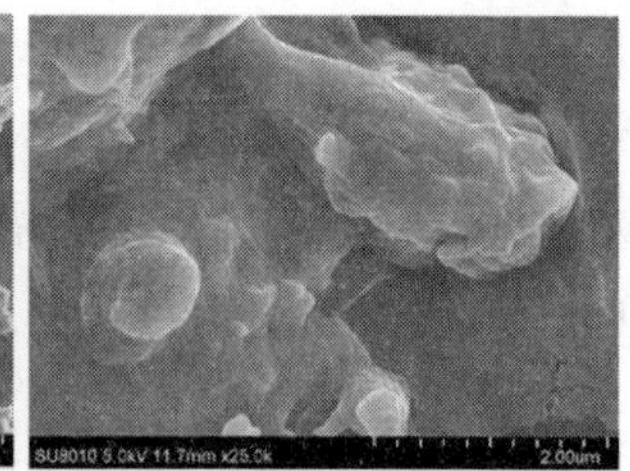

图 4-8　紫苏醇溶蛋白扫描电镜图

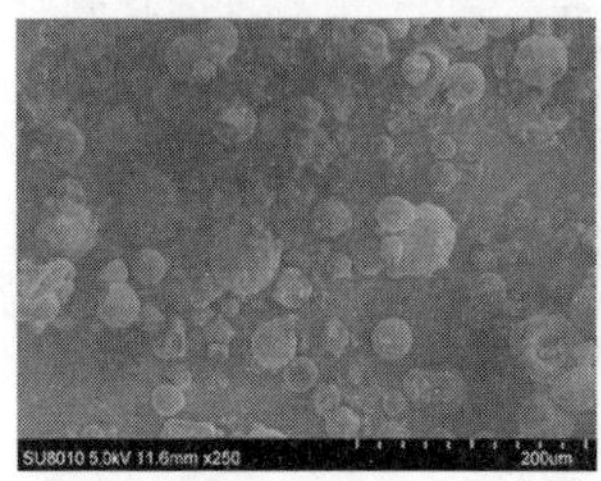

图 4-9　大豆分离蛋白扫描电镜图

4.2.1.5　紫苏蛋白的氨基酸组成分析测定

采用氨基酸自动分析仪对紫苏粕中各组分蛋白进行氨基酸组成分析。蛋白质样品经盐酸水解成为游离氨基酸，样品中的氨基酸在低 pH 的条件下都带有正电荷，经过氨基酸分析仪的阳离子交换树脂均被吸附，但吸附的程度不同，碱性氨基酸结合力最强，其次为中性氨基酸，酸性氨基酸结合力最弱。按照氨基酸分析仪设定的洗脱程序，用不同离子强度、pH 的缓冲溶液依次将氨基酸按吸附力的不同洗脱下来。分离后的氨基酸与茚三酮试剂在高温下进行衍生反应，生成可以被分光光度计检测出来的有色物质，然后在检测器中被检测出来，从而确定氨基酸含量。

具体测定方法如下：准确称取一定量的蛋白质样品置于水解管中，尽量满足样品蛋白质含量在 10~20 mg，然后加入 10 mL 的 6 mol/L 盐酸溶液，滴加 3~4 滴新蒸馏的苯酚，冷冻充氮封管后置于 110℃ 恒温箱内水解 24 h。打开水解管，水解液过滤后抽干、稀释、定容，样品定量溶解待测；准确配制上机需要浓度 C_0（5 nmol/50 μL）的混合氨基酸标准，用氨基酸自动分析仪以外标法测定样品待测液的氨基酸含量，根据结果计算原样品中相应氨基酸含量。胱氨酸和半胱氨酸含量的测定采用在水解之前过甲酸氧化的步骤进行，测定结果以胱氨酸的含量计。色氨酸的测定采用碱水解的方法，在 110℃ 下水解 20 h，然后进行定容、中和、抽干后上机检测。

蛋白质样品中氨基酸含量的计算公式如下：

$$X(g/100g) = \frac{\frac{C_0}{V_0} \times \frac{A}{A_0} \times F \times V \times M}{m \times 10^9} \times 100 \qquad (4-1)$$

式中：X——样品中氨基酸的含量，g/100 g；

C_0——进入仪器测定的标准液中氨基酸的摩尔数，nmol/20 μL；

A_0——标准峰面积；

A——样品峰面积；

F——样品稀释倍数；

V——水解后样品定容体积，mL；

M——氨基酸分子量；

m——样品质量，g；

V_0——进样量，20 μL；

10^9——将样品含量由 ng 换算成 g 的系数。

紫苏分离蛋白是紫苏粕中提取分离较全面的蛋白质，可以作为食品工业和功能饲料工业应用的主要蛋白质形式。对紫苏分离蛋白氨基酸组成及含量分析的结果如表 4-4 所示。

表 4-4　紫苏分离蛋白氨基酸组成分析

氨基酸	紫苏分离蛋白			FAO/WHO 推荐氨基酸模式/（mg·g^{-1}）	全鸡蛋蛋白质/（mg·g^{-1}）
	样品中含量/（mg·g^{-1}）	蛋白中含量/（mg·g^{-1}）	AA 百分比/%		
苯丙氨酸*	44.2	50.6	5.27	—	—
苯丙氨酸+苏氨酯	76.0	87.0	—	60	93
甲硫氨酸*	22.4	25.6	2.67	—	—
甲硫氨酸+胱氨酯	28.0	32.1	—	35	57
赖氨酸*	32.3	37.0	3.85	55	70
亮氨酸*	58.6	67.1	6.99	70	86
苏氨酸*	30.9	35.4	3.69	40	47
缬氨酸*	36.7	42.0	4.38	50	66
异亮氨酸*	29.2	33.5	3.48	40	54

续表

氨基酸	紫苏分离蛋白			FAO/WHO 推荐氨基酸模式/ (mg·g^{-1})	全鸡蛋蛋白质/ (mg·g^{-1})
	样品中含量/ (mg·g^{-1})	蛋白中含量/ (mg·g^{-1})	AA 百分比/ %		
色氨酸*	20.1	23.1	2.40	10	17
组氨酸	24.9	28.5	2.97		
丙氨酸	44.5	51.0	5.31		
脯氨酸	13.7	15.7	1.63		
甘氨酸	41.6	47.6	4.96		
谷氨酸	165.1	189.1	19.70		
精氨酸	115.4	132.2	13.77		
酪氨酸	31.8	36.4	3.79		
丝氨酸	45.9	52.6	5.48		
天冬氨酸	75.1	86.1	8.96		
胱氨酸	5.6	6.4	0.67		
TAA	838.0				
EAA	274.5				
E/T/%	32.8				

注 *代表必需氨基酸。

从表 4-4 中可以看到，紫苏分离蛋白含量最高的氨基酸是谷氨酸（Glu），而且能够检测到人体所需的全部 8 种成人必需氨基酸（essential amino acid，EAA）及儿童必需的组氨酸（His），因此紫苏分离蛋白是一种优质的全蛋白。谷氨酸（Glu）和天冬氨酸（Asp）是良好的呈味氨基酸，紫苏分离蛋白中含量分别高达 189.1 mg/g 和 86.1 mg/g，而且天冬氨酸可改善心肌收缩能力、增强肝脏功能、消除疲劳，因此紫苏分离蛋白可用作高级营养调味剂。精氨酸可用于治疗高血压、肝昏迷、肝硬化等疾病，也是维持婴幼儿生长发育必不可少的氨基酸，紫苏分离蛋白中精氨酸含量为 132.2 mg/g，是含量第二高的氨基酸，因此紫苏分离蛋白可用于制作婴幼儿健康食品。色氨酸往往是植物蛋白中比较缺乏的氨基酸，紫苏分离蛋白中的色氨酸含量 23.1 mg/g，高于联合国粮农组织/世界卫生组织（FAO/WHO）推荐氨基酸模式推荐值。由此可见，紫苏分离蛋白可以作为功能食品添加剂或者蛋白质原料应用到食品工业领域和动物营养领域中。

表 4-5 根据组成蛋白质的 20 种氨基酸的亲/疏水性以及酸碱性对紫苏分离蛋白的亲/疏水性氨基酸残基分别进行归类整理。紫苏分离蛋白中的疏水性氨基酸残基甘氨酸（Gly）、丙氨酸（Ala）、缬氨酸（Val）、亮氨酸（Leu）、脯氨酸（Pro）、甲硫氨酸（Met）、苯丙氨酸（Phe）、色氨酸（Trp）和异亮氨酸 Ile 的总含量约为 35.6%，疏水氨基酸残基含量达 1/3，同时酸性氨基酸谷氨酸 Glu 和天冬氨酸 Asp 的总量要高于碱性氨基酸 Lys、Arg 和 His 的总量，属于一种酸性蛋白质。

表 4-5　紫苏分离蛋白亲/疏水氨基酸分布（g/100g 蛋白质）

氨基酸类别	疏水性氨基酸	极性中性氨基酸	碱性氨基酸	酸性氨基酸
紫苏分离蛋白	35.6	13.08	19.77	27.5

4.2.1.6　紫苏分离蛋白营养价值的估算

根据紫苏分离蛋白的氨基酸组成分析结果，对紫苏分离蛋白营养价值进行评估，常用的方法有氨基酸评分（amino acid score，AAS）、化学评分（chemical score，CS）、必需氨基酸指数（essential amino acid index，EAAI）、蛋白质功效比（protein efficiency ratio，PER）、生物价（biological value，BV）、营养指数（nutrition index，NI）、氨基酸比值系数分（score of ratio coefficient of amino acid，SRCAA）等方法。本课题采用上述具有代表性的几种方法估算紫苏分离蛋白的营养价值，以期探究紫苏分离蛋白的开发利用潜质。

（1）必需氨基酸占比（E/T）和必需氨基酸指数（EAAI）

蛋白样品中必需氨基酸与总氨基酸之比，即 E/T，为必需氨基酸之和与全部氨基酸之和的比值，可粗略评估蛋白质中必需氨基酸的营养质量。

根据 FAO/WHO 建议的氨基酸评分法则，必需氨基酸指数指的是各种必需氨基酸含量与标准蛋白质中相应的各种氨基酸含量之比的加权平均值，本研究中我们选用跟人体所需氨基酸最接近的全鸡蛋蛋白质作为标准蛋白质，计算公式如下：

$$EAAI = \sqrt[n]{\frac{100H_A}{E_A} \times \frac{100H_B}{E_A} \times \frac{100H_C}{E_C} \times \cdots \times \frac{100H_J}{E_J}} \tag{4-2}$$

式中：n——必需氨基酸个数；

H_A、H_B、…、H_J——样品中必需氨基酸百分含量；

E_A、E_B、…、E_J——全鸡蛋蛋白质必需氨基酸百分含量。

（2）氨基酸评分（AAS）和化学评分（CS）

根据氨基酸组成分析测定结果，评价紫苏分离蛋白的氨基酸质量，将样品氨基酸含量转化为每克蛋白质中含氨基酸毫克数，再分别以 FAO/WHO 最佳配比模式或者鸡蛋蛋白为标准进行营养价值评定，计算得氨基酸评分（*AAS*）和化学评分（*CS*），公式如下：

$$\text{氨基酸评分}(AAS) = \frac{\text{待测蛋白质中氨基酸含量}(\text{mg/g})}{\text{FAO/WHO 推荐模式中该氨基酸含量}(\text{mg/g})} \quad (4\text{-}3)$$

$$\text{化学评分}(CS) = \frac{\text{待测蛋白质中氨基酸含量}(\text{mg/g})}{\text{全鸡蛋蛋白质相应必需氨基酸含量}(\text{mg/g})} \times 100 \quad (4\text{-}4)$$

（3）蛋白质功效比（PER）

蛋白质的功效比是以体重增加来表示蛋白质的净利用率，即食用蛋白质样品试验动物的体重增重与摄入的蛋白质质量之比。根据 Alesmeyer 等拟合的回归方程可以预测估算蛋白质功效比，方程如下：

$$PER_1 = -0.684 + 0.456H_{\text{Leu}} - 0.47H_{\text{Pro}} \quad (4\text{-}5)$$

$$PER_2 = -0.468 + 0.454H_{\text{Leu}} - 0.105H_{\text{Tyr}} \quad (4\text{-}6)$$

$$PER_3 = -1.816 + 0.435H_{\text{Met}} + 0.780H_{\text{Leu}} + 0.211H_{\text{His}} - 0.944H_{\text{Tyr}} \quad (4\text{-}7)$$

式中：H_{Leu}——Leu 在蛋白中的质量百分含量；

H_{Pro}——Pro 在蛋白中的百分含量；

H_{Tyr}——Tyr 在蛋白中的质量百分含量；

H_{Met}——Met 在蛋白中的质量百含量；

H_{His}——His 在蛋白中的质量百分含量。

（4）生物价（BV）

生物价（biological valence，BV）作为一种评估蛋白质营养价值的生物方法，根据每 100 克食物来源蛋白质转化成人体蛋白质的质量进行计算。预测的蛋白质生物价，根据 Mørup 和 Olesen 拟合的回归方程来估算，公式如下：

$$BV = 10^{2.15} \times q_{\text{Lys}}^{0.41} \times q_{\text{Phe}}^{0.6} \times q_{\text{Met+Cys}}^{0.77} \times q_{\text{Thr}}^{2.4} \times q_{\text{Trp}}^{0.21} \quad (4\text{-}8)$$

其中：a_{AA}样品$\leqslant a_{\text{AA}}$标准时，$q_{\text{AA}} = \frac{a_{\text{AA}}\text{样品}}{a_{\text{AA}}\text{标准}}$；$a_{\text{AA}}$样品$\geqslant a_{\text{AA}}$标准时，$q_{\text{AA}} = \frac{a_{\text{AA}}\text{标准}}{a_{\text{AA}}\text{样品}}$；下标 AA 代表氨基酸。

蛋白质是维持人体和动物健康以及提供生长、发育和劳动所需要的各种物质的重要营养素之一。评价食物中蛋白质营养价值的标准不仅是蛋白质的含量，更重要的是组成蛋白质的必需氨基酸（EAA）含量以及各氨基酸含量比例。一般选用消化吸收率、生物价、蛋白质的功效比值等作为指标，通过动物实验（生物法）和化学检测（化学法）来评价蛋白质营养价值。但上述方法费时费力，测试周期长，无法快速获得结果。基于蛋白质的氨基酸组成分析结果，Alsmeyer等人和Morup等人拟合一系列回归方程，用来估算蛋白质的功效比值、生物价等指标；同时结合与FAO/WHO推荐模式和标准蛋白质氨基酸含量作对比获得的氨基酸评分（*AAS*）和化学评分（*CS*），可以较准确地估算出蛋白质的营养价值。本研究对紫苏分离蛋白营养价值的估算见图4-10、图4-11和表4-6。

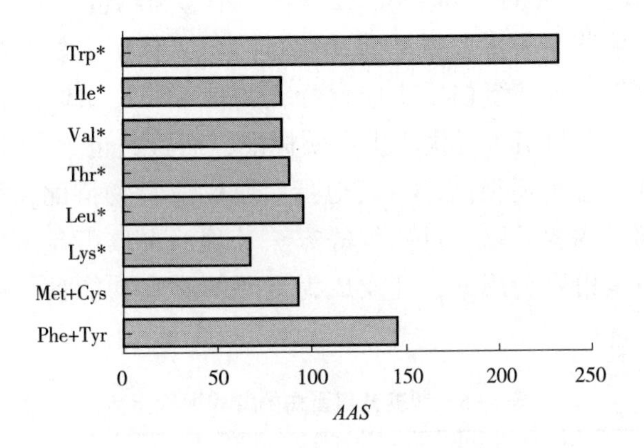

图4-10　紫苏分离蛋白的氨基酸评分

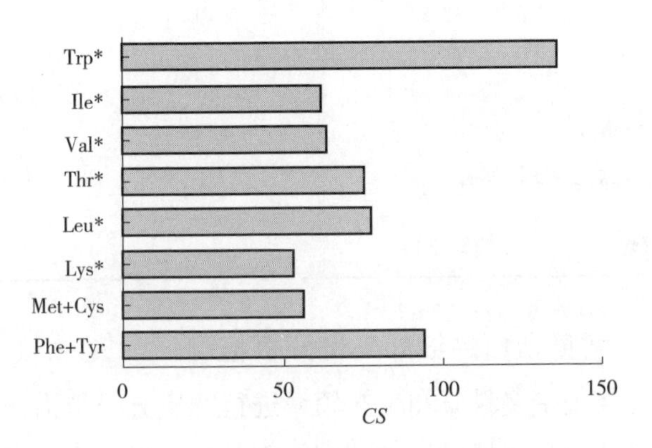

图4-11　紫苏分离蛋白的化学评分

如图4-10所示，在紫苏分离蛋白的氨基酸评分（*AAS*）中，色氨酸（Trp）和苯丙氨酸（Phe）+酪氨酸（Tyr）的分数最高，分别为231和145；赖氨酸（Lys）分数最低为67.3；其他氨基酸分数在80~100。如图4-11所示，以鸡蛋全蛋白作为标准蛋白质的化学评分（*CS*）中，色氨酸（Trp）评分为135.9，赖氨酸（Lys）和甲硫氨酸（Met）+胱氨酸（Cys）分数较低分别为52.9和56.3。其中在氨基酸评分和化学评分中，赖氨酸（Lys）都是第一限制氨基酸。从表4-6中数据可以看出，紫苏分离蛋白的*E/T*比为32.8%，必需氨基酸指数（EAAI）为64.4；经过计算得生物价（BV）为57.3，接近全麦面粉（59）和全粒玉米（60），小于全鸡蛋（95）；蛋白质功效比PER_1、PER_2和PER_3分别为1.64、2.20和1.70，接近衡量优质蛋白质的PER标准值2.00，与其他食物相比，紫苏分离蛋白PER值高于精制面粉（0.6），接近大米（2.16）、大豆（2.32）和牛肉（2.30），小于全鸡蛋（3.92）。综合各营养评价指标，紫苏分离蛋白氨基酸比例虽然与人体所需氨基酸比例不完全一致，不适宜作为唯一蛋白质供应食物，但是EAAI、BV和PER值显示紫苏分离蛋白的营养价值接近优质蛋白质标准，而且其包含全部必需氨基酸，某些特殊氨基酸含量还很高，与其他蛋白质供应食物搭配，可以作为重要的营养补充剂，或者可以经过酶解等方法处理后释放出自由氨基酸或者小分子肽，提高蛋白质利用率，开发成为重要的膳食功能食品或者功能饲料添加剂。

表4-6 紫苏分离蛋白的营养评价指标

营养评价指标	紫苏分离蛋白	营养评价指标	紫苏分离蛋白
E/T/%	32.8	PER_1	1.64
EAAI	64.4	PER_2	2.20
AAS（第一限制氨基酸）	67.3	PER_3	1.70
CS（第一限制氨基酸）	52.9	BV	57.3
第一限制氨基酸	赖氨酸 Lys		

4.2.1.7 紫苏蛋白的红外光谱分析检测

波谱分析是当前诸多科研和生产领域进行物质分子结构分析和鉴定的主要方法之一。波谱分析主要是以光学理论为基础，以物质与光相互作用为条件，建立物质分子结构与电磁辐射之间的相互关系，从而进行物质分子几何异构、立体异构、构象异构和分子结构分析和鉴定。引起分子振动能级跃迁的吸收光谱，主要在中红外区，称红外吸收光谱（Infrared Spectroscopy，IR）。利用傅里叶变换红外光谱法（FTIR）能够对蛋白质的特征官能团进行检测分析，甚至还可以用于归属蛋白质的二级结构并探讨其内部氢键结合情况。

分别称取几种紫苏蛋白及大豆分离蛋白样品 1~2mg，与 200 mg 纯溴化钾研细均匀置于模具中，用 5~10×10^7 Pa 压力在油压机上制成厚约 1 mm、直径为 10 mm 的透明薄片，以溴化钾薄片作为空白对照，采用傅里叶变换红外光谱仪在 4000~400 cm^{-1}内进行红外扫描，分析对比几种蛋白样品中的红外光谱图。紫苏蛋白各组分及大豆分离蛋白经过傅里叶变换红外光谱仪扫描以后获得的 FTIR 光谱见图 4-12。

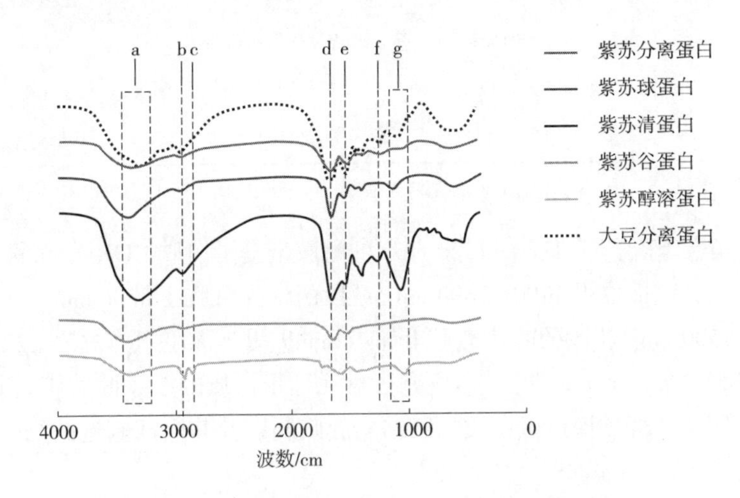

图 4-12　紫苏蛋白各组分红外吸收光谱对比分析

a—3400~3300　b—2995　c—283　d—1676　e—1558　f—1299　g—1207~1103

如图 4-12 所示，对比分析紫苏蛋白各组分和大豆分离蛋白的 FTIR 光谱，6 种蛋白的 FTIR 光谱都主要呈现 7 个波数的特征吸收峰（表 4-7）。其中，在 3400~3300 cm^{-1}处的宽吸收峰 a（很强），是由于羧基上的 O—H 的伸缩振动引起的；在 2995 cm^{-1}处的尖锐吸收峰 b 和 2883 cm^{-1}处的尖锐吸收峰 c 是由于—CH_3上的 C—H 伸缩振动引起；在 1676 cm^{-1}、1558 cm^{-1}和 1299 cm^{-1}处检测到的 3 个吸收峰 d、e、f 正是蛋白质上酰胺键（肽键）对应的 3 个典型谱带，分别是 1676 cm^{-1}酰胺Ⅰ带、1558 cm^{-1}酰胺Ⅱ带和 1299 cm^{-1}酰胺Ⅲ带；处在 1207~1103 cm^{-1}波数的吸收峰 g 可能是酪氨酸 R 基上酚羟基的 O 原子和相连苯环上 C 原子的 C—O 伸缩振动引起的。对比几种不同蛋白质的 FTIR 光谱，多个吸收峰波数基本一致；不同的是几种蛋白质的吸收峰 g 的波数大小从 1207 cm^{-1}到 1103 cm^{-1}呈现差异，分析原因是不同蛋白质的空间结构差异形成的空间位阻效应，一般来说，分子结构中存在空间阻碍，使共轭受到限制，振动频率增高。

表 4-7 FTIR 光谱吸收峰及特征基团的识别

吸收峰编号	波数/cm^{-1}	峰型	对应的特征基团
a	3400~3300	VS，宽吸收带	—COOH
b	约 2995	M，尖锐吸收带	$—CH_3$
c	约 2883	VW，尖锐吸收带	$—CH_3$
d	约 1676	S，尖锐吸收带	酰胺
e	约 1558	M，尖锐吸收带	酰胺
f	约 1299	W，尖锐吸收带	酰胺
g	1207~1103	S，尖锐吸收带	酚 ν_{C-O}

注 VS：很强；S：强；M：中等；W：弱；VW 很弱。

通常情况下，位于 1700~1220 cm^{-1}的酰胺带是蛋白质 FTIR 光谱的 3 大特征谱带之一，包括位于 1700~1600 cm^{-1}波段的峰为酰胺Ⅰ带（amide Ⅰ）、位于 1600~1500 cm^{-1}波段的峰为酰胺Ⅱ带（amide Ⅱ）和位于 1330~1220 cm^{-1}波段的酰胺Ⅲ带（amide Ⅲ）。本研究还对几种蛋白质的 3 条酰胺带进行了对比分析（图 4-13），探讨蛋白质二级结构的归属以及其内部氢键的结合情况，结果见表 4-8。

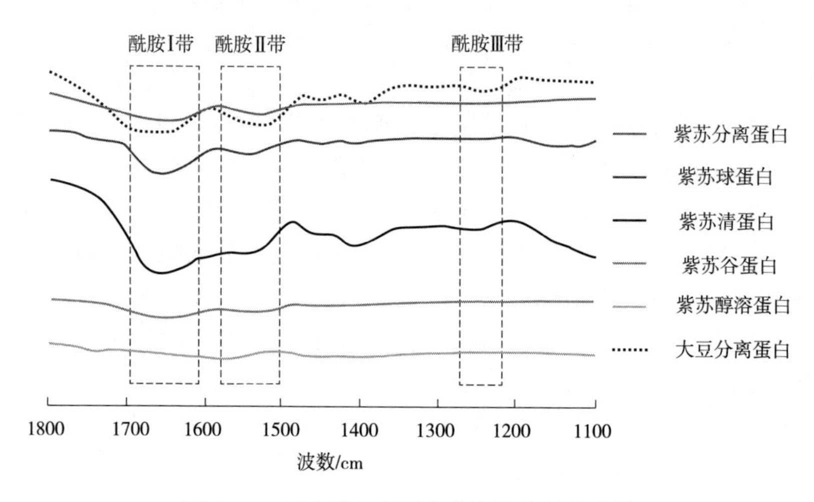

图 4-13 蛋白质红外吸收光谱的特征酰胺带

酰胺Ⅰ带对于蛋白质二级结构的研究最有价值。一般来说，1600~1639 cm^{-1}被指认为 β-折叠结构；1640~1650 cm^{-1}被指认为无规则卷曲（C ═O 与水形成氢键）；1651~1660 cm^{-1}被指认为 α-螺旋结构；1661~1700 cm^{-1}被指认为 β-转角结构。谢孟峡等通过对比分析 FTIR 和 X 射线衍射结果，证明了酰胺Ⅲ带谱峰归属也是合理的，即 1330~1290 cm^{-1}为 α-螺旋；1295~1265 cm^{-1}为 β-转角；1270~1245 cm^{-1}为无规则卷曲；1250~1220 cm^{-1}为 β-折叠。

如表 4-8 所示，紫苏分离蛋白酰胺Ⅰ带 1649 cm^{-1}被指认为无规则卷曲，酰胺Ⅲ带 1234 cm^{-1}被指认为 β-折叠结构；紫苏球蛋白酰胺Ⅰ带 1651 cm^{-1}被指认为 α-螺旋结构；酰胺Ⅲ带 1242 cm^{-1}被指认为 β-折叠；紫苏清蛋白酰胺Ⅰ带 1656 cm^{-1}被指认为 α-螺旋结构，酰胺Ⅲ带 1263 cm^{-1}被指认为无规则卷曲；紫苏谷蛋白酰胺Ⅰ带 1645 cm^{-1}被指认为无规则卷曲，酰胺Ⅲ带 1244 cm^{-1}被指认为 β-折叠；紫苏醇溶蛋白酰胺Ⅰ带 1739 cm^{-1}被指认为可能是 β-转角结构，酰胺Ⅲ带 1288 cm^{-1}被指认为 β-转角；大豆分离蛋白酰胺Ⅰ带 1662m^{-1}被指认为 β-转角，酰胺Ⅲ带 1238 cm^{-1}被指认为 β-折叠结构。

表 4-8　蛋白质特征酰胺带及指认的蛋白质二级结构

蛋白质种类	波数/cm^{-1}	所属蛋白特征波带	对应主要二级结构
紫苏分离蛋白	1649	酰胺Ⅰ带	无规则卷曲
	1234	酰胺Ⅲ带	β-折叠
紫苏球蛋白	1651	酰胺Ⅰ带	α-螺旋
	1242	酰胺Ⅲ带	β-折叠
紫苏清蛋白	1656	酰胺Ⅰ带	α-螺旋
	1263	酰胺Ⅲ带	无规则卷曲
紫苏谷蛋白	1645	酰胺Ⅰ带	无规则卷曲
	1244	酰胺Ⅲ带	β-折叠
紫苏醇溶蛋白	1739	可能 酰胺Ⅰ带	可能 β-转角
	1288	酰胺Ⅲ带	β-转角
大豆分离蛋白	1662	酰胺Ⅰ带	β-转角
	1238	酰胺Ⅲ带	β-折叠

4.2.1.8　紫苏蛋白的紫外—可见吸收光谱分析检测

将价电子激发到较高能级所产生的吸收光谱主要在近紫外及可见光谱区，称为紫外—可见光谱（UV-HIS），简称紫外光谱（UV）。紫外光谱涉及电子

在分子轨道上跃迁及各种跃迁对应的吸收带对结构的依赖关系。紫外吸收光谱，主要应用于共轭体系，如共轭烯烃，不饱和共轭醛，酮及芳香族化合物的分析。紫外光谱及发色团的存在，常结合其他检测方法如红外光谱，用于验证推演的结构。在蛋白质结构中，能够吸收紫外光或者可见光从而形成吸收带的发色团主要有酰胺键（肽键）$-\overset{\overset{\displaystyle O}{\|}}{C}-\underset{\underset{\displaystyle H}{|}}{N}-$ 和芳香族氨基酸（色氨酸、酪氨酸和苯丙氨酸）R 基上的芳环。

称取一定量的紫苏分离蛋白、清蛋白、球蛋白、醇溶蛋白、谷蛋白及大豆分离蛋白，分别用 PBS 缓冲溶液溶解配制浓度为 0.1%的溶液。以 PBS 溶液为参比，在紫外可见分光光度计上对几种蛋白溶液进行波长范围 200 nm 到 800 nm 的全波长扫描。紫苏蛋白各组分及大豆分离蛋白经过紫外—可见分光光度计全波长扫描以后获得的紫外—可见吸收光谱如图 4-14 所示。将几种蛋白的紫外—可见光谱进行对比分析，结果显示在 200~400 nm 紫外光波长范围内，几种蛋白质的吸收波形比较相似，在 400~800 nm 的可见光波长范围内，波形有所区别。

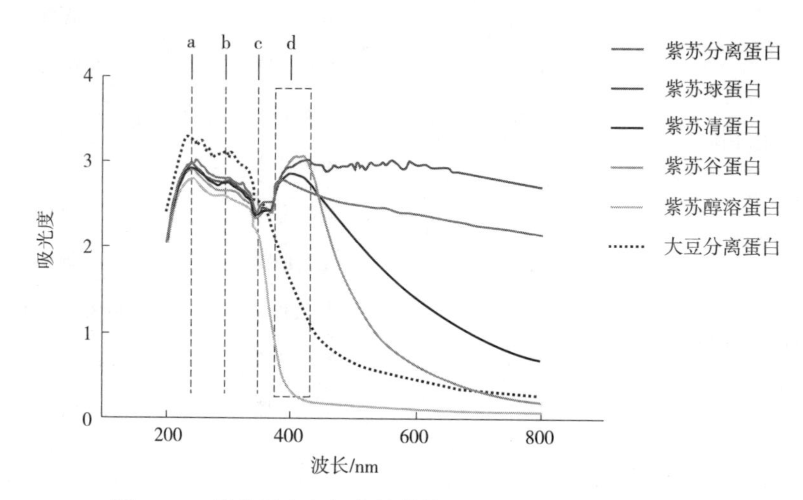

图 4-14 紫苏蛋白各组分的紫外—可见吸收光谱对比分析

a—近 232 nm b—近 284 nm c—近 344nm d—382~420 nm

根据图 4-14 分析所得，紫苏蛋白各组分及大豆分离蛋白检测的紫外可见光谱可大致分为 4 个谱带，各个谱峰的波长、峰型等特征见表 4-9。参照紫外光谱标准谱图集及数据库（*The Sadtler Standard Spectra UV*），整理总结紫外—可见光谱解析规则如下：

①250~350 nm 区间有一个很弱的吸收峰，并且在 200 nm 以上无吸收峰，表明该化合物含有带孤对电子对的未共轭的发色团，例如很可能是 C ═O、C ═N、N ═N、COOR、COOH、$CONH_2$ 的 n→π* 跃迁引起的。

②200~250 nm 区间有一个强吸收峰，250~290 nm 区间有中等强度吸收峰，或显示不同程度的精细结构，表明该化合物有苯环存在，前者为 E2 带，后者为 B 带。

③如果在紫外光谱中，有许多吸收峰，而某些吸收峰甚至出现在可见光区，可能含有长链共轭体系或稠环芳烃发色团。如果化合物有颜色，则至少有 4~5 个相互共轭的发色团。

表 4-9　紫外可见吸收光谱吸收峰及识别

谱峰	波长	峰型	可能特征发色团	跃迁类型
a	232	最大吸收、强峰、单峰	苯环 E_2 带	π→π* B 带
b	284	较大吸收、弱峰、多重峰	苯环 B 带	π→π* B 带
c	344	最小吸收、弱峰、单峰	羰基	n→π* R 带
d	382~420	较大吸收、强峰，多重峰	稠环芳香族或长共轭体系	π→π* B 带

对图 4-14 解谱分析可知，谱带 a 波长为 232 nm，是最大吸收波长，而且是单独强峰，无精细结构（即无多重峰），可能是芳香族氨基酸吸收紫外光引发 π→π* 跃迁产生的苯环 E_2 带；谱带 b 也有较大光吸收度，而且出现精细结构，可能是芳香族氨基酸 π→π* 跃迁产生的 B 带；谱带 c 光吸收度较弱，可能是带孤对电子对的酰胺基（肽键）和羧基 n→π* 跃迁产生的 R 带；谱带 d 处在 400 nm 左右的可见光范围内，谱峰的光吸收度较大，有明显的多重峰，是由于带稠环的芳香族或者长共轭体系 π→π* 跃迁产生的 B 带红移所致，判断是由于蛋白中未除尽的酚类杂质引起。

谱带 a 和 b 是用来识别蛋白质的典型紫外可见吸收波段，是基于色氨酸、酪氨酸和苯丙氨酸等芳香族氨基酸对紫外光吸收的贡献。同时由于组成不同种类蛋白质的芳香族氨基酸含量相差很少，所以检测的 6 种蛋白质的峰型一致，并无甚区别；也正因如此，280 nm 波长不仅是蛋白质定性的检测方法，也常常被用作蛋白质定量检测的一般方法。谱带 c 光吸收度普遍较弱，几种蛋白吸收峰对应的波长也基本一致，不同蛋白质吸收峰波长的差异可能是由来自肽键与不同氨基酸的 R 产生的共轭效应而发生红移以及空间位阻效应产生的蓝移综合作用导致的；而且由于杂质的影响，紫苏醇溶蛋白还出现了肩峰（shoulder peak）。谱带 d 的吸收峰波长是本研究测试的不同蛋白质中差异较明显的，其中紫苏醇溶蛋白和大豆分离蛋白未见吸收峰，而其他蛋白质在 382~420 nm 可见光附近吸收范围呈现不同程度的吸收峰，这也解释了几种不同蛋白质溶液呈现出了不同的颜色（图 4-2），说明紫苏醇溶蛋白在制备的时候，通过乙醇溶解了酚类杂质，达到了除杂效果。

4.2.1.9 紫苏蛋白的荧光光谱分析检测

荧光是发射光，是分子或原子吸收光辐射后被激发，紧接着再发射出与吸收波长相同或波长更长的光，是光致发光现象。一般含有共轭体系的分子可产生荧光，蛋白质分子中的芳香族氨基酸色氨酸、酪氨酸和苯丙氨酸残基能发射荧光，从而使蛋白质具有自身荧光特性，色氨酸、酪氨酸和苯丙氨酸的最大荧光长分别在 348 nm、304 nm 和 282 nm。

选取已配制好的浓度为 0.1%的各待测蛋白溶液，依次加入比色皿中，以 PBS 溶液为参比，在荧光分光光度计上设置参数，固定激发波长 310 nm，发射波长从 280 nm 至 600 nm，进行扫描，记录数据，做图分析。紫苏蛋白各组分及大豆分离蛋白的荧光光谱（荧光发射光谱）如图 4-15 所示，结果表明，紫苏分离蛋白荧光光谱的最大吸收荧光强度在 311.5 处，紫苏球蛋白峰值在 312.5 nm 处，紫苏清蛋白峰值在 313 nm，紫苏谷蛋白峰值在 311 nm 左右，紫苏醇溶蛋白峰值在 311 nm，大豆分离蛋白 313 nm，说明酪氨酸残基的贡献最

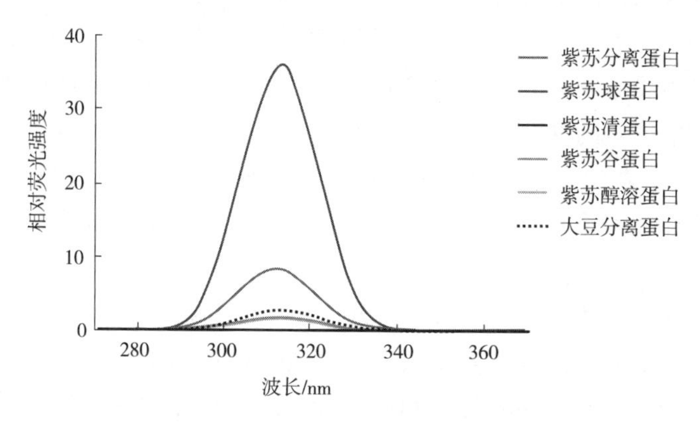

图 4-15　紫苏蛋白各组分荧光光谱对比分析

大。任健等在研究葵花籽蛋白的荧光光谱分析中发现，葵花 11S 球蛋白最大荧光强度在 345 nm，葵花 2S 清蛋白最大荧光强度在 339 nm，说明不同植物分离蛋白主要氨基酸组成贡献的荧光特性有所不同。

4.2.1.10　紫苏蛋白的热变性分析

采用差示扫描量热法来分析紫苏分离蛋白、紫苏清蛋白、球蛋白、醇溶蛋白、谷蛋白和大豆分离蛋白的热变性特性以及热变形温度。测试前首先用铟校正 DSC 的热流和温度。准确称取 3～5 mg 蛋白样品置于铝制坩埚中，加入 10 μL 去离子水混合溶解，将铝制坩埚压实密封置于 4℃过夜平衡后，以空白铝制坩埚作为对照，于 DCS Q20 差示扫描量热仪上检测分析。样品以 10℃/min 的速度从 20℃ 扫描至 200℃，标记变性温度，每个样品重复 3 次。

蛋白质受热后，分子内氢键断裂，蛋白质的二级、三级和四级结构被破坏，蛋白质热变性失活（denaturation）。用差示扫描量热法（DSC）来研究蛋白质的热变性过程，蛋白质变性一般表现出分子结构从有序变为无序态，从折叠态变为展开态，分子展开（unfolding）过程中需要吸收热能，在这些过程中都伴随着热量的变化，通过 DSC 来测量能量变化情况即可反映蛋白变性过程。紫苏蛋白各组分及大豆分离蛋白的 DSC 分析结果如图 4-16 所示。

从图 4-16 中可以看出，紫苏分离蛋白、球蛋白、清蛋白、谷蛋白和大豆分离蛋白的热变形温度分别是 128.48℃、125.93℃、134.15℃、123.48℃和 128.59℃，紫苏醇溶蛋白的 DSC 结果显示多个峰值，分析该蛋白在提取过程中，由于乙醇的作用，蛋白质很可能早已变性，此时的 DSC 不能完全代表天然蛋白质的变性温度。任娇艳在报道草鱼蛋白的提取过程中，发现乙醇引起肌浆蛋白的变性程度较大，有机溶剂沉淀蛋白主要是通过破坏蛋白的水化膜而引起蛋白质聚集沉淀。据资料报道，植物源蛋白葵花球蛋白和葵花清蛋白的热变形温度分别 123.5℃和 122.8℃，这与本研究获得球蛋白和清蛋白的变性温度相吻合；而作为动物源蛋白代表的草鱼蛋白分离得到的肌动蛋白热变性温度最高为 76.45℃，而肌球蛋白热变性温度仅为 51.49℃。研究结果充分说明植物蛋白的热稳定性要远远高于动物蛋白，直接食用不易被消化。如果预先处理破坏蛋白质的高级结构甚至经水解破坏一级结构，紫苏蛋白等植物性蛋白的利用率和功能效率会大大提高。

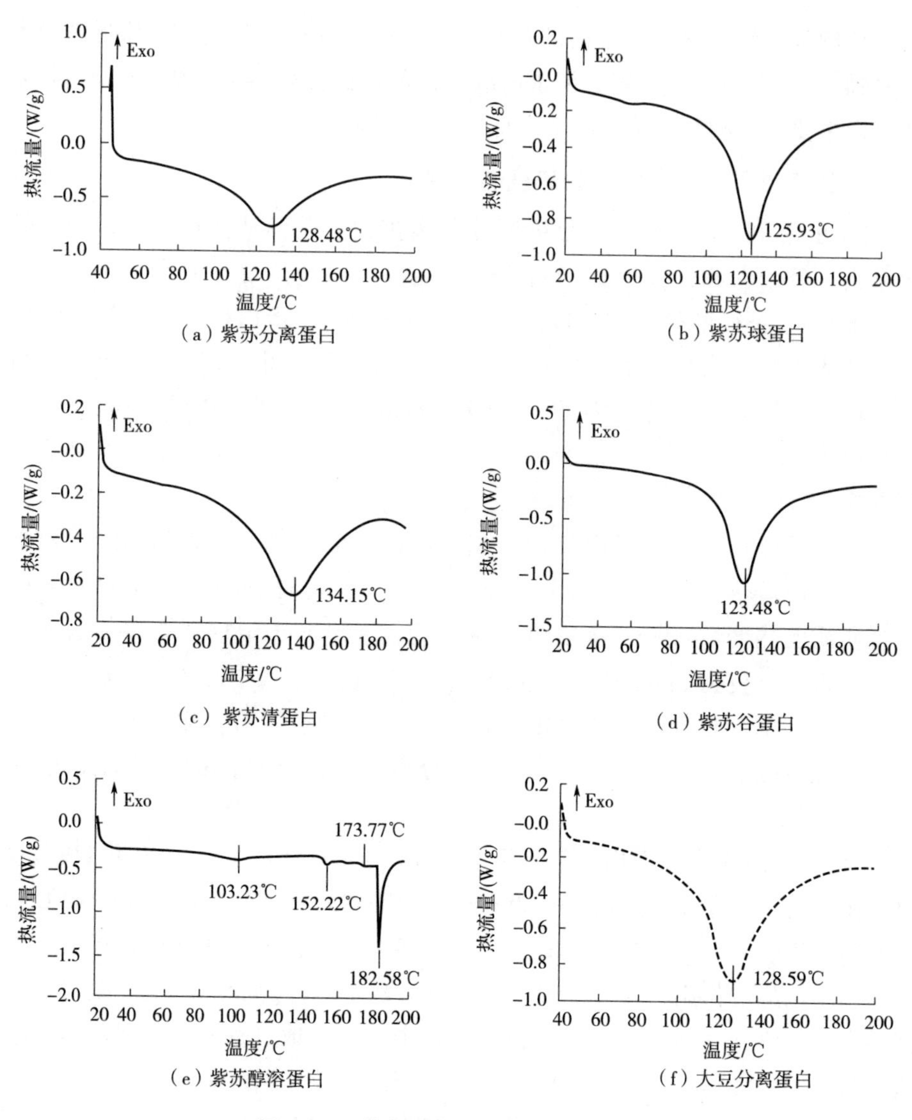

图 4-16 紫苏蛋白各组分的 DSC 曲线

4.2.2 紫苏粕蛋白水解制备紫苏活性肽

4.2.2.1 紫苏粕蛋白的酶解反应

称取定量的紫苏粕粉，按照一定的液料比加入去离子水，依酶解反应设定的酶浓度加入所需蛋白酶量，低速搅拌均匀后调节 pH 至实验设定值，置于水浴锅中恒温加热反应。酶解至预定时间后，将反应溶液于沸水中加热

10 min，使蛋白酶钝化失活，反应终止。向反应后的酶解液中加入40%甲醛溶液，固定游离氨基，精确、迅速滴加0.1mol/L NaOH使pH恢复初始值（±0.1），记录标准浓度NaOH的用量，并将冷却后的反应液在3000 r/min下离心15 min，收集上清液，4℃下保存或者-20℃冻存待用。

4.2.2.2　紫苏蛋白水解度（DH）的测定

采用改进的pH-stat法测定酶解液的水解度（DH）。在蛋白质的水解反应过程中，肽键经水解后形成了自由的氨基和羧基，且二者在不同的pH条件下解离状态不同。当pH>6时，酶解液释放H^+的量大于结合H^+的量，加入40%甲醛溶液，固定游离氨基，使游离羧基显示出酸性，通过向酶解液中加碱保持pH与初始条件一致，碱液的消耗量与反应后产生的羧基，即水解的肽键的数目成正比，根据消耗的标准碱液的体积和浓度即可计算得到水解度，计算公式如下：

$$DH = \frac{h}{h_{tot}} \times 100 = \frac{V \times N}{\alpha \times M_p \times h_{tot}} \times 100\% \qquad (4-9)$$

式中：h——单位质量底物蛋白质被水解肽键的量，mmol/g；

h_{tot}——单位质量底物蛋白质中肽键总数，mmol/g；

V——滴定消耗碱的体积，mL；

N——滴定消耗标准碱液的摩尔浓度，mol；

α——α-氨基的解离度；

M_p——称取样品所含底物蛋白总量，g。

4.2.2.3　紫苏蛋白酶解产物抗氧化性的测定

选用DPPH法测定酶解液的抗氧化性。DPPH·是一种稳定的有机自由基，DPPH溶液在518 nm附近波长处有很强的吸收峰，具有紫色特征颜色。当加入抗氧化物质时，抗氧化剂提供的1个电子会与稳定的DPPH·电子配对，从而使DPPH的特征紫色变淡，抗氧化剂浓度越高，DPPH溶液颜色越淡，因此可通过加入抗氧化剂前后，DPPH溶液吸光度值的变化来测定物质的抗氧化能力。

取100 μL稀释至已知一定浓度的抗氧化剂，加入900 μL浓度为160 μ mol/L的DPPH工作液，以去离子水代替样品作为对照组，以无水甲醇代替DPPH溶液作为空白组，室温混匀避光放置30 min，以无水甲醇作为参比，在518 nm处测吸光值，重复3次取平均值，按如下公式计算DPPH清除率：

$$Y = \left(1 - \frac{A_S - A_r}{A_0}\right) \times 100\% \qquad (4-10)$$

式中：A_S——实验组样品与 DPPH 工作液反应后的吸光值；

A_r——空白组样品加入无水甲醇后的吸光值；

A_0——对照组去离子水加入 DPPH 工作液后的吸光值。

4.2.2.4 紫苏粕蛋白酶解反应最佳用酶的筛选

蛋白酶是一类能够催化蛋白质水解的特异性酶，蛋白酶的选择直接影响酶解反应的结果和酶解产物特性，包括蛋白质经酶切后肽段分子量的大小、蛋白质水解程度以及产生肽段的生物活性等。同时蛋白酶具有一定的专一性，不同蛋白酶的专一性取决于组成肽键的两个特异性氨基酸。由于不同种类蛋白质一级结构的差异，其氨基酸组成比例和排列顺序不同，因此想要获得水解程度完全以及生物活性较高的肽段，需要选择合适的蛋白酶进行酶解反应。

本研究选择了碱性蛋白酶（Alcalase）、木瓜蛋白酶（Papain）、中性蛋白酶（Neutral protease）和风味蛋白酶（Flavourzyme）作为紫苏粕蛋白水解反应的候选酶，以水解度和 DPPH 自由基清除率为评价指标，考察 4 种酶的水解能力及水解产物抗氧化活性，筛选目标蛋白酶。首先确定四种酶的最适 pH。pH 对酶促反应速率的影响主要体现在 pH 影响活性中心上必需基团的解离程度和催化基团中质子供体或质子受体所需的离子化状态，也可影响底物和辅酶的解离程度，从而影响酶与底物的结合。在特定的 pH 条件下，底物、酶和辅酶的解离程度达到互相结合最适宜的情况，酶促反应速率最大；过酸、过碱都会影响酶的分子结构，甚至使酶变性失活。紫苏粕蛋白按照料液比 1∶10 加水溶解，以 10%的加酶量分别加入木瓜蛋白酶和风味蛋白酶，设置不同组别的 pH 进行酶解，60℃反应持续 4 h；向反应后的酶解液中加入 40%甲醛溶液，精确、迅速滴加 0.1 mol/L NaOH 使 pH 恢复初始值，计算 *DH*。

由图 4-17 所示，木瓜蛋白酶水解紫苏粕蛋白的最适 pH 为 7.0，水解度 *DH* 最高约为 14%，pH 低于 6.0 或者高于 8.0，酶解液 *DH* 明显低于最适 pH 条件下的结果。木瓜蛋白酶属于含巯基（—SH）的内切酶，可水解蛋白质中精氨酸和赖氨酸的羧基端，紫苏籽（粕）蛋白中精氨酸的含量较高，可考察木瓜蛋白酶与其他蛋白酶的使用效果。

由图 4-18 所示，风味蛋白酶水解紫苏粕蛋白的最适 pH 为 8.0，该条件下水解度约为 17%。风味蛋白酶由米曲霉发酵制得，其可以同时内切和外切蛋白质，释放风味物质前体，控制肽的苦味。

经过实验，分别确定木瓜蛋白酶和风味蛋白酶的最适 pH 为 7.0 和 8.0，

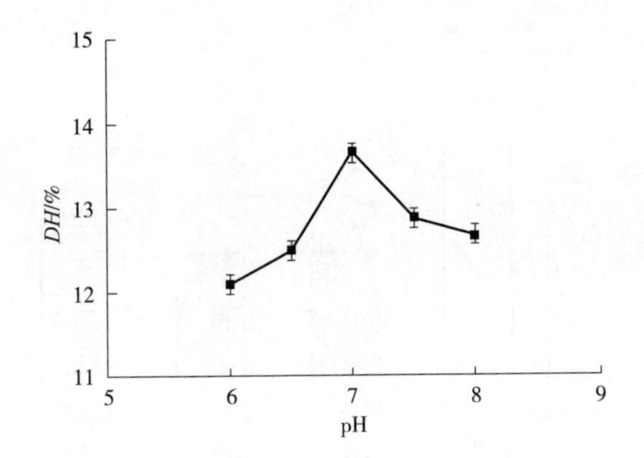

图 4-17　木瓜蛋白酶水解紫苏粕蛋白的最适 pH 确定

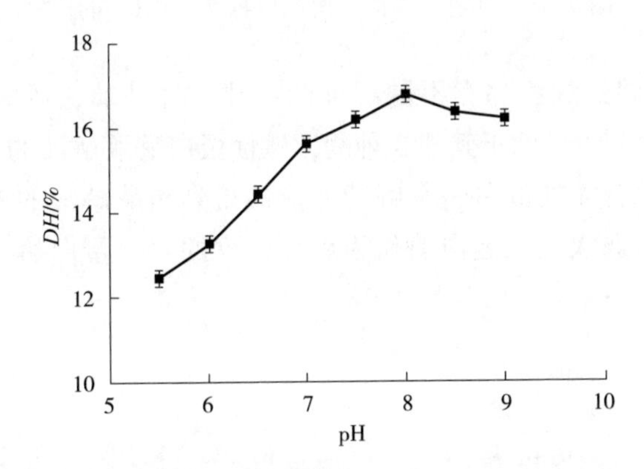

图 4-18　风味蛋白酶水解紫苏粕蛋白的最适 pH 确定

前期实验室已确定碱性蛋白酶和中性蛋白酶最适 pH 分别为 8.0 和 7.0，在 4 种酶的最适 pH 条件下对比其酶解紫苏粕蛋白的能力。

选取上述 4 种蛋白酶，按照液料比 20∶1 加入紫苏粕粉和去离子水搅拌溶解，分别以 10% 的加酶量加入蛋白酶，设置为各自的最适 pH 进行酶解，60℃反应持续 4 h；向反应后的酶解液中加入 40% 甲醛溶液，精确、迅速滴加 0.1mol/L NaOH 使 pH 恢复初始值，计算 DH。实验结果表明（图 4-19），相对于其他 3 种酶，碱性蛋白酶（Alcalase）对紫苏粕蛋白的水解程度最高，约为 25.94%；以水解度 *DH* 为指标来考虑，碱性蛋白酶的作用效果明显高于其他 3 种酶。

将冷却后的 4 种酶解液在 3000 r/min 下离心 15 min，收集上清液，分别测定其 DPPH · 自由基清除率。实验结果显示（图 4-20），加入 4 种酶解上清

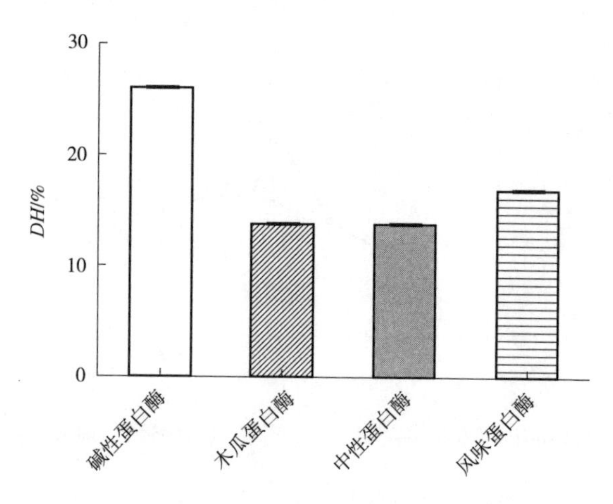

图 4-19　四种蛋白酶水解反应程度（DH）的比较

液后，DPPH·溶液颜色都有不同程度的淡化。经计算，风味蛋白酶酶解液的 DPPH·清除率明显低于其他 3 种酶，碱性蛋白酶酶解液的 DPPH·清除率最高。因此，综合 4 种蛋白酶水解紫苏蛋白得到粗酶解液的 DH 和抗氧化活性，本课题决定选取碱性蛋白酶作为后续研究的主要蛋白酶，并进行酶解条件的优化。

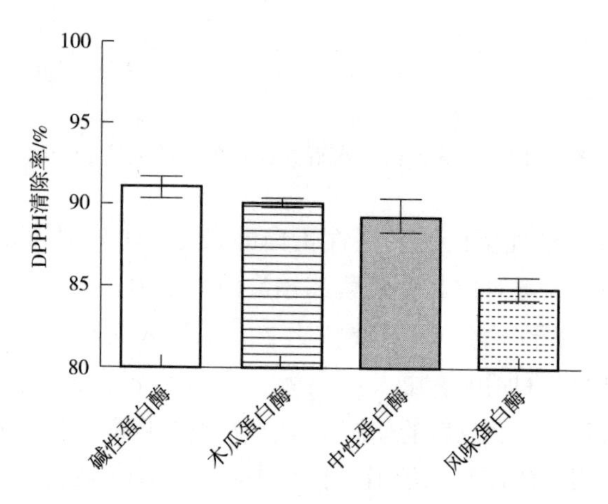

图 4-20　4 种蛋白酶水解产物 DPPH 自由基清除能力的比较

4.2.2.5　单因素法研究不同因素对紫苏粕蛋白水解程度的影响

(1) 液料比对紫苏粕蛋白水解程度的影响

选取合适的液料比，对于紫苏肽的实际生产具有重要意义。紫苏粕蛋白分别按照不同料液比 10∶1、15∶1、20∶1、25∶1、30∶1 加入去离子水搅拌溶解，以 10%的加酶量加入碱性蛋白酶，调节至最适 pH 8.0，60℃酶解反应持续 4 h，以水解度为指标，实验结果如图 4-21 所示。

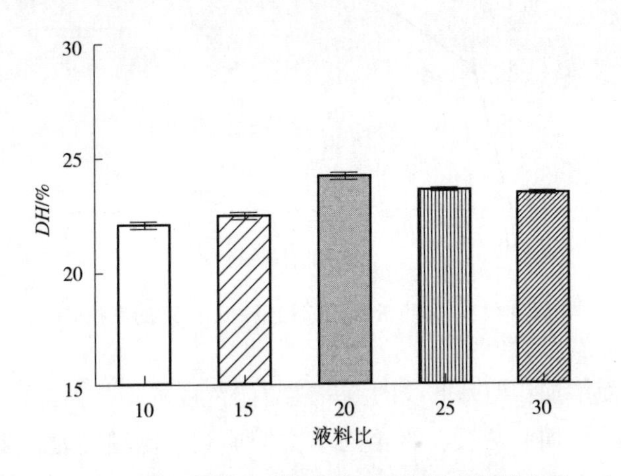

图 4-21　液料比对紫苏粕蛋白水解度的影响

从图中结果显示，在加酶量一定的情况下，随着液料比的增加，*DH* 有所提高，当液料比达到 20∶1 时，*DH* 达到峰值，液料比继续增加时，*DH* 开始有所下降。由于紫苏粕蛋白在水中的溶解度的限制，液料比较低时，溶液体系中的底物浓度和酶浓度都较高，甚至达到饱和。根据米氏方程 $v_0 = \frac{V_{max}[S]}{K_m + [S]}$，虽然酶促反应速率 v_0 达到 V_{max}，但是溶液体系中工作的酶总量偏低，该体系的 V_{max} 较小，所以反应速率 v_0 也较小，水解程度偏低；随着液料比增加，紫苏粕蛋白及蛋白酶在溶液体系中的溶解量增加，此时酶促反应速率 v_0 依然约为 V_{max}，但是溶解酶总量的增加使得 V_{max} 增加，酶解速率提升，水解程度增加；当液料比继续增加，底物和酶都处于不饱和状态，溶液体系中工作的酶总量开始稳定，V_{max} 开始稳定不变，但底物浓度开始下降，酶促反应速率也随之下降，水解程度降低。

（2）加酶量对紫苏粕蛋白水解程度的影响

紫苏粕蛋白以料液比 20∶1，分别按酶和底物之比（*E/S*）为 1%、3%、5%、7%和 9%加入碱性蛋白酶，调节至最适 pH 8.0，60℃酶解反应持续 4 h，以水解度为指标，实验结果如图 4-22 所示。

从图中结果显示，在液料比不变的情况下，蛋白质最终的水解程度随着

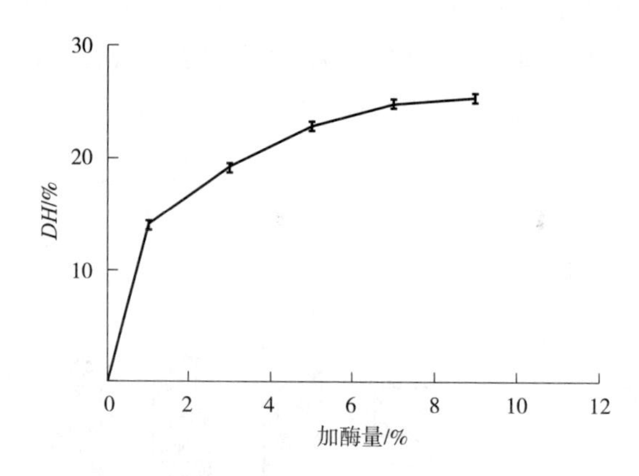

图 4-22　加酶量对紫苏粕蛋白水解度的影响

酶浓度的增加而增加；但是曲线的斜率随着酶浓度的增加而降低，*DH* 增加程度随着酶浓度的增加而减缓，直至酶浓度增加到一定程度时，蛋白质的水解度趋于稳定，达到最大值。这可能是因为酶浓度较低时，酶能够全部溶解，随着酶浓度增加而增加，虽然底物浓度［*S*］不变，但是酶解速率 v_0 因 V_{max} 提高而提高，水解度程度随之增加；当酶浓度继续增加，V_{max} 提高程度减缓，直至酶浓度趋于饱和，V_{max} 也趋于稳定不变，酶解速率和水解程度也趋于稳定，此时再增加酶用量对蛋白质水解程度的影响已经不明显。

（3）温度对紫苏粕蛋白水解程度的影响

温度对蛋白质酶解反应的影响一般比较显著，紫苏粕蛋白以液料比 20∶1，加酶量按 5% 加入碱性蛋白酶，调节至最适 pH 8.0，分别设定酶解温度为 50℃、55℃、60℃和 65℃，酶解 4 h 后测定水解度，实验结果如图 4-23 所示。从图中可以看出，60℃条件下，碱性蛋白酶 Alcalase 的活力最高，紫苏粕蛋白水解程度最高；从 50℃上升至 60℃的过程中，蛋白酶的活力随温度升高而升高，当温度超过 60℃后，酶活力随温度升高而降低。

温度对酶促反应速率的影响一般由两方面作用决定，一方面随着温度升高，分子运动加快，化学反应速率提高，这一点与普通催化反应相同；另一方面，不同于普通催化剂的是，酶分子是生物大分子蛋白质，温度的升高会使酶逐步变性失活，其催化能力下降导致反应速率随之下降。酶促反应需要的最适温度就是这两种作用平衡的结果，当反应温度低于最适温度的时候，前一种作用占主导，当温度高于最适温度的时候，则后一种作用占主导。不同的酶各自的催化反应需要不同的最适温度。当酶促反应发生在最适温度下，

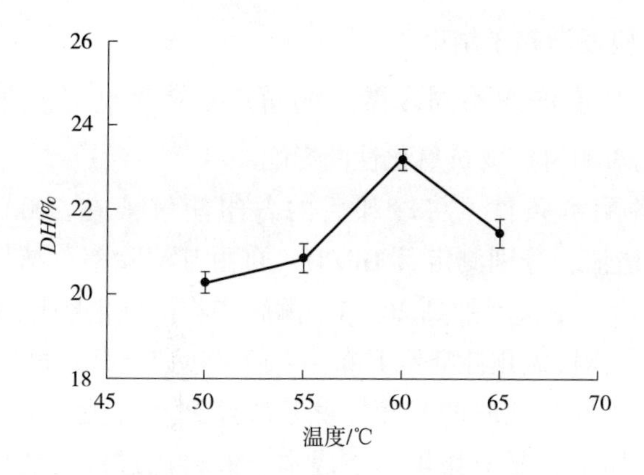

图 4-23　温度对紫苏粕蛋白水解度的影响

酶与底物在单位时间内的有效碰撞次数越多，酶的催化效率则越高。反之，酶促反应温度过高，超过了最适温度，甚至引起酶分子结构变化、蛋白变性，从而导致酶失活乃至失去催化活力。

（4）酶解时间对紫苏粕蛋白水解程度的影响

酶解条件如下：紫苏粕蛋白液料比 20∶1，加酶量 5%，pH 8.0，温度 60℃进行酶解，不同时间段测定紫苏蛋白水解度。酶解时间对紫苏蛋白水解度的影响如图 4-24 所示，随着酶解时间的增加，紫苏蛋白的 *DH* 不断增加，尤其是反应开始的 2 h 内，酶促反应反应速率很大，水解反应进行得很快；同时图中曲线斜率也在逐渐下降，*DH* 增加趋势减缓，最终趋于平稳。这是因为，在反应初始阶段，酶浓度［*E*］和底物浓度［*S*］都最大，反应速率最高，水解反应进行迅速；反应后期，随着底物不断分解，［*S*］下降，反应速

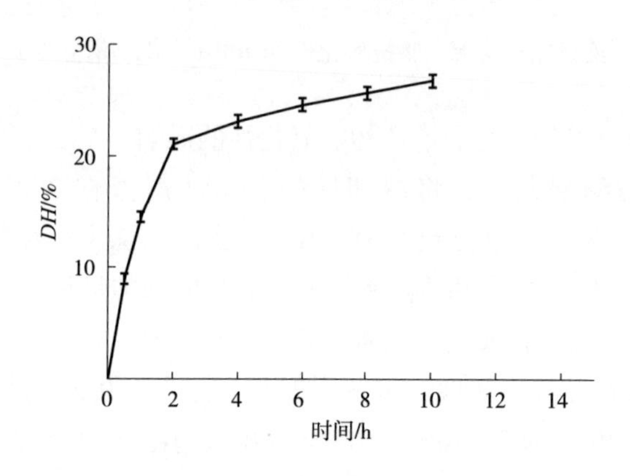

图 4-24　酶解时间对紫苏粕蛋白水解度的影响

率降低，水解反应逐渐趋于结束。

4.2.2.6 初步探索不同因素对酶解产物抗氧化活性的影响

（1）液料比对酶解产物抗氧化性的影响

按照计划的酶解条件，将冷却后的各组酶解液在 3000 r/min 下离心 15 min，收集上清液，分别测定其 DPPH · 自由基清除率，结果如图 4-25 所示。液料比从 10∶1 依次增加到 20∶1，酶解产物抗氧化性升高；当液料比为 25∶1 时，酶解产物抗氧化性突然下降，之后又迅速上升。这种变化趋势说明酶解产物的抗氧化性与肽段的长短、氨基酸序列都有关。从实际生产考虑，液料比过高会增加水、电消耗等经济成本，液料比过低又会影响生产效率。综合蛋白水解程度、抗氧化活性与实际生产等因素，本研究选取碱性蛋白酶水解紫苏蛋白的液料比为 20∶1，此时 *DH* 约为 24.48%，DPPH 自由基清除率约为 92.79%。

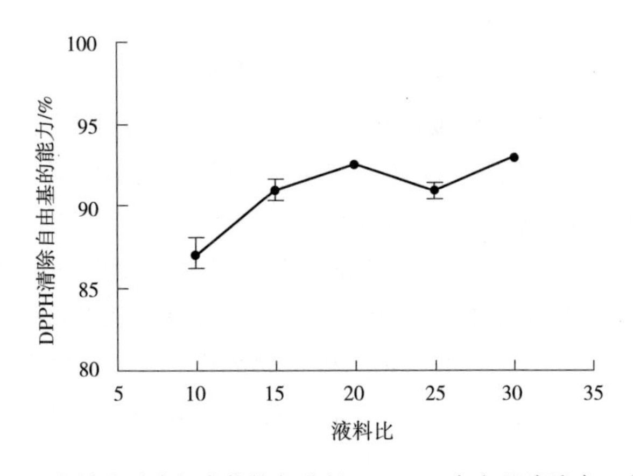

图 4-25 液料比对酶解产物抗氧化性（DPPH 自由基清除率）的影响

（2）加酶量（*E/S*）对酶解产物抗氧化性的影响

按照计划的酶解条件，将冷却后的各组酶解液在 3000 r/min 下离心 15 min，收集上清液，分别测定其 DPPH · 自由基清除率，结果如图 4-26 所示。酶解产物 DPPH · 自由基清除率随着酶用量的增加呈现波浪浮动趋势，说明酶解产物的活性与蛋白质的水解程度没有完全呈现正相关，当加酶量为 7% 时为最高。结合酶解产物活性、水解程度和实际生产用酶的成本，选取加酶量为 7%，此时 *DH* 约为 25.16%，DPPH 自由基清除率约为 93.26%。

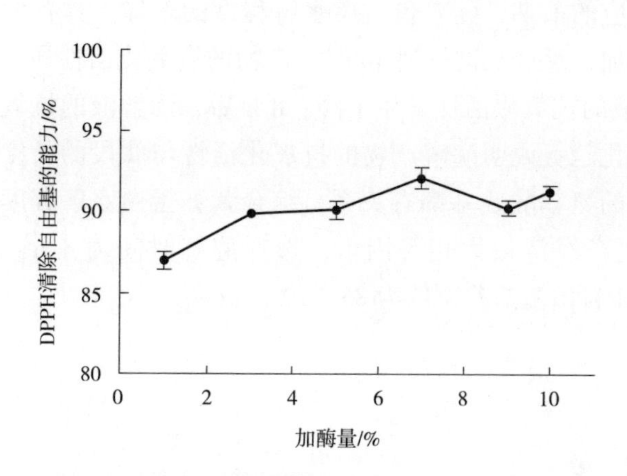

图 4-26　加酶量对酶解产物抗氧化性（DPPH 自由基清除率）的影响

（3）温度对酶解产物抗氧化性的影响

按照计划的酶解条件，将冷却后的各组酶解液在 3000 r/min 下离心 15 min，收集上清液，分别测定其 DPPH · 自由基清除率，结果如图 4-27 所示。酶解温度对产物 DPPH · 自由基清除率的影响趋势类似于温度对水解度的影响，在酶解温度为 60℃ 时，酶解产物的 DPPH · 自由基清除率最高，这也与其他文献报道相符。综上本实验选取最佳温度为 60℃，此时 *DH* 约为 23. 59%，DPPH 自由基清除率约为 89. 43%。

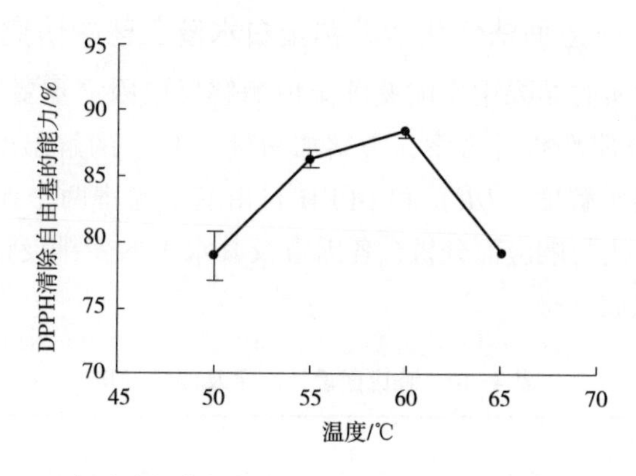

图 4-27　温度对酶解产物抗氧化性（DPPH 自由基清除率）的影响

（4）酶解时间对酶解产物抗氧化性的影响

按照计划的酶解条件，将冷却后的各组酶解液在 3000 r/min 下离心 15 min，收集上清液，分别测定其 DPPH · 自由基清除率，结果如图 4-28 所示。在酶解反应的前期，随着蛋白质水解程度的增加，具有生物功能的抗氧化活性肽段增加，反应在进行到4h时，产物的抗氧化活性最大；反应进行到4~8 h，酶解液的抗氧化活性开始下降；8 h后，酶解液的抗氧化活性又迅速增加。这种变化趋势说明酶解产物的抗氧化活性与肽段的长度结构、氨基酸序列以及暴露的氨基酸残基都有关系，综合紫苏蛋白水解程度、酶解产物活性以及工业生产经济最大化等因素，选择酶解时间为 4 h，此时 DH 约为 23.6%，DPPH 自由基清除率约为 85.71%。

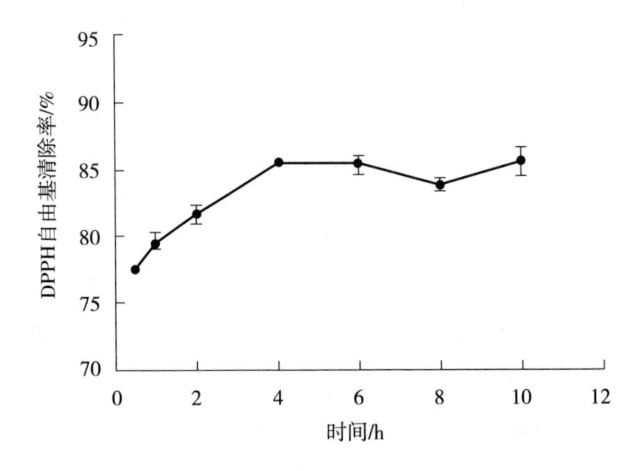

图 4-28　酶解时间对酶解产物抗氧化性（DPPH 自由基清除率）的影响

4.2.2.7　响应面法优化紫苏粕蛋白水解工艺的研究

根据单因素实验结果中影响紫苏蛋白酶解反应因素重要性次序，选择响应面法中的 BBD 实验设计方案，考察加酶量（A）、酶解温度（B）、料液比（C）3 个因素对水解度（DH）和 DPPH 自由基清除率两个评价指标的影响，对酶解工艺条件进行响应面分析，各因素及其水平的安排设计见表 4-10，依照响应面设计完成试验。

表 4-10　响应面设计水平及因素安排

因素	水平		
	−1	0	1
加酶量（A）	6%	7%	8%
酶解温度（B）	55	60	65
液料比（C）	15	20	25

(1) 以 DH 为响应值的响应面分析

以紫苏蛋白水解度（DH）作为响应值 Y_1，对酶解工艺条件进行响应面分析，其具体实验方案和结果见表 4-11。利用 Design-Expert 8.0.6 软件对表4-11的实验数据进行二次回归方程拟合（Quadratic equation fitting），得到响应值为 DH（Y_1）与各因素（A、B、C）建立的数学模型为：$Y_1=26.18+0.45\times A+1.87\times B+0.22\times C-0.52\times A^2-3.00\times B^2-0.60\times C^2-0.42\times A\times B-0.098\times A\times C+0.83\times B\times C$，对该方程的回归及方差分析如表 4-12 所示。

表 4-11 以 DH 为响应值的 RSM 实验方案及结果

试验号	A	B	C	Y_1
	加酶量/%	酶解温度/℃	料液比	DH/%
1	8.00	60.00	25.00	24.96
2	6.00	60.00	15.00	24.96
3	7.00	60.00	20.00	26.92
4	7.00	60.00	20.00	25.94
5	6.00	55.00	20.00	19.70
6	8.00	60.00	15.00	24.96
7	7.00	65.00	25.00	25.94
8	6.00	60.00	25.00	25.35
9	7.00	65.00	15.00	23.60
10	7.00	55.00	25.00	19.89
11	7.00	60.00	20.00	26.14
12	6.00	65.00	20.00	23.60
13	7.00	55.00	15.00	20.87
14	8.00	65.00	20.00	24.77
15	7.00	60.00	20.00	25.94
16	7.00	60.00	20.00	25.94
17	8.00	55.00	20.00	22.53

表 4-12　响应面拟合二次模型的方差分析

方差来源	平方和	自由度	方差	F 值	P 值	显著性
模型	75.93	9	8.44	14.34	0.0010	* * *
A	1.63	1	1.63	2.77	0.1401	
B	27.83	1	27.83	47.28	0.0002	* * *
C	0.38	1	0.38	0.65	0.4465	
A^2	1.15	1	1.15	1.95	0.2055	
B^2	38.00	1	38.00	64.57	0.0001	* * *
C^2	1.50	1	1.50	2.55	0.1545	
AB	0.69	1	0.690	1.170	0.3151	
AC	0.038	1	0.038	0.065	0.8067	
BC	2.76	1	2.760	4.680	0.0672	
失拟项	3.40	3	1.13	6.28	0.0541	不显著

注　P 表示概率。* 有差异（$P<0.05$）；* * 差异显著（$P<0.01$）；* * * 差异极显著（$P<0.001$）。

从表 4-12 方差分析的结果来看，模型 F 值为 14.34，$P<0.001$ 表明总体上该模型因素水平项极显著；失拟项 $P>0.05$ 并不显著，这表明在实验范围内，该模型与实验数据的拟合性较好；经统计分析，该模型的拟合系数值 R^2 为 0.9785，说明该方程的因变量与全体自变量间线性关系明显；一次项中因素 B（酶解温度）、二次项中 B^2（酶解温度二次项）的 F 检验均显著，说明各试验因子对响应值的影响呈非线性关系。综合上述参数表明，该模型拟合程度较好，各因素选择及水平区间设计合理，实验方法可靠，可以利用得到的二次回归模型对实验结果进行分析。3 个因素对紫苏蛋白水解度的影响见图 4-29。

对模型的方差分析表明，3 个因素的交互作用对紫苏蛋白水解度的影响不显著（$P>0.05$），但通过等高线的形状可以反映出交互效应的强弱，3 组等高线中加酶量（A）与液料比（C）等高线最接近圆形，从而得知二者的交互作用对紫苏蛋白水解度的影响最小；而酶解温度（B）与液料比（C）等高线扁平，表明这两个因素间的交互作用影响较大。

如图 4-29 所示，当液料比（C）固定在中心值（Liquid-solid ratio =

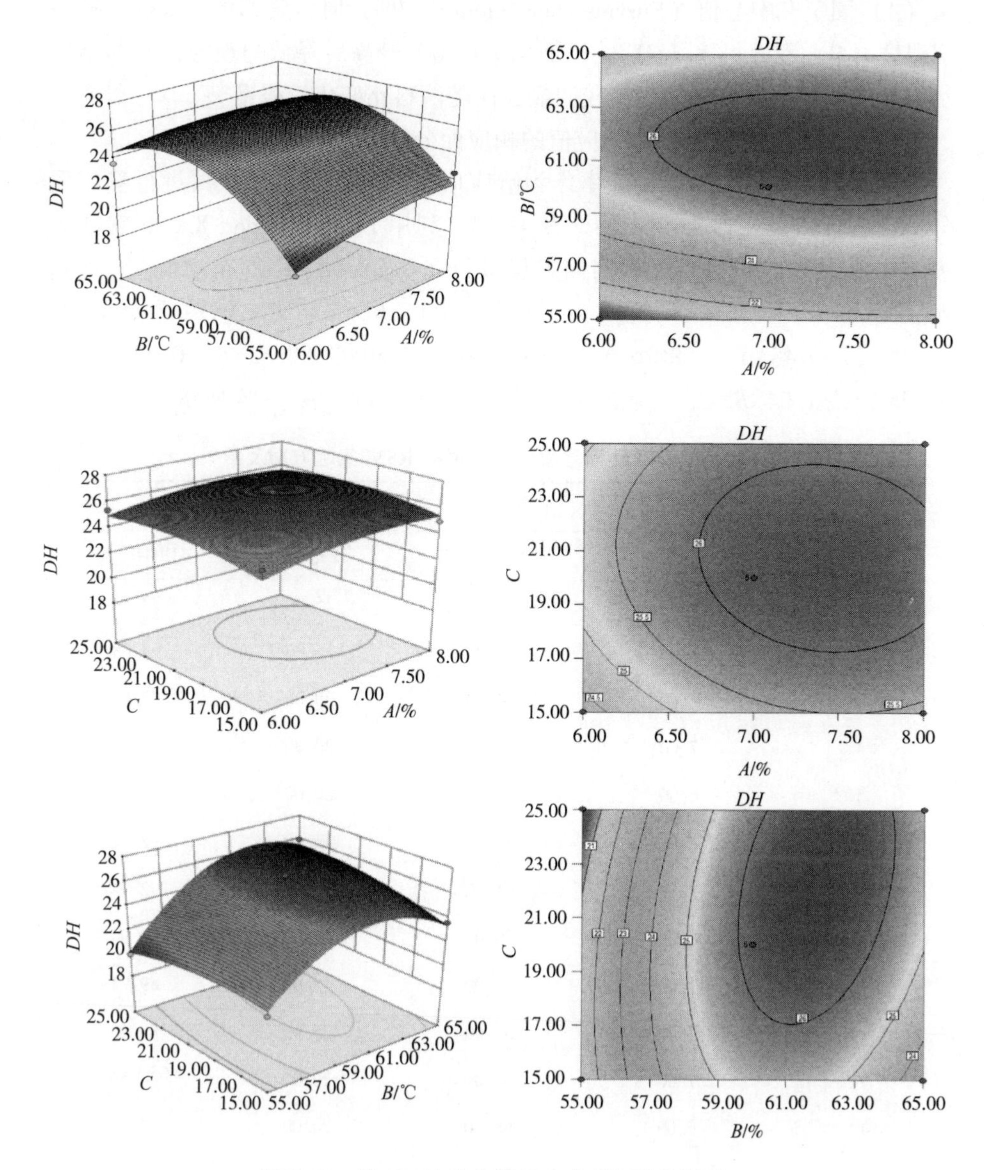

图 4-29　以 *DH* 为响应值的响应面及等高线图

20∶1）时，随着酶解温度（*B*）和加酶量（*A*）的增加，紫苏蛋白水解度均呈现出先升高后降低的现象；紫苏蛋白水解度随酶解温度变化的趋势较明显，而随加酶量变化较缓慢。当酶解温度（*B*）固定在中心值（T=60℃）时，紫苏蛋白水解度随加酶量（*A*）和液料比（*C*）增加的变化都比较缓慢。当加酶量（A）固定在中心值（Enzyme concentration = 7%）时，紫苏蛋白水解度随酶解温度（B）和液料比（C）的增加均呈现出先升高后降低的现象；紫苏蛋白水解度随酶解温度变化的趋势较明显，而随液料比变化较缓慢。

（2）以 DPPH 清除率为响应值的响应面分析

以水解产物的 DPPH 清除率作为响应值 Y_2，对酶解工艺条件进行响应面分析，其具体实验方案和结果见表 4-13。利用 Design-Expert 8.0.6 软件对表 4-13的实验数据进行二次回归方程拟合（Quadratic equation fitting），得到响应值为 DPPH 清除率（Y_2）与各因素（A、B、C）建立的数学模型为：$Y_2=94.27-0.48\times A+0.88\times B+0.11\times C-1.46A^2-3.50\times B^2-0.32\times C^2-0.52\times A\times B+0.77\times A\times C+1.04\times B\times C$，对该方程的回归及方差分析如表 4-14 所示。

表 4-13　以 DPPH 清除率为响应值的 RSM 实验方案及结果

试验号	A	B	C	Y_2
	加酶量/%	酶解温度/℃	料液比	DHHP/%
1	8.00	60.00	25.00	92.84
2	6.00	60.00	15.00	93.68
3	7.00	60.00	20.00	92.68
4	7.00	60.00	20.00	95.33
5	6.00	55.00	20.00	88.80
6	8.00	60.00	15.00	92.52
7	7.00	65.00	25.00	92.94
8	6.00	60.00	25.00	90.94
9	7.00	65.00	15.00	89.21
10	7.00	55.00	25.00	89.63
11	7.00	60.00	20.00	94.56
12	6.00	65.00	20.00	92.12
13	7.00	55.00	15.00	90.04
14	8.00	65.00	20.00	88.80
15	7.00	60.00	20.00	94.00
16	7.00	60.00	20.00	94.80
17	8.00	55.00	20.00	87.55

表 4-14　响应面拟合二次模型的方差分析

方差来源	平方和	自由度	方差	F 值	P 值	显著性
模型	80.27	9	8.92	5.080	0.0217	*
A	1.83	1	1.83	1.050	0.3406	
B	6.21	1	6.21	3.540	0.1019	
C	0.10	1	0.10	0.058	0.8170	
A^2	8.95	1	8.950	5.1000	0.0584	
B^2	51.53	1	51.530	29.3800	0.0010	* * *
C^2	0.43	1	0.430	0.2500	0.6345	
AB	1.07	1	1.070	0.6100	0.4601	
AC	2.34	1	2.340	1.3300	0.2859	
BC	4.28	1	4.280	2.4400	0.1620	
失拟项	8.19	3	2.7300	2.6700	0.1832	不显著

注　P 表示概率。* 有差异（$P<0.05$）；* * 差异显著（$P<0.01$）；* * * 差异极显著（$P<0.001$）。

从表 4-14 方差分析的结果来看，模型 F 值为 5.08，$P<0.05$ 表明总体上该模型因素水平项有显著差异；失拟项 $P>0.05$ 并不显著，这表明在实验范围内，该模型与实验数据的拟合性较好；经统计分析，该模型的拟合系数值 R^2 为 0.9373，说明该方程的因变量与全体自变量间线性关系明显；二次项中 B^2 的 F 检验极显著，说明各试验因子对响应值的影响呈非线性关系。综合上述参数表明，该模型拟合程度较好，各因素选择及水平区间设计合理，实验方法可靠，可以利用得到的二次回归模型对实验结果进行分析。3 个因素对酶解产物 DPPH 自由基清除能力的影响见图 4-30。

对模型的方差分析表明，3 个因素的交互作用对紫苏蛋白水解度的影响不显著（$P>0.05$），但通过等高线的形状可以反映出交互效应的强弱，3 组等高线中加酶量（A）与酶解温度（B）等高线最为扁平，表明二者的交互作用对紫苏蛋白水解度的影响最大。

如图 4-30 所示，当液料比（C）固定在中心值（liquid-solid ratio = 20∶1）时，随着酶解温度（B）和加酶量（A）的增加，紫苏蛋白水解度均呈现出先升高后降低的现象。当酶解温度（B）固定在中心值（$T=60$℃）

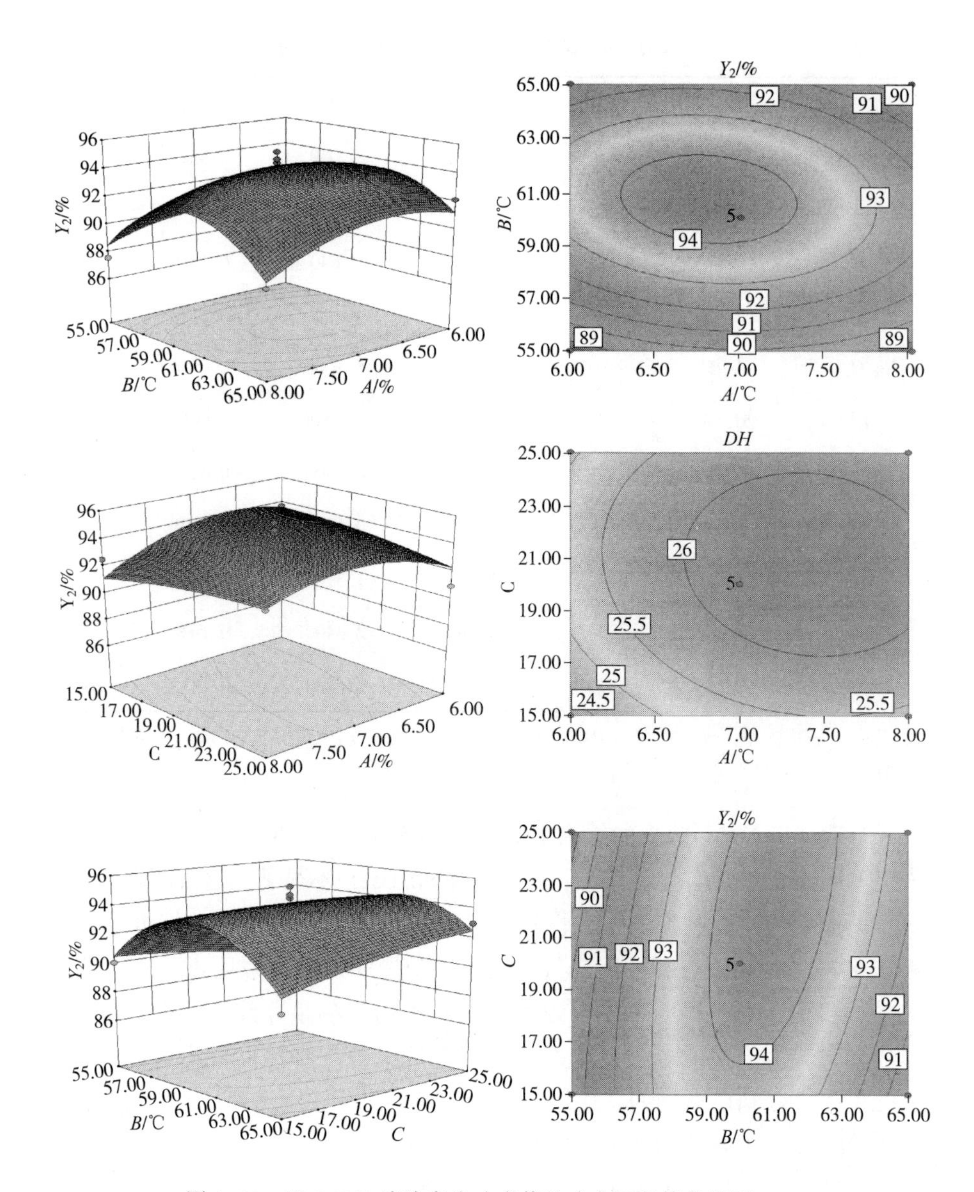

图 4-30　以 DPPH 清除率为响应值的响应面及等高线图

时，紫苏蛋白水解度随加酶量（*A*）的增加先升高后降低。当加酶量（*A*）固定在中心值（enzyme concentration = 7%）时，紫苏蛋白水解度随酶解温度（*B*）的升高呈现先增后减的趋势，趋势变化明显。

（3）优化方案及验证

本研究选用紫苏蛋白 *DH* 和酶解产物 DPPH 清除率作为响应面分析的两个

响应值，对二者的回归模型进行数学分析，得到响应值最大（即 DH 最大、DPPH 自由基清除率最高）时所对应的最优酶解条件如下：加酶量（*A*）为 7%，酶解温度（*B*）为 61.38℃，料液比（*C*）为 22.33 : 1，模型预测可获得的水解度 *DH* 为 26.54%，DPPH 自由基清除率为 94.36%。

为进一步验证响应面模型的可靠性，依据回归模型给出的最优参数组合进行试验验证。考虑到实际的可操作性，将参数修正为：加酶量（*A*）为 7%，酶解温度（*B*）为 61.4℃，料液比（*C*）为 22.3 : 1，在此条件下进行水解反应，重复 3 次，紫苏蛋白水解度为（26.23±0.83）%，酶解产物 DPPH 自由基清除率为（94.15±1.12）%，与理论预测值十分接近，表明该模型对优化紫苏蛋白水解工艺是可行的，优化后的工艺条件可用于紫苏活性肽的大量制备。

4.2.2.8 酶解产物可溶性蛋白浓度的确定

（1）标准浓度蛋白曲线的制作

采用考马斯亮蓝法对标准浓度 BSA 溶液进行吸光度检测，标准蛋白浓度曲线数据如下：BSA 蛋白浓度为 0、10 μg/mL、20 μg/mL、30 μg/mL、40 μg/mL、50 μg/mL、60 μg/mL 时，其对应的 OD_{595} 值分别为 0.256±0.002、0.319±0.001、0.375 ± 0.002、0.430、0.468 ± 0.007、0.515、0.542 ± 0.001。经过软件 Graphpad prism 5.0 做图并线性拟合，绘制蛋白标准曲线如图 4-31所示。标准曲线经线性拟合后的一次曲线方程为 $Y=4.886X+268.7$，R^2 为 0.9984，标准曲线线性良好，可以作为测定可溶性蛋白质浓度的参考标准。

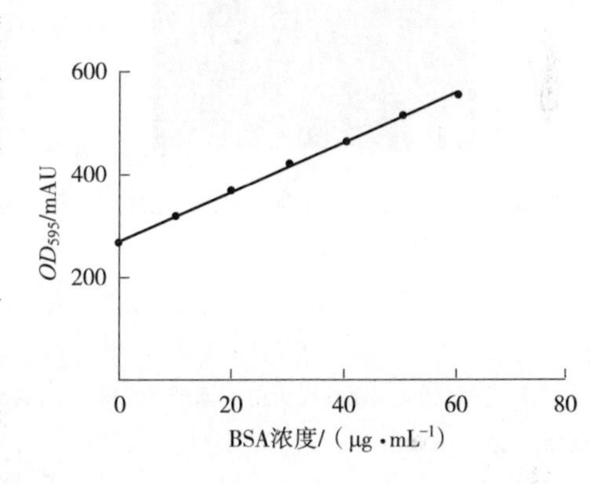

图 4-31 标准 BSA 蛋白浓度曲线

（2）酶解产物可溶性蛋白浓度测定

按照前述优化的酶解工艺获得酶解产物，将冷却后的酶解液在 3000 r/min 下离心 15 min，收集上清液，采用考马斯亮蓝法检测上清液的可溶性蛋白浓度。样品检测 3 次，根据样品检测的 *OD* 值，利用标准曲线拟合的一次方程计算出相应的可溶性蛋白质浓度。经过检测计算得，酶解产物可溶性蛋白浓度为（5.24±0.05）mg/mL。

4.2.2.9　酶解产物的 SDS-PAGE 检测

研究采用蛋白酶直接水解紫苏粕中的蛋白质从而获得具有生物活性的肽段，酶解过程中大分子的蛋白质经过水解变成小分子片段；在第二章中已经对紫苏粕中紫苏分离蛋白以及其主要组成类型球蛋白、清蛋白和谷蛋白进行分离和理化性质鉴定，通过对比几种蛋白和酶解产物的 SDS-PAGE 电泳结果，分析和观察紫苏蛋白在酶解过程中的变化。

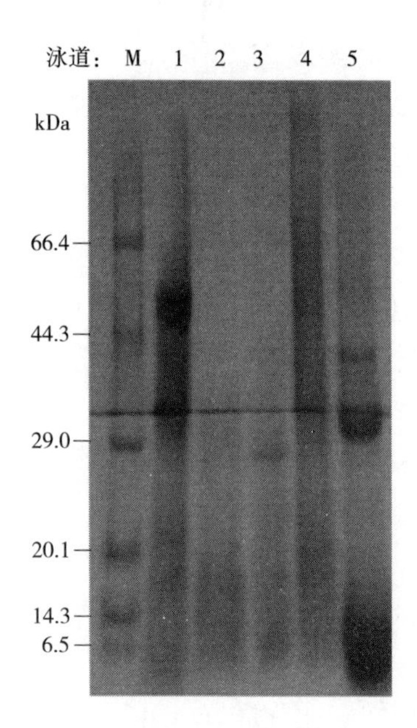

图 4-32　紫苏粕中几种蛋白及酶解产物电泳分析结果

（M：低分子量蛋白标准。泳道 1：紫苏分离蛋白。泳道 2：紫苏球蛋白。泳道 3：紫苏清蛋白。泳道 4：紫苏谷蛋白。泳道 5：粗酶解产物）

4 种蛋白质及酶解产物的 SDS-PAGE 电泳结果见图 4-32，从图 4-32 中可以看到，紫苏分离蛋白中有两条明显的主条带，一条分子量约为 52 kDa，另一条分子量约为 32 kDa，分子量都较大，另外在 21 kDa、17 kDa 和 6.5 kDa 处有较浅条带。经过蛋白酶水解后获得的酶解产物有一条较粗的主条带，分子量小于 10 kDa，分析经过酶切的小分子蛋白片段和肽段主要存在于此条带中，此外还有未完全水解的分子量较大的蛋白质存在于 37 kDa 和 30 kDa 两个条带中。

4.2.3　紫苏抗氧化活性肽的分离纯化及序列鉴定

4.2.3.1　紫苏活性肽的分离纯化流程

紫苏活性肽的分离纯化流程见图 4-33。

4.2.3.2　膜超滤法分离紫苏活性肽

超滤技术具备操作简单、常温操作能耗低、分离效率高、无化学试剂引入等优点，在酶、蛋白质、病毒等中低浓度的生物活性分子溶解态的分离和回收中得到广泛应用。超滤离心法利用不同截留分子量（molecular weight cut-off，MWCO）的超滤膜对溶质进行分离，索里拉金等认为超滤膜的分离效果取决于膜表面孔径的机械筛分、膜孔的阻滞阻塞、膜面及膜孔对溶质的吸

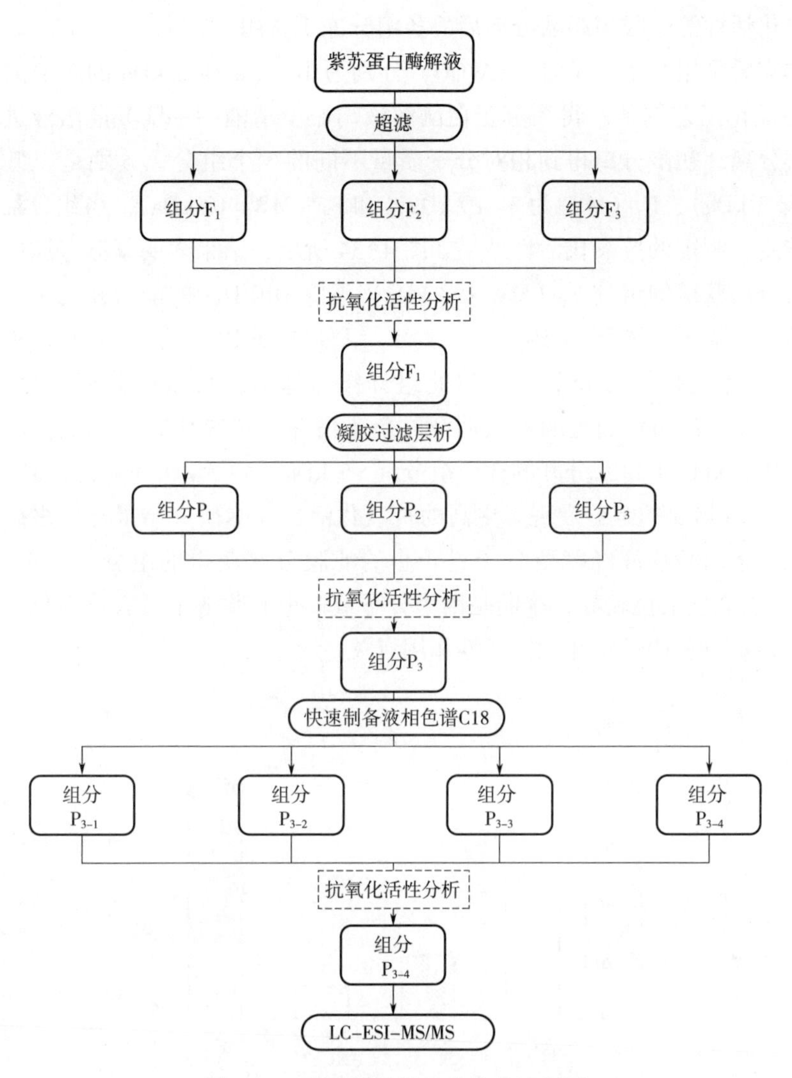

图 4-33　紫苏活性肽分离纯化流程图

附等综合作用。

紫苏蛋白酶解液经离心后取其上清液，测定其蛋白质浓度，待分离。采用截留分子量（MWCO）分别为 10 kDa 和 3 kDa 的超滤离心管对紫苏粕蛋白酶解物（Perilla meal hydrolysate，PMH）溶液进行分级分离。酶解液上清首先通过截留分子量为 10 kDa 的超滤膜，其滤液再通过 3 kDa 的超滤膜，控制离心条件在 4℃、5000 r/min 下分别离心处理 10 min。经过超滤离心后得到组分 F_1（<3 kDa）、F_2（3~10 kDa）、F_3（>10 kDa），测定各组分的蛋白质浓度以及抗氧化活性等。收集超滤分离后的各组分冻干备用。

本实验采用截留分子量（MWCO）分别为 10 kDa 和 3 kDa 的超滤离心管对前述优化工艺制备所得紫苏蛋白酶解液离心上清液——紫苏肽溶液进行超滤离心分离，初步分离得到相对分子质量不同的 3 个组分，分别是：组分 F_1（MW < 3 kDa）、F_2（MW 为 3~10 kDa）和 F_3（MW>10 kDa）。各组分稀释至相同浓度，测定的抗氧化活性结果如图 4-34 所示，结果表明紫苏多肽中经超滤离心分离获得的组分 F_1（MW < 3 kDa）清除 DPPH · 的能力要高于其他组分，差异极显著，浓度为 50μg/mL 的 F_1 组分的 DPPH · 清除率为（50.50±0.16)%。因此收集组分 F_1，并以此组分作为基础进行后续分离纯化操作。Farvin 等人（2016）通过酶解大西洋鳕鱼蛋白并分离纯化获得抗氧化肽的研究过程中，对比了超滤分开的 3 个组分（>5 kDa，3~5 kDa 和<3 kDa）的抗氧化性，<3 kDa 的组分展现了更高的抗氧化活性。本研究结果与诸多研究结论相似，蛋白酶解液经截留分子量较小的滤膜分离获得的组分（一般 *MW*<3 kDa）抗氧化活性较高，推断是因为分子量较小的肽链中具有抗氧化活性的氨基酸残基更多地暴露并发挥活性作用有关。

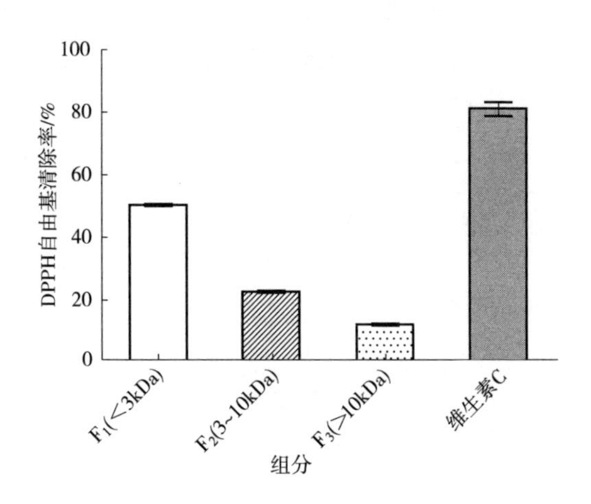

图 4-34　超滤离心分离后各组分的 DPPH · 清除率

4.2.3.3　Sephadex G-25 凝胶过滤层析分离紫苏活性肽

将超滤离心分离所得的抗氧化性最强的组分通过凝胶层析柱进一步纯化。凝胶层析柱（柱尺寸为 2.6cm×70cm）填料为葡聚糖凝胶 Sephadex G-25，将层析柱安装在 Biotage 快速制备液相系统上，用 0.025 mol/L Tris-HCI 磷酸盐缓冲液（pH7.2）对层析柱平衡，流速为 1.0 mL/min。上样前对样品进行全波长扫描，检测出多肽组分的最大吸收波长 202nm，结合文献报道的 214nm 最适波长，拟进行双波长检测。上样后用超纯水进行洗脱，洗脱流速为 3mL/min，在线检测洗脱液的 202nm/214nm 双波长下的吸光值，设定系统自动收集的最低吸收值，系统自动收集不同峰的分离组分，测定各组分抗氧化活性及蛋白质浓度。

凝胶过滤色谱是利用具有多孔网状结构的柱填料颗粒的分子筛作用，根据待分离样品中各组分相对分子质量大小的差异进行洗脱分离的色谱技术。色谱柱中的填料采用某些惰性的多孔网状凝胶，多是交联的葡聚糖，小分子物质能够进入凝胶颗粒内部，洗脱时流经的路程较长，而大分子物质却被排阻在凝胶颗粒的外部，洗脱时流经凝胶颗粒间隙从而路程较短，当混合溶液通过凝胶色谱柱时，大分子物质会比小分子物质优先洗脱下来而实现分离。凝胶过滤色谱法具有操作简单快速、分离条件温和、生物活性分子不易变性、分离条件稳定易重复等优点，还可根据处理的样品量选择从毫克级到克级不同型号的柱子，在生物分离中得到广泛使用。

常用的柱填料 Sephadex gel 凝胶系列有 G-10、G-15、G-25、G-50 和 G-75等。本实验分离筛选目标肽的相对分子质量为 1000～3000，选用 Sephadex G-25 葡聚糖凝胶对经超滤离心分离的抗氧化活性最高的 F_1 组分进行分离纯化。Hsu（2010）、You（2010）和 Ren（2008）等人报道过，在凝胶过滤色谱中，多肽的光吸收波长一般选择为 214 nm 左右，也有 Bougatef（2009）等人选择 226 nm 作为分离纯化过程中肽的吸收波长。本实验在进行凝胶过滤色谱分离前先对 F_1 组分的紫外—可见吸收光谱进行了全波长扫描，获得光吸收值最大的波峰为 202 nm（图 4-35）。因此后续利用 Biotage 快速制备液相系统自动收集分离组分，将检测波长设置为 202 nm（红色峰线）和 214 nm（黑色峰线）（图 4-36）。

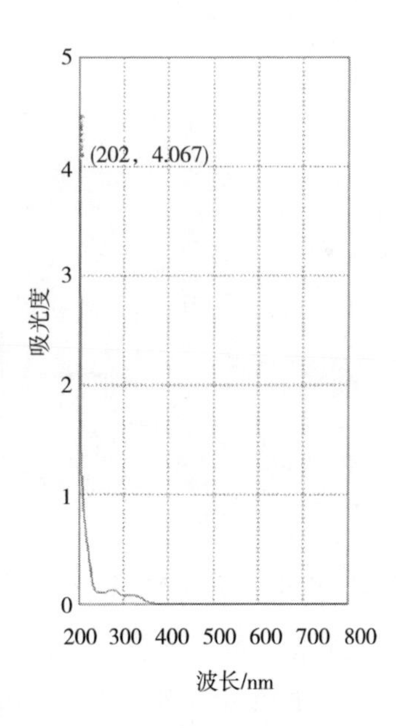

图 4-35　F_1 组分中多肽的紫外可见全波长吸收扫描

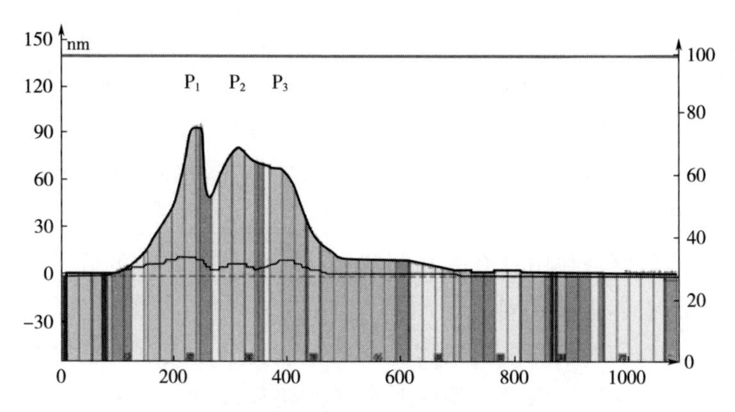

图 4-36 凝胶过滤色谱法分离纯化组分 F_1

（粗实线基线为 UV 202 nm；细实线基线为 UV 214 nm）

根据洗脱出来的先后顺序，组分 F_1经凝胶过滤色谱分离后收集到 3 个峰，分别命名为组分 P_1、P_2和 P_3。所有组分收集后稀释至相同浓度（3 μg/mL），测定其清除 DPPH · 的能力。结果如图 4-37 所示，组分 P_3的 DPPH · 自由基清除率最高，为（54.09±1.18）%，抗氧化活性最强，将被选取作为下一步分离纯化的目标组分。

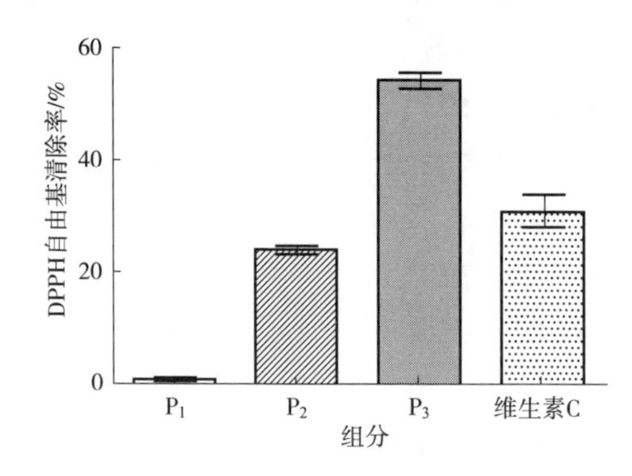

图 4-37 凝胶过滤色谱法分离后各组分的 DPPH · 清除率

4.2.3.4 快速制备液相 C18 反相色谱分离紫苏活性肽

反相液相色谱分离技术是由非极性固定相和极性流动相所组成的液相色谱体系，当溶质流经固定相时，溶质分子的非极性部分或非极性因子与固定相上非极性烷基官能团因疏水作用吸附结合形成缔合络合物。在洗脱过程中，流动相极性减少非极性增加时，溶质分子与固定相之间的疏水作用下降，发生解缔，溶质分子被洗脱下来，因此溶液中不同分子根据极性大小不同，洗脱时间不同而实现分离。反相液相色谱法因色谱柱分离效率高、重现性好、生物活性分子相容性好以及灵敏快速等优点，几乎对各种类型的有机化合物都呈现良好的选择性，被广泛地应用于现代生物分离过程，尤其是小分子肽类。常用于分离具有生物活性小分子肽的反相色谱柱多为 C18 柱，根据固定相上官能团的差异也可选用 C8 柱和 C4 柱，本研究选用 Biotage 制备液相系统配套的制备型 Biotage® SNAP Ultra C18（30 g）色谱柱进行分离，流动相选取乙腈和水组成的二元流动相对待分离物质进行洗脱。

将经过 Sephadex G-25 凝胶过滤层析分离所得的抗氧化性最强的组分进行 Biotage SNAP Ultra C18（30g）反相色谱分离。洗脱液 A：0.065% TFA 超纯水溶液；洗脱液 B：乙腈；检测：UV202nm/214nm。上样前，柱子先分别用 100%乙腈和超纯水进行冲洗；进样后洗脱液 B 的梯度洗脱步骤如下：0～10%（*V/V*），3 min；10%～100%（*V/V*），30 min；100%（*V/V*），6 min；流速 15 mL/min。系统自动收集各吸收峰的洗脱液，将同一分离组分收集的各管混合，测定各组分抗氧化活性及蛋白质浓度。

经过凝胶过滤色谱分离所得的组分 P_3抗氧化性明显高于其他组分，作为目标组分进一步通过上述 Biotage 反相制备液相系统进行分离，得到 4 个组分，分别命名为 P_{3-1}、P_{3-2}、P_{3-3}和 P_{3-4}（图 4-38）。收集各组分浓缩至相同浓度（3 μg/mL），测定其清除 DPPH · 的能力。结果如图 4-39 所示，组分 P_{3-4} 的 DPPH · 自由基清除率最高，为（58.8±0.39）%，抗氧化活性明显高于其他组分，下一步将被选中在反相高效液相色谱（RP-HPLC）在线连接的电喷雾串联质谱仪（ESI-MS/MS）进行氨基酸测序。

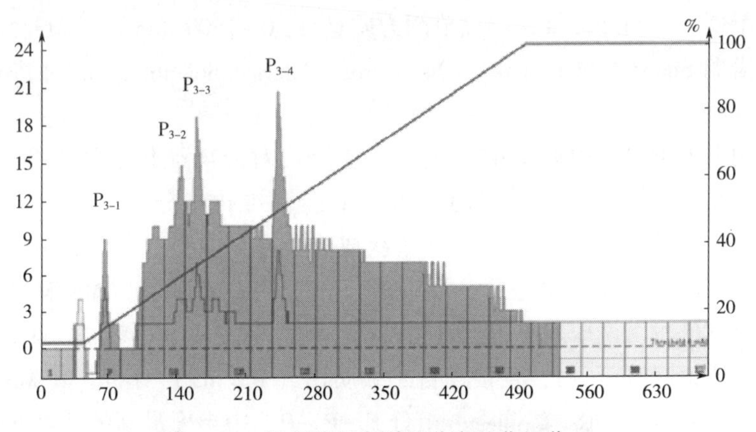

图 4-38　反相液相色谱法分离纯化组分 P_3

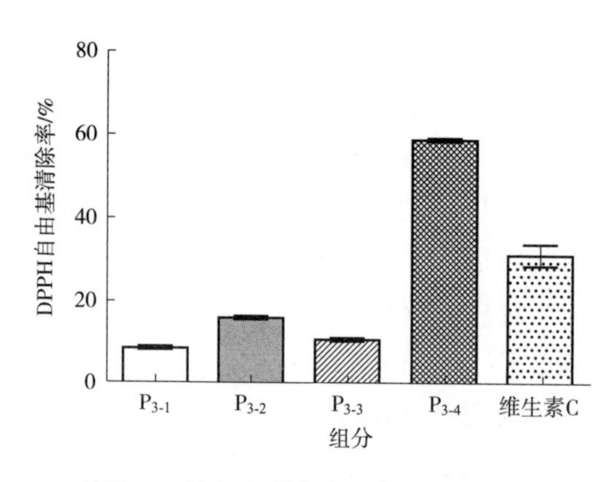

图 4-39　反相 C18 液相色谱分离后各组分的 DPPH·清除率

4.2.3.5　RP-HPLC 在线连接的 ESI-MS/MS 鉴定紫苏肽的氨基酸序列组成

质谱法是近年来鉴定生物活性肽结构的常用方法，质谱法用于蛋白质类物质测序也是当前该领域在方法学上的重要进展。20 世纪 80 年代末发展起来的基质辅助激光解析电离以及电喷雾电离技术（Electrospray ionization，ESI）使传统质谱技术在蛋白质等极性大、热不稳定的天然产物结构分析上的应用发生质的飞跃。生物质谱法根据肽段质量数和所载电荷数不同从而在磁场中产生不同的轨道而分离，以不同质核比（m/z）的方式呈现。质谱结果可以将各种待测蛋白质和肽段与现有的序列数据库联系起来，成为鉴定蛋白质和肽段的首选方法。

经 RP-HPLC 分析后的样品流以 600 nL/min 的速度穿过电喷雾界面进入质谱仪（Orbitrap Fusion，Thermo Sceientific，USA）。采用正离子扫描模式，雾化气和干燥气为高纯氮气，扫描范围为质/核比 0~1500（m/z）。MS/MS 肽序列分析借助 Sequest 和 Proteome Discoverer（Thermo Scientific）软件进行搜库鉴定。

采用 RP-HPLC 串联 ESI^+ 源电喷雾质谱仪对分离纯化后的组分 F_1-P_3-P_{3-4}进行测序。图 4-40 为紫苏蛋白酶解物分离纯化组分 F_1-P_3-P_{3-4}的 RP-HPLC 图谱，可见有 2 个主成分、4 个次成分及多个微量成分。经 HPLC 洗脱的组分会自动进入质谱仪进行一级质谱（MS）和二级质谱（MS/MS）处理，利用分析软件可对洗脱后各组分进行结构预测。对主成分（峰 74.63 min）进行完一级质谱（MS）后，直接进行二级质谱（MS/MS）分析，其 MS/MS 分析结果如图 4-41 所示。经测定，组分 F_1-P_3-P_{3-4}中丰度最高的活性肽段为十

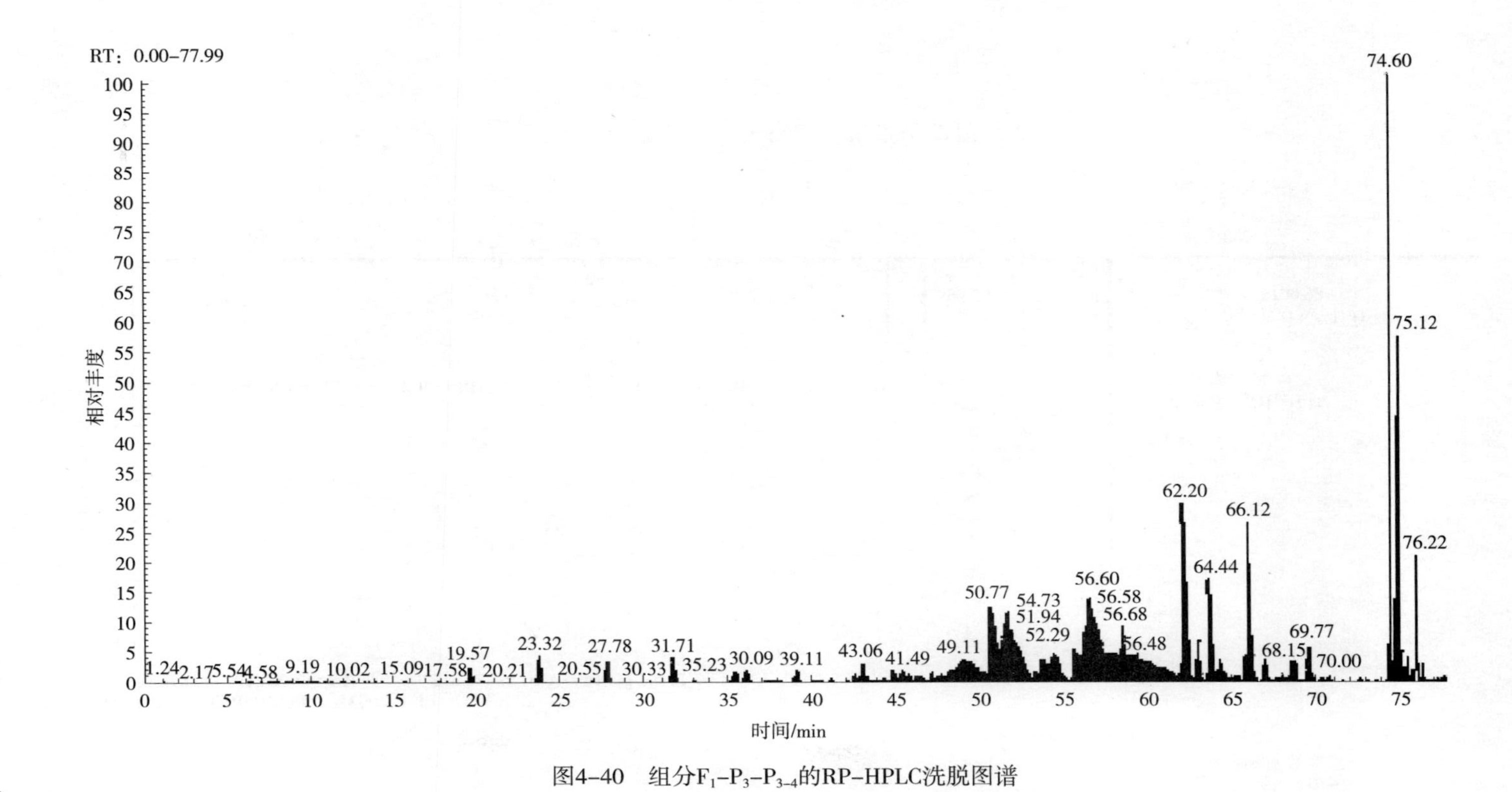

图4–40　组分F_1–P_3–P_{3-4}的RP–HPLC洗脱图谱

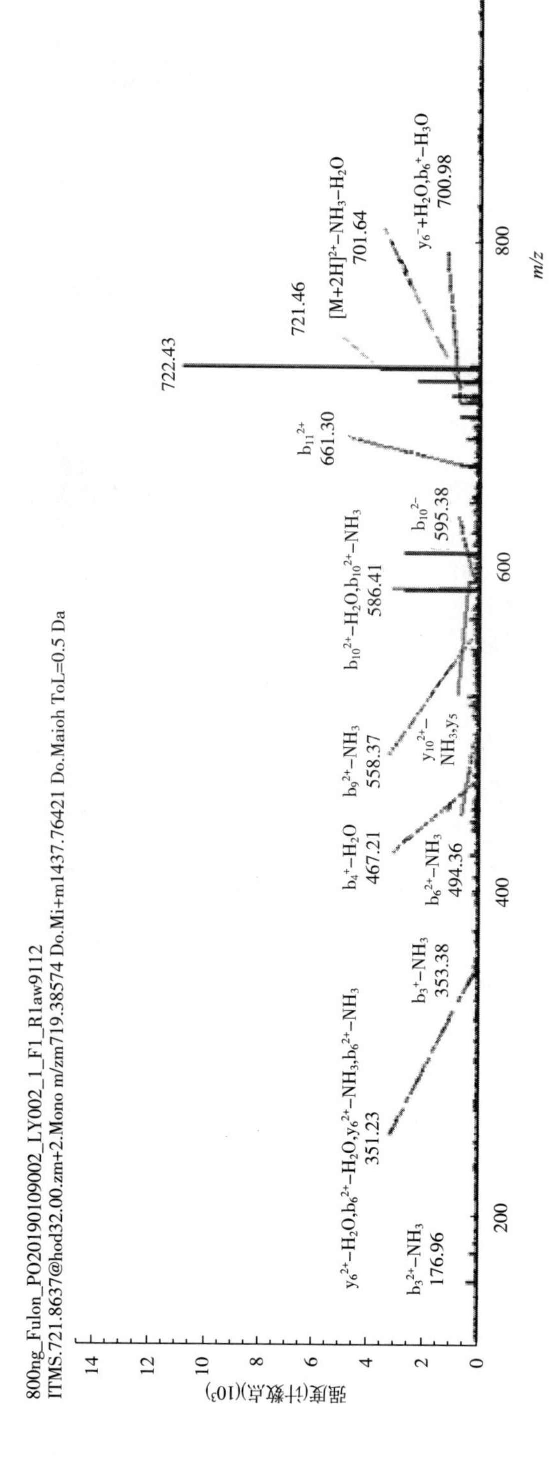

图4-41　74.63min出峰 MS质谱图

二肽，氨基酸序列为 Lys-Leu-Lys-Asp-Ser-Phe-Glu-Arg-Gln-Gly-Met-Val，分子量为 1437.75Da；经肽谱库和美国化学文摘检索，该活性肽为之前未有报道的新的抗氧化性显著的十二肽。

本研究分离肽段中含有疏水性氨基酸 Leu、Gly、Met、Phe 及 Val（约占总残基量的 1/2），而且末端 3 个疏水氨基酸残基 Gly-Met-Val 相连，对肽段抗氧化性有一定贡献。Ren 等和 Niranjan 等报道中指出肽段的抗氧化活性与其组成的疏水氨基酸关系密切，尤其是末端氨基酸为缬氨酸或亮氨酸等疏水氨基酸时，肽段抗氧化活性普遍较高。分析原因是这些氨基酸残基中的非极性脂肪族基团能够很好地结合不饱和脂肪酸，增强了捕获自由基的能力。此外，Glu 能给自由基提供质子，具有较高的自由基捕获能力，这些肽段特征都与紫苏活性肽的抗氧化活性相关。

4.2.3.6　紫苏肽的 SDS-PAGE 聚丙烯酰胺凝胶电泳结果

本研究通过对比紫苏蛋白酶解产物经过一系列分离纯化方法获得不同纯化组分的 SDS-PAGE 电泳结果，结合不同组分的抗氧化活性高低，观察和分析分离纯化过程中不同组分的分子量变化与抗氧化活性之间的关系。粗酶解物、超滤后组分和凝胶过滤层析后组分的 SDS-PAGE 电泳结果见图 4-42。

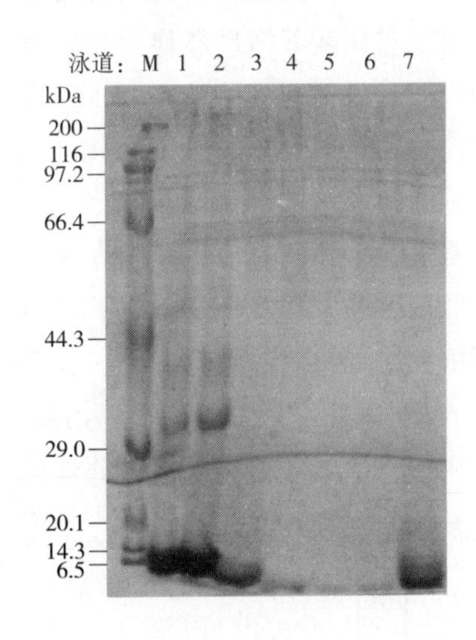

图 4-42　紫苏肽不同分离纯化阶段的电泳分析结果

（M：宽分子量蛋白标准。泳道 1：粗酶解产物。泳道 2～4：超滤后 F_3、F_2 和 F_1 组分。泳道 5～6：凝胶过滤层析后 P_2 和 P_3 组分。泳道 7：商用大豆肽）

如图 4-42 所示，紫苏粕中蛋白质经过直接酶解法后，蛋白质得到部分水解（DH 约为 26%），未水解或水解后的大分子蛋白质存在于 37 kDa 和 30 kDa 两个条带中，经水解后的小分子蛋白质以及肽段存在于分子量小于 10 kDa 的连续宽条带中，此条带最小分子量肽段不到 1000 Da。经过超滤分离以后的 F_3（>10 kDa）组分电泳条带与粗酶解物电泳条带变化不大，只有小分子条带略微变浅变窄；F_2（3～10 kDa）组分和 F_1（<3 kDa）组分都只有分子量小于 6.5 kDa 的一

个条带，F_2组分条带的分子量要明显高于F_3组分，而且条带相对较宽。选取F_1组分进行凝胶过滤层析后分开获得的P_2和P_3组分，电泳条带更窄更浅，纯度更高。泳道7选用商业大豆肽作为对照分析，电泳结果显示有两条分子量小于6.5 kDa的条带，与紫苏肽分离的F_1组分带型相似，分析选作对照的大豆肽粉仅经过超滤进行简单分离，未进行细分。

4.2.4 体外及体内研究紫苏肽缓解仔猪肠道应激腹泻的研究

4.2.4.1 紫苏活性肽体外抗氧化模型评价

(1) 紫苏活性肽清除DPPH·自由基能力评价方法

目前抗氧化物质体外抗氧化能力测定方法的原理，主要是利用其在抑制脂质氧化降解、清除自由基、抑制促氧化剂（如螯合过渡金属）和还原能力等几个方面的活性。本研究选择当前最常用的DPPH法、ABTS法和FRAP法来测定紫苏活性肽的体外抗氧化能力，前两种方法检测活性肽的自由基清除能力，后一种方法检测活性肽的还原能力。

为了对比紫苏活性肽体外抗氧化活性的高低，本研究分别选取了一种常用的天然抗氧化剂维生素C和人工合成抗氧化剂2,6-二叔丁基对甲苯酚甲苯(BHT)，通过对比二者的抗氧化作用，选择其中合适的作为紫苏活性肽抗氧化试验的阳性对照（positive control）。维生素C和BHT抗氧化作用的DPPH自由基清除率和ABTS自由基清除率结果如图4-43所示，从图中可以看出，高、低浓度维生素C的DPPH自由基清除率和ABTS自由基清除率都要高于相应浓度的BHT；相比较之下，在3~20 μg/mL浓度范围内维生素C和BHT对于ABTS自由基清除能力不如清除DPPH自由基的能力。综合比较二者的抗氧化作用，选定维生素C作为体外抗氧化实验的阳性对照。

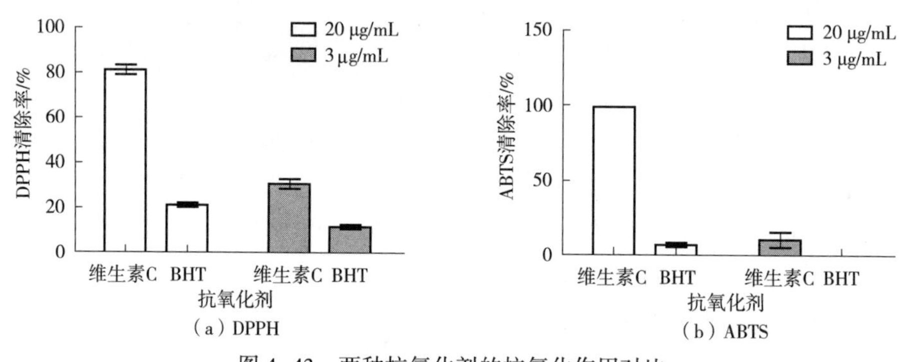

图4-43 两种抗氧化剂的抗氧化作用对比

本研究对紫苏蛋白酶解物中分离纯化获得抗氧化活性最高的肽段的不同组分都进行 DPPH 自由基清除能力的测定，结果见图 4-44。从图 4-44 A 可以看出，紫苏蛋白酶解物经过超滤分离后的 3 个组分中，当量浓度为 50 μg/mL的 F_1 组分 DPPH 自由基清除率为（50.50±0.16)%，是相同浓度下 DPPH 自由基清除率最高的组分，但是低于 20 μg/mL 的阳性对照维生素 C；t 检验显示，F_1组分与 F_2组分组间差异极显著（$P<0.001$），F_1组分与 F_3组分组间差异极显著（$P<0.001$），F_1组分与维生素 C 的组间差异也极显著（$P<0.001$）。图 4-44 B 结果显示，组分 F_1经过 G25 葡聚糖凝胶过滤层析分离后的 3 个组分中，当量浓度为 3 μg/mL 的 P_3组分 DPPH 自由清除率为（54.09±1.18)%，相同浓度下 P_3组分 DPPH 自由基清除率高于其他两组，高于同浓度阳性对照维生素 C；t 检验显示，P_3组分与 P_1组分、P_2组分及阳性对照维生素 C 的组间差异都极显著（$P<0.001$）。图 4-44 C 结果显示，组分 P_3经过 C18 反相色谱分开的 4 个组分中，当量浓度为 3 μg/mL 的 P_{3-4}组分 DPPH 自由清

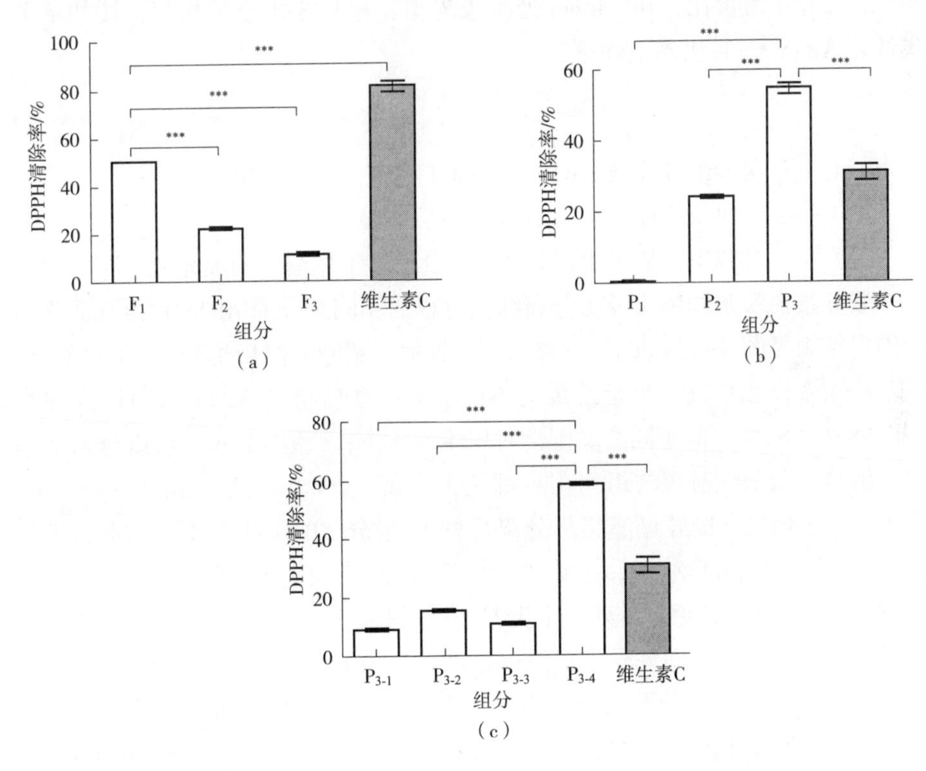

图 4-44　不同分离纯化组分的 DPPH 自由基清除能力

（*：$P<0.05$；**：$P<0.01$；***：$P<0.001$）

除率为（58.80±0.39）%，相同浓度下P_{3-4}组分DPPH自由基清除率远高于其他3组，且高于同浓度阳性对照维生素C；t检验显示，P_{3-4}组分与其他3个组分及阳性对照维生素C的组间差异分别都为极显著（$P<0.001$）。对于分离纯化最后获得的紫苏活性肽溶液，即P_{3-4}组分，结果显示其在3 μg/mL浓度时清除DPPH自由基的能力已经超过维生素C，其作用效果约为维生素C的2倍。

（2）紫苏活性肽清除ABTS·$^+$自由基能力评价方法

ABTS即2,2-二氮-双-（3-乙基苯并噻唑-6-磺酸）二铵盐，ABTS与过硫酸钾反应生成稳定的蓝绿色ABTS·$^+$，在734 nm处有很强的吸收峰，抗氧化物存在时ABTS·$^+$的产生会被抑制，溶液颜色变浅，在734 nm处吸光度值变小。测定734nm处ABTS的吸光度即可测定并计算出样品的总抗氧化能力。

取250μL稀释至已知一定浓度的抗氧化剂（各组分紫苏肽溶液），加入750μL新配制的ABTS自由基工作液，以去离子水代替样品作为对照组，以70%的乙醇代替ABTS自由基工作液为空白组，室温混匀避光放置6 min，以70%的乙醇作为参比，在734nm处测吸光值，重复3次取平均值，按如下公式计算ABTS·+自由基清除率：

$$Y = \left(1 - \frac{A_S - A_r}{A_0}\right) \times 100\% \tag{4-11}$$

其中：A_S——实验组样品与ABTS自由基工作液反应后的吸光值；

A_r——空白组中样品加入70%乙醇后的吸光值；

A_0——对照组去离子水加入ABTS自由基工作液后的吸光值。

紫苏蛋白酶解物依次经历分离纯化过程的不同组分的ABTS自由基清除能力测定结果见图4-45。如图4-45（a）所示，超滤分离后组分F_1的ABTS自由基清除率依然最高，当量浓度为50 μg/mL的F_1组分ABTS自由清除率为（56.98±0.98）%，低于同浓度阳性对照维生素C；t检验显示，F_1组分与其他两个组分以及阳性对照的组间差异都是极显著（$P<0.001$）。如图4-45（b）所示，G25葡聚糖凝胶过滤层析分离后的P_3组分ABTS自由基清除率高于其他两组，当量浓度为3 μg/mL的P_3组分ABTS自由清除率为（68.04±0.28）%，高于同浓度阳性对照维生素C；t检验显示，P_3组分与其他两个组分以及阳性对照的组间差异也都是极显著（$P<0.001$）。如图4-45（c）结果显示，C18反相色谱分开的P_{3-4}组分ABTS自由基清除率也是远高于其他3组，当量浓度为3 μg/mL的P_{3-4}组分ABTS自由清除率为（73.34±0.61）%，高于同浓度阳性对照维生素C；t检验显示，P_{3-4}组分与其他两个组分以及阳性对照的组间差异也都是极显著（$P<0.001$）。以上结果说明纯化后的紫苏活性肽溶

液（P_{3-4}组分）在 3 μg/mL 浓度清除 ABTS 自由基的能力约为维生素 C 的 7 倍。

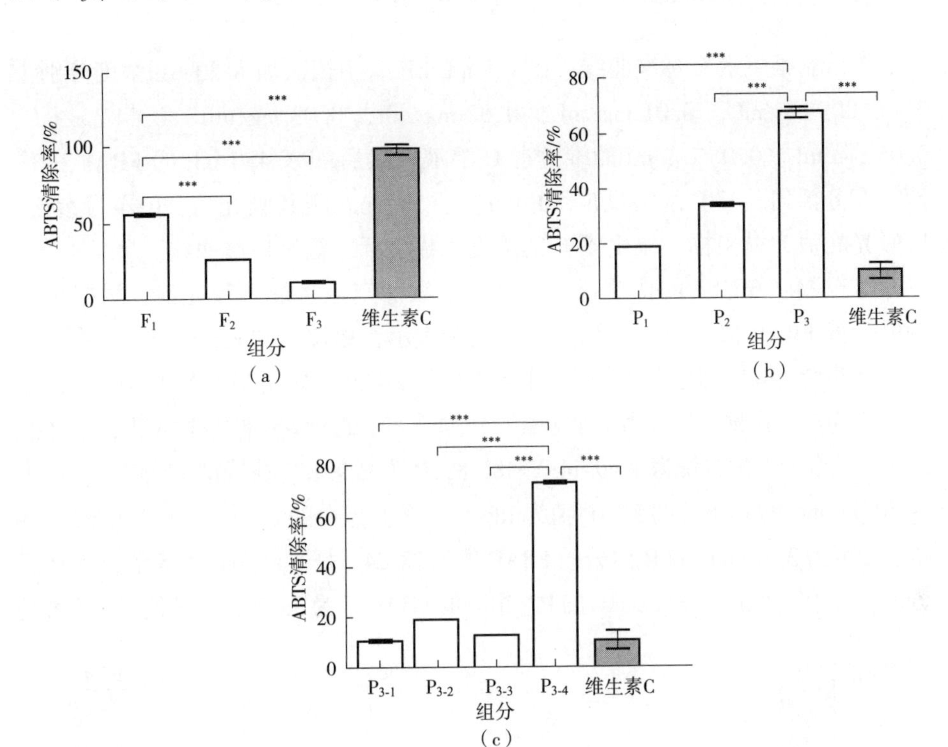

图 4-45 不同分离纯化组分的 ABTS 自由基清除能力

（*：$P<0.05$；**：$P<0.01$；***：$P<0.001$）

（3）紫苏活性肽铁离子还原能力评价方法（FRAP 法）

一般情况下，物质的还原能力与抗氧化能力呈正相关。待测物还原能力的测定，可通过检验其是否为良好的电子供体来实现。待测物所提供的电子可以使 Fe^{3+}还原为 Fe^{2+}，使体系溶液颜色改变，即可反映出体系中氧化还原状态的改变。

样品中的还原性物质可将 Fe^{3+}-三吡啶三吖嗪（Fe^{3+}-TPTZ）复合物还原成 Fe^{2+}的化合物形式，并呈现出明显的蓝色，在 593 nm 处有最大的吸光度值，根据吸光度的大小可判断样品抗氧化能力的强弱。通常选用标准抗氧化剂（如维生素 C）作为参照，待测样品的抗氧化能力以抗氧化标品的当量表示，记为 FRAP（ferricion reducing antioxidant power）值。FRAP 值越大，抗氧化物质还原出来的 Fe^{2+}越多，则其抗氧化活性就越强。

本实验选取维生素 C 作为抗氧化标品，待测样品的 FRAP 值测定步骤如下：

①绘制维生素 C 标准曲线：在 1.5 mL EP 管中依次加入 30 μL 浓度分别为 0、0.005 mg/mL、0.01 mg/mL、0.02 mg/mL、0.03 mg/mL、0.04 mg/mL、0.05 mg/mL、0.06 mg/mL的维生素 C 溶液，然后加入 450 μL 的 FRAP 工作液，充分摇匀，37℃水浴反应 30 min，于 593 nm 测其吸光值，0 样为参比，以吸光度值为纵坐标，维生素 C 的浓度为横坐标，绘制标准曲线。

②选取已知浓度的待测样品溶液，同法测定该溶液的吸光值，根据标准曲线计算 FRAP 值，结果以维生素 C 当量表示，单位记作 mg/g。

紫苏蛋白酶解物分离纯化过程中各组分的 FRAP 测定结果见图 4-46。以维生素 C 作为抗氧化物质的标品，维生素 C 还原铁离子的 OD 标准曲线如图 4-46（d）所示，拟合的一次方程为 $Y=9.143X+182.8$，R^2 为 0.9972，曲线拟合度良好。浓度为 50 μg/mL 的 F_1组分的 FRAP 值为 189.07，是 F_2组分的 2.3 倍，是 F_3组分的 3.9 倍；浓度为 3 μg/mL 的 P_3组分的 FRAP 值为 28.24，是 P_1组分的 6.5 倍，是 P_2组分的 2.26 倍；浓度为 3 μg/mL 的 P_{3-4}组分的 FRAP 值为 36.75，是其他三个组分的

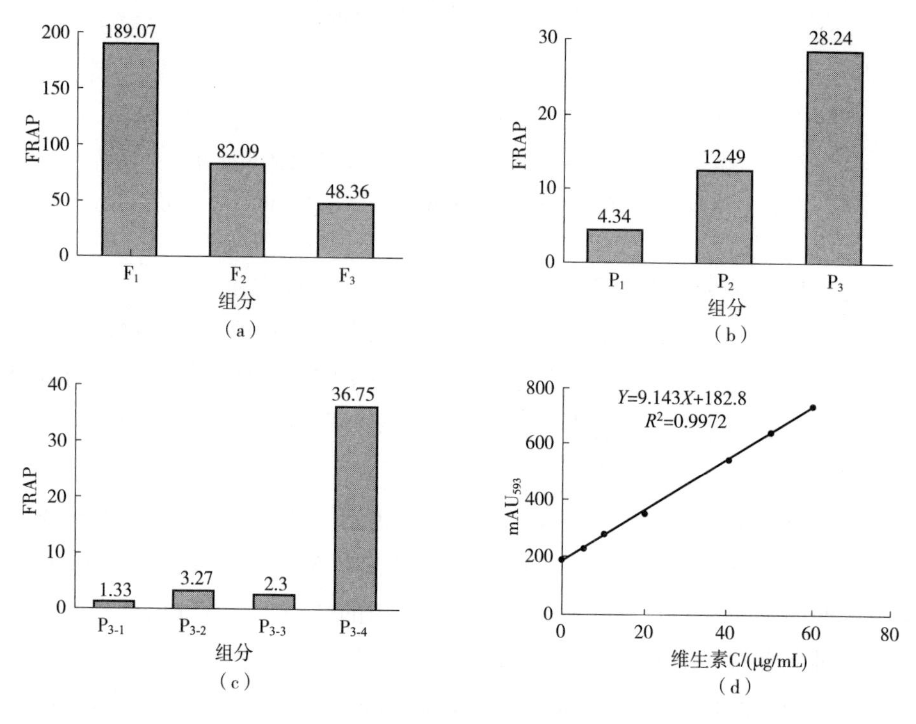

图 4-46　不同分离纯化组分的铁离子还原能力

10~30倍。从图4-46可以看出，紫苏活性肽具有一定的还原力，表明紫苏活性肽能够作为电子供体，使自由电子与自由基结合从而终止链反应。

4.2.4.2 紫苏活性肽体外抑菌模型评价

(1) 抑制细菌生长活性检测

抗菌肽作为最有潜力的抗生素替代品之一，是生物体非特异性免疫功能的重要组成部分，具有多种生物学功能且不易产生耐药性，在临床、兽医及生物防腐等多个领域显示了良好的应用前景。酶解蛋白质制备抗菌肽可以利用丰富的蛋白质资源获得大量具有抗菌活性的肽段，成为制备抗菌肽的有效方法之一。本节研究了紫苏蛋白酶解物及不同分离纯化阶段各组分对于大肠杆菌、金黄色葡萄球菌以及枯草芽孢杆菌的生长抑制作用，探讨紫苏活性肽的抑菌活性和应用潜力。

参照美国临床和实验室标准委员会（NCCLS）所建议的抗菌药物药敏试验执行标准，采用牛津杯法检测紫苏肽不同分离纯化阶段各组分抑制细菌的生长的情况。选用革兰氏阴性菌大肠杆菌（*Escherichia coli*）以及革兰氏阳性菌金黄色葡萄球菌（*Staphylococcus aureus*）和枯草芽孢杆菌（*Bacillus subtilis*）作为供试菌种，根据抑菌圈直径大小将药敏试验结果分为耐药（resistance，R）、中敏（intermediate，I）和敏感（susceptibility，S）3个等级，从而判断紫苏肽各组分抑菌活性。

将冻存在-80℃的供试菌种在LB液体培养基中进行活化，取对数生长期的菌液参照麦氏比浊法用无菌生理盐水均匀稀释至菌液浓度为10^6 CFU/mL。取100 μL待试菌液均匀涂布在MH琼脂培养基上，待培养基的平板稍干后，将4个牛津杯放置在十字均分各区域的中间位置，用镊子轻压固定牛津杯；向牛津杯中分别加入12.5 μg/mL的硫酸卡那霉素（阳性对照）及紫苏肽分离纯化的不同组分各100，将其放入37℃的恒温培养箱中培养24 h后取出，用游标卡尺测量培养基上抑菌圈的直径，每个样品重复测量3次，计算平均值，并对计算结果进行对比分析。

常用的抑制细菌生长活性检测的方法有滤纸片法（K-B法）、牛津杯法及MIC法等。本节选用牛津杯法来研究紫苏活性肽对原核细菌的生长抑制作用。如图4-47所示，酶解后的粗肽对大肠杆菌和金黄色葡萄球菌的生长都有一定的抑制作用，抑菌圈直径大小分别为（14.2±0.2）mm以及（16.7±0.4）mm，但对枯草芽孢杆菌的生长没有影响。超滤分离后的3个组分对3种细菌的生长抑制作用如图4-48所示，对比大肠杆菌抑菌圈直径的大小，组

分 F_2>组分 F_3>组分 F_1，t 检验结果显示，组分 F_1与另外两个组分抑菌圈直径差异显著，组分 F_2 和 F_3 抑菌圈直径差异不显著，F_2 和 F_3 两个组分与 12. 5μg/mL 的硫酸卡那霉素的抑菌效果相当，差异不显著；比较 3 个组分对金黄色葡萄球菌的抑菌圈直径大小，组分 F_3>组分 F_2>组分 F_1，且组分 F_2和组分 F_3的抑菌直径略大于抗生素对照，t 检验结果显示，组分 F_1及组分 F_2与抗生素对照组的差异均不显著，与抗生素对照抑菌效果相当，组分 F_3与抗生素对照组的差异显著（$P=0.0097<0.01$），抑菌效果优于 12. 5 μg/mL 的硫酸卡那霉素；如图 4-48（c）所示，紫苏蛋白酶解物超滤离心后的 3 个组分对枯草芽孢杆菌都没有明显的生长抑制作用。

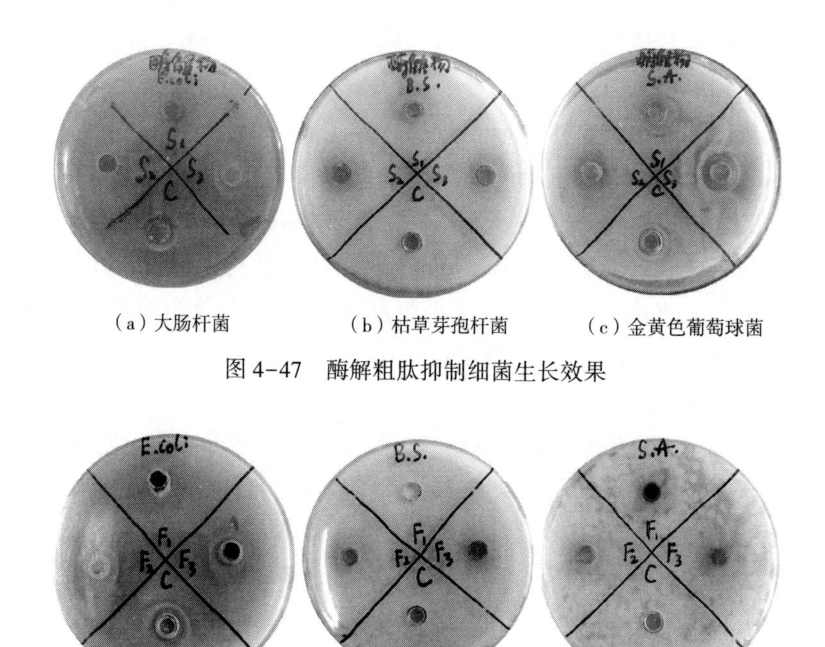

（a）大肠杆菌　（b）枯草芽孢杆菌　（c）金黄色葡萄球菌

图 4-47　酶解粗肽抑制细菌生长效果

（a）大肠杆菌　（b）枯草芽孢杆菌　（c）金黄色葡萄球菌

图 4-48　超滤分离组分抑制细菌生长效果

紫苏蛋白酶解粗肽和超滤分离后 3 个组分抑制细菌生长的效果显示，紫苏肽的抑菌活性与肽段分子量大小没有直接关系，这与文献报道一致，文献研究还表明抗菌肽发挥抑菌活性的作用机制可能与其独特的分子结构和组成的氨基酸残基有关，尤其是正电荷氨基酸残基通过离子键作用结合到带负电的细菌表面，进而疏水氨基酸通过疏水作用力使肽的疏水段进入细胞膜，改变脂膜结构。紫苏肽抑菌效果与抗氧化效果的在不同分子量大小组分选择上规律有所不同，启发我们在进行紫苏肽抗菌活性动物模型的研究中可以尝试选择“鸡尾酒疗法”，即几种具有抑菌效果的组分混合一起使用（表 4-15）。

表 4-15　紫苏蛋白酶解粗肽及分离纯化各组分抑菌圈直径

组分	大肠杆菌		金黄色葡萄球菌		枯草芽孢杆菌	
	抑菌圈直径/mm	敏感性	抑菌圈直径/mm	敏感性	抑菌圈直径/mm	敏感性
酶解粗肽	14.2±0.2	I	16.7±0.4	I	7.8	R
F_1	13.9±0.2	I	14.9±0.2	I	7.8	R
F_2	16.7±0.2	I	15.3±0.2	I	7.8	R
F_3	16.3±0.2	I	15.6±0.2	I	7.8	R
硫酸卡那霉素	16.5±0.4	I	15.0±0.1	I	7.8	R

注　R：耐药；I：中敏；S：敏感。

（2）抑制真菌生长活性检测

研究表明抗菌肽不仅能够抑制细菌生长，对某些真菌和病毒也具有很强的杀伤力。人工合成肽对细菌和真菌生长都具有抑制作用，有关研究已经开始评估其在临床上对阴道念珠菌引起阴道炎症的治疗效果。

采用菌丝生长速率法测定紫苏肽不同分离纯化阶段各组分对真菌生长的影响。选用番茄枯萎菌（*Fusarium oxysporum f.* sp. *radicislycopersici*）和西瓜枯萎菌（*Fusarium oxysporum f.* sp. *niveum*）两种真菌作为供试菌种。具体操作方法如下：用马铃薯葡萄糖琼脂（PDA）培养基制作固体平板，待 PDA 平板冷却后，分别加入 100 μL 不同组分的紫苏肽溶液，均匀涂布，以添加无菌水的平板作为空白对照；取直径 4mm 的真菌菌饼接种于培养皿中央，于 28℃ 的培养箱中恒温培养，60~72 h 后测定菌落直径，每个处理重复 3 次。

菌丝生长抑制率的计算公式如下：

$$\text{菌丝生长抑制率} = \frac{\text{对照组菌落直径} - \text{试验组菌落直径}}{\text{对照组菌落直径} - \text{接种菌饼直径}} \times 100\% \qquad (4-12)$$

本研究利用菌丝生长速率法，分别研究紫苏活性肽对两种供试病原真菌（番茄枯萎菌和西瓜枯萎菌）的抑制作用。紫苏蛋白酶解粗肽以及超滤分离后各组分对两种病原真菌生长的抑制作用见图 4-49 和图 4-50，抑制率测定结果见表 4-16。实验结果表明，紫苏肽对两种病原真菌有较显著的生长抑制活性。超滤分离后的组分 F_3 的真菌生长抑制效果要高于粗肽和其他两个超滤组分，其中组分 F_3 对番茄枯萎菌的生长抑制率高达 74.5%，对西瓜枯萎菌的生长抑制率达 54.7%。紫苏肽对真菌生长的抑制作用，表明酶解紫苏蛋白得到的不同肽段具备一定的广谱抑菌性，而且再次证明抑菌性与肽段分子结构相关，与分子量大小并无直接联系。

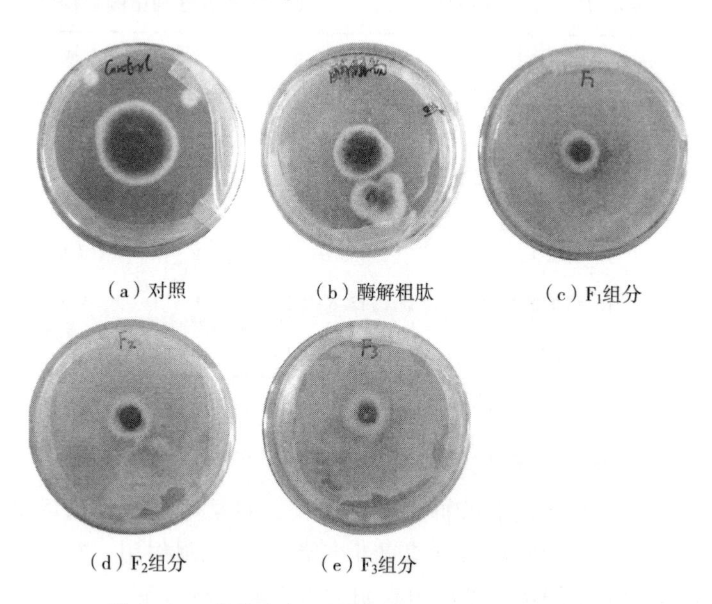

（a）对照　（b）酶解粗肽　（c）F_1组分

（d）F_2组分　（e）F_3组分

图 4-49　紫苏肽各组分抑制番茄枯萎菌生长效果

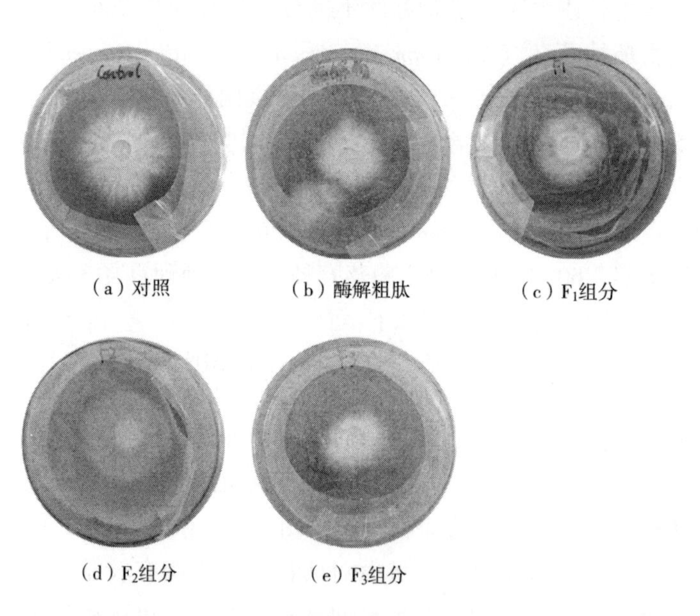

（a）对照　（b）酶解粗肽　（c）F_1组分

（d）F_2组分　（e）F_3组分

图 4-50　紫苏肽各组分抑制西瓜枯萎菌生长效果

表 4-16　紫苏蛋白酶解粗肽及分离纯化各组分的真菌抑菌率

真菌	酶解粗肽	F_1	F_2	F_3
番茄枯萎菌	56.7%	47.3%	60%	74.5%
西瓜枯萎菌	47.1%	42.6%	16.9%	54.7%

4.2.4.3　紫苏活性肽抗 LPS 诱导的肠道氧化应激斑马鱼模型试验

(1) 斑马鱼胚胎的获取

按照 *Zebrafish Book* 标准化管理规定成年斑马鱼（AB 品系）长期饲养在斑马鱼饲养系统中，每 10 条成年斑马鱼安置于 1 个透明丙烯酸水槽中，控制水温在（28.5±1）℃，pH 7.5~8.5，亚硝酸盐< 0.02 mg/L，保持电导率为 500 μs/cm，光照节律为 14h（光）：10h（暗），饲养用水为过滤水循环系统，每天投喂饲料 3 次。

斑马鱼胚胎由鱼房驯养 15 天以上的成鱼产卵获得。实验前一天停止喂食，晚上 20 时准备 3 个交配缸，在每个交配缸中隔开培养 1 条雌鱼和 2 条雄鱼，次日早上在灯光的刺激下抽去交配缸中的透明隔板，雌雄成鱼交配产卵。1h 后收集所产鱼卵，反复清洗去除残留物质后转移到干净的培养皿中，于显微镜下挑选发育状态良好的胚胎，用于后续活性检测实验。

(2) 紫苏活性肽最佳使用浓度的筛选

斑马鱼试验的供试（药）品虽然具有不同的生物学功能，但是浓度过高都会影响斑马鱼的生长，因此确定最大检测浓度才能保证后续活性实验的开展。挑选发育正常的 3 dpf（days of post fertilization，dpf）野生型 AB 品系斑马鱼，随机分组转移到 24 孔板中，每孔 10 个胚胎，每孔分别加入不同浓度的紫苏活性肽溶液，浓度梯度设置为0.2 μg/mL、0.4 μg/mL、0.8 μg/mL、1.6 μg/mL、3.2 μg/mL、6.3 μg/mL、12.5 μg/mL、25 μg/mL、50 μg/mL 和 100 μg/mL，同时设置饲用系统用水为空白对照组，每组平行设 3 孔，每孔加入待测溶液 1mL，置于 28℃培养箱中孵育 48 h，用倒置显微镜观察并统计斑马鱼死亡和毒性情况，确定紫苏肽溶液在斑马鱼实验中的安全实验剂量。

如图 4-51 所示，低浓度的紫苏肽溶液没有不溶物析出，斑马鱼胚胎发育正常；高浓度的紫苏肽溶液析出不溶物，水体浑浊，个别斑马鱼胚胎的形态发育和生长受到影响，甚至出现死亡。不同浓度紫苏肽溶液处理斑马鱼胚胎后的死亡数目和存活率的统计计算结果见表 4-17，从表中可以看出当紫苏肽的浓度达到 50 μg/mL 时，胚胎的存活率就只有 50%，与空白对照组差异极显著，随着紫苏肽浓度的增大胚胎的死亡率也不断增大，因此选定 50 μg/mL 为紫苏肽对胚胎的中毒浓度，后续的实验中浓度梯度都设在该浓度以下的实验安全浓度，消除供试品的毒性对实验结果的影响。综合考量紫苏肽的安全浓度范围，确定筛选低浓度为 0.4 μg/mL、中浓度为 1.1 μg/mL、高浓度为 3.2 μg/mL 的紫苏肽溶液进行后续的斑马鱼体内活性实验。

（a）低浓度未析出样品

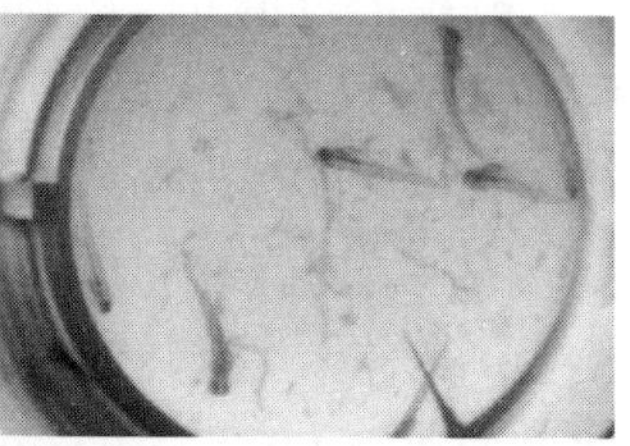

（b）高浓度析出样品

图 4-51　斑马鱼生长情况

表 4-17　各实验组斑马鱼死亡情况汇总（$n=10$）

实验组别	实验浓度/（$\mu g \cdot mL^{-1}$）	死亡数/尾	存活率/%	备注
空白对照组	—	0	100	—
紫苏肽	0.2	0	100	—
	0.4	0	100	—
	0.8	0	100	—
	1.6	0	100	—
	3.2	0	100	—
	6.3	0	100	析出
	12.5	0	100	明显析出
	25	0	100	明显析出
	50	5	50	明显析出
	100	9	10	明显析出

（3）紫苏活性肽对斑马鱼 ROS 的清除作用

体内活性氧（reactive oxygen species，ROS）泛指氧代谢产生的自由基和非自由基等副产物，包含了超氧阴离子（O^{2-}）、过氧化氢（H_2O_2）、羟自由基（OH^-）、一氧化氮等，在细胞信号传导和体内平衡中具有重要作用。一般采用清除 ROS 水平的能力作为活性物质体内抗氧化检测的指标。采用 LPS 诱导斑马鱼氧化应激模型，研究紫苏肽的体内抗氧化作用，斑马体内的 ROS 产物可通过检测氧化敏感性荧光探针——DCFH-DA 释放的荧光强度来间接分析。荧光探针 DCFH-DA 进入细胞后会被非特异性酯酶脱去乙酰基，随后在细胞内 ROS 的作用下，进一步被氧化成高荧光强度的化合物——DCF。挑选发育正常的 3 dpf 野生型 AB 品系斑马鱼胚胎转移到 24 孔板里，随机分为 6 组：空白对照组（blank control）、模型对照组（model control）、阳性对照组（positive control）和紫苏肽实验组（低、中、高），每组 10 个平行，培养基总体积为 1 mL；实验组选用 0.4 μg/mL、1.1 μg/mL 和 3.2 μg/mL 3 个浓度的紫苏肽溶液，阳性对照组选用 100 μmol/L 的谷胱甘肽，分别按照设定浓度加入紫苏肽和谷胱甘肽，孵育 1 h 后分别给模型组、阳性对照组和紫苏肽实验组加入诱导剂 LPS 溶液使其终浓度为 1 mg/L，药物与 LPS 协同处理 12 h，更换新鲜的培养基后加荧光探针 DCFH-DA（DMSO 溶解）使其浓度为 20 μg/mL，在黑暗中孵育 1h，再用新鲜的培养基将斑马鱼胚胎清洗干净，用 0.02%的三卡因麻醉，在荧光显微镜下拍照并用 Nikon Elements-DR 软件进行图像处理和荧光定量分析，统计学处理结果用 X ± SEM 表示。对比不同浓度实验组斑马鱼荧光值的变化来评价紫苏肽对斑马鱼的抗氧化作用，对各实验组的 ROS 清除作用进行差异性分析。紫苏活性肽对 ROS 清除率的计算公式如下：

$$\text{ROS 清除率} = \frac{F_{\text{模型对照组}} - F_{\text{实验组}}}{F_{\text{模型对照组}}} \times 100\% \tag{4-13}$$

从图 4-52 可以看到，在 LPS 诱导的斑马鱼氧化应激模型中，ROS 水平急剧上升，加入荧光探针 DCFH-DA 检测到了荧光值从正常的（1265±52）升至（3528±259），增长了约 2 倍；加入阳性对照 100 μmol/L 的谷胱甘肽组的荧光值比模型组有明显的降低，t 检验表明差异极显著（$^{***}P<0.001$），说明其具有很强的 ROS 清除能力；加入紫苏肽的实验组，随着浓度的升高，各组内荧光值也呈现下降的趋势，与模型对照相比，3 个组都差异极显著（$^{***}P<0.001$），说明紫苏肽也具备一定的体内 ROS 清除能力；组间差异性分析显示，紫苏肽中浓度组和低浓度组荧光值存在差异（$^{*}P<0.05$），高浓度组和中浓度组存在极显著差异（$^{***}P<0.001$），说明紫苏肽清除 ROS 的能力有剂量依存关系。与模型对照组相比，高浓度紫苏肽的 ROS 清除率达 63.3%，接近谷胱甘肽的效果（图 4-53）。对比空白对照组，阳性对照谷胱甘肽和高浓度

的紫苏肽分别与其组间差异都不显著（ns，$P>0.05$），基本能够缓解 LPS 引起的氧化应激。

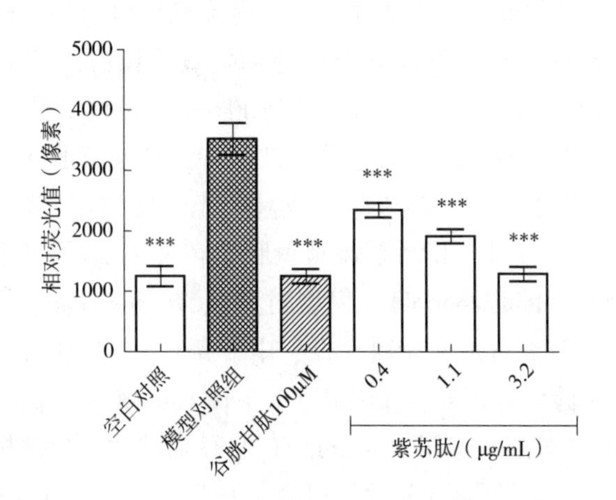

图 4-52　各实验组斑马鱼相对荧光值

（对比模型对照组：＊＊＊表示差异极显著，$P<0.001$）

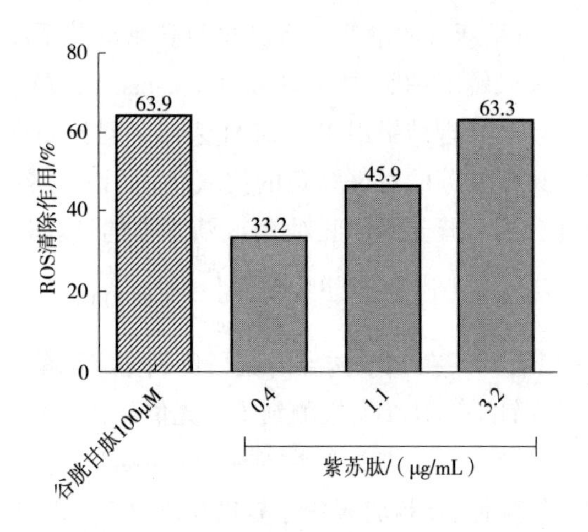

图 4-53　紫苏肽对斑马鱼 ROS 清除作用

4.2.4.4　紫苏活性肽抗肠道大肠杆菌感染应激的斑马鱼模型试验

（1）EGFP 标记的大肠杆菌样品处理

取已构建完成冻存于-20℃的增强型绿色荧光蛋白（enhanced green fluorescent protein，EGFP）标记的重组大肠杆菌菌种，接种于 50 mL LB 液体培养基中，在 200 r/min 摇床下 37℃活化培养 12~16 h；将活化的大肠杆菌菌液按照 2%的接种量在 200 r/min 摇床下 37℃培养 4~6 h 至菌液 OD_{600} 为 0.6 左右。菌液离心（3000 r/min，4℃，5 min）后弃上清，用无菌 PBS 缓冲溶液重悬后再次离心收获菌体，用无菌 PBS 缓冲溶液稀释菌体浓度为 10^9 CFU/mL，待用。

（2）浸泡感染大肠杆菌对斑马鱼的毒性检测

斑马鱼饲养简易且繁殖能力强，在发育早期通体透明适于荧光标记观察，并且肠道发育和结构与高等动物类似，是研究肠道疾病致病机理和治疗手段的优良模式动物。以斑马鱼为模式动物建立病原微生物感染模型，对于致病菌的作用机制以及抗菌药物的筛选具有重要意义。

为模拟 ETEC 经消化道感染机体的自然途径，我们将 5 dpf 斑马鱼幼鱼直接培养在加有 10^8 CFU/mL 表达 EGFP 增强型绿色荧光蛋白的重组大肠杆菌的培养液中，让 EGFP 重组菌通过食道进入肠道；将斑马鱼在水体浸泡感染 24 h 后冲洗，并更换无菌培养液。幼鱼在浸泡感染后连续观察 10 天，并未发现死亡情况，也没有影响斑马鱼的正常生长。在荧光显微镜下观察，可见浸泡感染的斑马鱼肠道中充满大量表达 EGFP 的重组菌，在感染 48h 后仍大量滞留在肠腔中。因此认为浸泡感染 EGFP 重组大肠杆菌会随着口腔进入肠道，但不会引起斑马鱼死亡。

（3）紫苏活性肽在肠道抑制大肠杆菌生长的作用

为了探明紫苏肽在体内拮抗 ETEC 生长的情况，我们使用紫苏肽对感染 EGFP 重组菌的斑马鱼给药治疗，通过降低定殖于肠道表达 EGFP 重组菌的程度来判断紫苏肽体内抗菌效果。挑选生长发育良好的 5 dpf 野生型 AB 品系斑马鱼 40 条，转移至 96 孔板中，每孔放置一条幼鱼。用移液枪移取孔内多余液体，并向每孔加入 100 μL 浓度为 108 CFU/mL 的 EGFP 标记的重组大肠杆菌菌液。实验组选用 0.4 μg/mL、1.1 μg/mL 和 3.2 μg/mL 3 个浓度的紫苏肽溶液，向浸泡感染大肠杆菌 24h 的幼鱼分别加入 100 μL 不同浓度的紫苏肽溶液，对照组加入 100 μL 饲用系统用水，每组随机选择 10 条幼鱼作平行，再过 24 h 后在荧光显微镜下拍照并用 Nikon Elements-DR 软件进行图像处理和荧光定量分析。

从图 4-54 可以看到，模型对照组（A）的斑马鱼肠腔内充满了 EGFP 重组大肠杆菌，通过紫苏肽的治疗，斑马鱼肠道内 EGFP 重组大肠杆菌荧光强度下降，而且呈剂量依存关系。对比模型对照组，低浓度实验组的斑马鱼荧光强度差异不显著，中浓度和高浓度实验组斑马鱼荧光强度与模型对照组差异极显著，抑制细菌生长效果明显（图 4-55）。以模型对照组为攻毒后治疗对象，高浓度紫苏肽在斑马鱼体内抑制大肠杆菌生长率为66.89%（图4-56），表明紫苏肽在体外和体内都能够抑制大肠杆菌的生长，有望开发成为治疗ETEC性仔猪腹泻抗生素替品，后续实验设计可以重点考察紫苏肽在临床上治疗ETEC性仔猪肠道应激反应的效果。

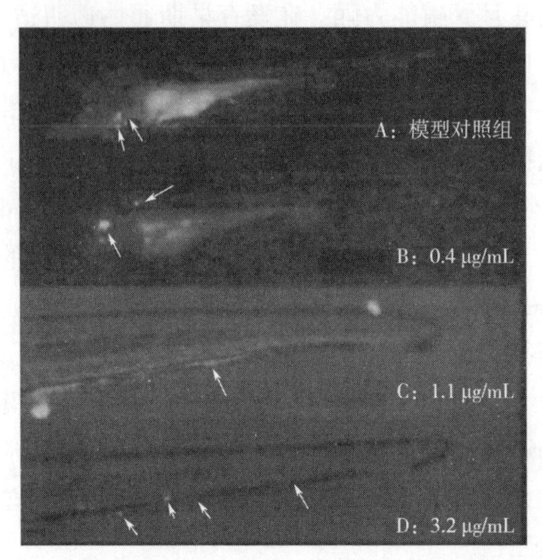

图4-54　紫苏肽在斑马鱼体内拮抗大肠杆菌生长的作用

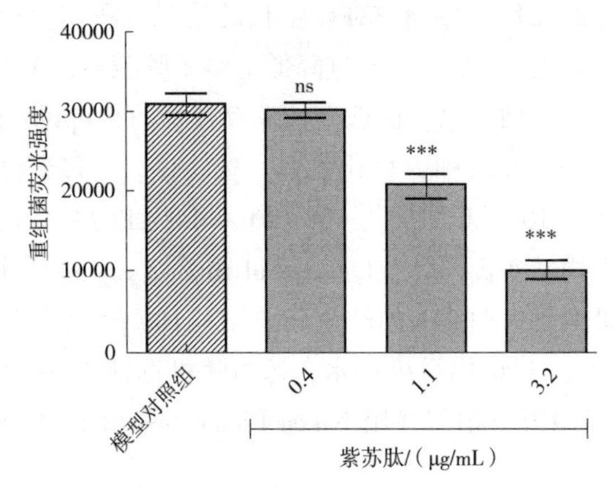

图4-55　各实验组斑马鱼EGFP荧光值

（对比模型对照组：＊＊＊表示差异极显著；P<0.001）

4.2.4.5　紫苏活性肽对仔猪肠道应激腹泻的作用

从攻毒后腹泻程度综合分数超过3分并认定患有腹泻的仔猪中选取体重

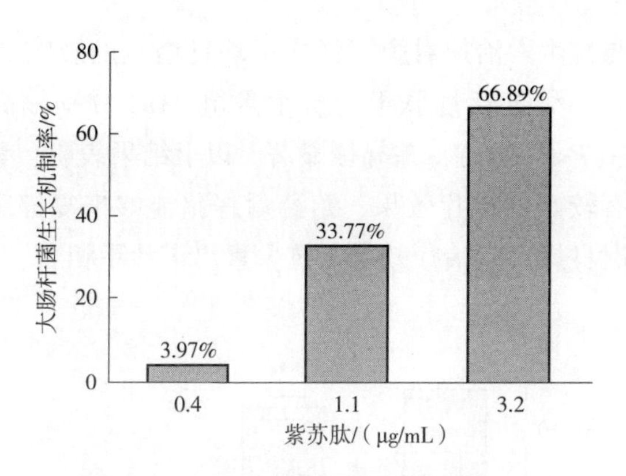

图 4-56　紫苏肽对大肠杆菌生长抑制率

相近、腹泻感官评分接近的新生仔猪 30 头，随机分为 3 组，分别采用紫苏活性肽和抗生素进行对腹泻仔猪给药治疗，观察仔猪腹泻缓解情况。试验分组和各组处理如下：①紫苏活性肽组，按照体重基数以 0.5 mg/kg 口服紫苏活性肽溶液；②阳性对照组，按照体重基数以 2 mg/kg 口服抗生素恩诺沙星溶液；③空白对照组，喂食同体积的生理盐水。每日固定时间喂食一次，连续喂食 4 天，腹泻治疗期间，猪舍温度设定为 24～26℃并用吸奶器收集母乳喂食仔猪保证营养。根据腹泻程度感官评价标准记录仔猪每天腹泻情况，治疗期结束后统计并计算每组的腹泻率以及平均日增重（ADG）。

紫苏活性肽与抗生素治疗对腹泻仔猪的腹泻程度综合分数和腹泻痊愈率的影响如图 4-57 所示。与空白对照组相比，在给药治疗期内紫苏活性肽组和抗生素组均降低了腹泻仔猪的腹泻程度综合分值，差异极显著（$P<0.001$）；同时紫苏活性肽组和抗生素组也都显著提高了仔猪腹泻痊愈率。紫苏活性肽组的腹泻程度综合评分和腹泻痊愈率均与抗生素组差异不显著。

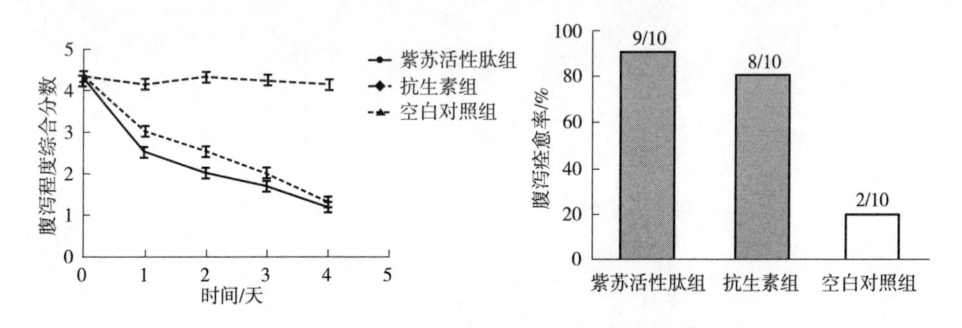

图 4-57　紫苏活性肽对仔猪腹泻的治愈效果

紫苏活性肽与抗生素治疗对腹泻仔猪平均日增重的影响如图 4-58 所示。与空白对照组相比，紫苏活性肽组与抗生素组 ADG 分别提高了 177%（$P<0.001$）和 159%（$P<0.001$），差异极显著。以上结果表明，紫苏活性肽组对新生仔猪腹泻具有较好的治疗效果，给药后仔猪能够恢复健康，肠道应激得到缓解，生长状况良好，且治疗效果与抗生素恩诺沙星相当。

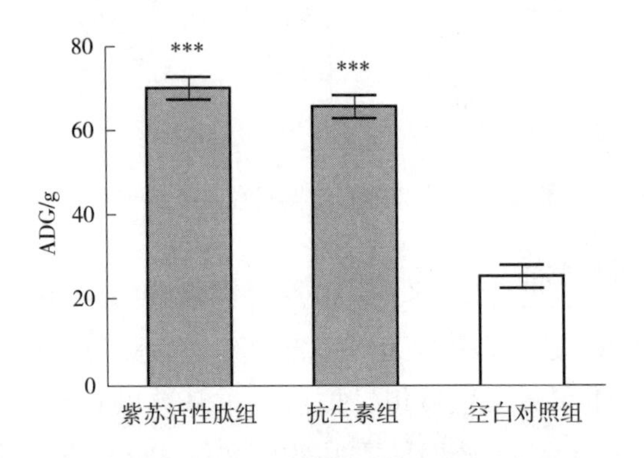

图 4-58　紫苏活性肽治疗对仔猪生长的影响

第5章
植物源活性物质

5.1　植物源活性物质“替抗”的研究进展

5.1.1　植物源活性物质的替抗机制

在科学系统的评价方法下，天然植物及其提取物因其资源丰富、来源广泛、功能全面、安全性高、副作用小、不易产生耐药性、残留少等独特优势，受到了广大学者和从业人员的青睐。天然植物在替抗机制上主要分为直接抑菌作用和增强免疫机能。

5.1.1.1　直接抑菌作用

大部分观点认为抗生素的生长促进作用缘于对微生物的直接干预，抗生素的抗菌机制作用于细胞壁、核酸等（如β-内酰胺类抗生素主要抗菌机制是阻碍细胞壁的正常生成），对病原菌选择压力大，易诱导耐药性。新抗生素研发的速度远不及耐药性发生和发展的速度，终将导致人类和动物无药可用。因此，药物不仅依赖于对病原菌本身的抑制或杀灭作用，也依赖于对其毒力因子的干预作用。以毒力因子为靶标的抗生素替代物研发将成为重点，其中天然植物（中草药）因其低毒副作用、低残留耐药性和确切的疗效而受到格外关注。作为保健药品同时兼有促生长、无毒性的特点，符合当今全社会日益关注的无残留、绿色健康的呼声，应用前景十分广阔。

与各类合成的抗生素不同，天然植物的核心抑菌机制以病原菌的毒力因子为靶标，降低细菌的耐药性及致病力，使得宿主的免疫系统更高效地清除病原菌而发挥其干预感染过程的作用效果，从而对病原选择压力较之抗生素更小，不易产生耐药性，抗生素与天然植物的特征比较见表5-1。

表 5-1 抗生素与天然植物活性物质的特征比较

项目	抗生素	植物活性物质
来源	绝大多数合成	自然界
稳定性	疗效较为稳定	疗效有差异
作用特点	快速、短效	缓慢、持久
耐药性	具耐药性	尚未报道
目标靶点	目标明确	多目标
作用方式	单一的	系统的
适应证	传染病	慢性病和机体紊乱
安全性	过量会产生毒性	公认为安全物质

以上特点表明，与抗生素单一稳定相比，天然植物的抑菌机制更倾向多靶点/多成分的“整体概念”，故对于治疗复杂疾病或机体紊乱方面更具备安全性和有效性。实际上，这与西医理念中的全身系统生物学（whole-body systems biology）相似，将人或动物视为一个复杂的超有机体，由宿主细胞和共生微生物组成，采用自上而下的策略，在全身背景下反映超有机体的突显功能。中医药从整体角度关注征兆和表征，通过四诊八纲辨证施治的方式，根据差异化对患者进行区分；而全身系统生物学通过多元统计模式对血液、尿和粪便样进行组学分析，以生物标志物对患者进行分层。二者在诊断及愈后、功效安全性评价、新药开发和细胞与分子机制具有一致性，运用“中医整体理论+西医明确成分”的理念对中草药现代研究具有前瞻性的指导作用。

5.1.1.2 增强免疫机能

天然植物与传统抗生素的区别在于保健功效，即通过提高机体自身的免疫力，全面提升动物的健康状态，预防动物疾病，从而提高生产性能并改善产品品质。天然植物可能通过在病原体感染前调控机体免疫功能，从而最大程度减轻损伤性炎症反应和诱导保护性机制，成为应对耐药菌的可持续解决方案。抗生素对病原体无节制地刺激可能导致慢性炎症，这对畜禽生产来说无疑会对生产性能造成很大的影响，因为免疫过程中会将大量的必需营养素优先供给相关系统的代谢活动，用于补充受损和坏死组织及免疫细胞的增殖。因此，天然植物可在清除病原体和防止动物胃肠道面临大量抗原持续炎症反应，减轻和预防过度炎症，将有利于动物生产。天然植物增强免疫机能的作用机制主要在于恰如其分地调节，越来越多的证据表明，天然植物在降低顽症和自身免疫性疾病风险方面的作用，源于它们具有强大的抗氧化作用和调节炎症反应机制。

5.1.2 植物活性成分类型及在替抗中的应用

5.1.2.1 植物功能成分类型

天然植物的生物活性得益于内含多种类型的植物功能成分，这些成分按照化学结构可分为多酚类、精油（挥发油）类、多糖类、萜类和生物碱类等类别，在养殖领域既有共性也有特性，以下对畜禽中研究和应用较多的几种类别做简要阐述。

（1）植物多酚

植物多酚（polyphenols）是一种广泛分布于植物的次生代谢产物，因在结构上具有多个酚羟基而得名。酚羟基是多酚类具有生物活性重要原因之一，但因结构比较复杂可将多酚视为一个大类，再细分为酚酸类、黄酮类、单宁、木酚素等，数百年来植物多酚被用于治疗感染，不仅具有抗菌活性，还具有抗氧化、抗炎和抗癌作用。目前在动物生产中研究应用较多的有绿原酸、茶多酚和白藜芦醇等，植物多酚通常与糖苷或有机酸结合，在植物中已经发现十万种以上多酚类化合物，这些化合物在整个进化过程中改变了它们的多样性，成为许多不同分子靶点的配体，从而产生高分子杂乱性。植物多酚抑菌作用机制多样，细胞壁、脂膜、膜受体和离子通道、细菌代谢产物均为多酚作用位点，例如没食子儿茶素、没食子酸酯（EGCG）能结合至少73种不同的蛋白聚合，从而导致菌壁降解，包括青霉素结合蛋白（PBPs）、转运蛋白（ABC转运蛋白、PTS系统转运蛋白和磷酸盐ABC转运蛋白）等。植物多酚对已产生高耐药性的细菌也有积极作用，如对内酰胺类抗生素（如青霉素）的滥用使得耐甲氧西林金黄色葡萄球菌（MRSA）进化出β-内酰胺酶，降低了对这类抗生素的亲和力。尽管如此，天然高分子原花青素仍然在亚最低抑菌浓度下强烈抑制了MRSA，降低了细胞膜的稳定性和β-内酰胺酶活性。

（2）植物精油

植物精油（essential oil）是以植物为原料提取的有特征气味的植物源次生代谢产物，通常是由压榨法、溶剂提取法、水蒸气蒸馏法、超临界萃取等方法提取的挥发油和烯萜类物质，呈油状液体且通常具有挥发性。目前在动物生产中研究应用较多的有牛至油、香芹酚、百里香酚、肉桂醛、柠檬油、辣椒油等，具有调节酶活、保护肠道绒毛、提高饲料转化效率、抑制有害微生物生长、刺激有益微生物繁殖以及提高肉的抗氧化能力和储存时间等功效。植物精油通过破坏细胞质膜的完整性来使细菌性病原体致死，细胞质膜的破坏进一步会引起内环境 pH 和无机离子的失衡，进而导致质子原动力的衰竭和 ATP 的损耗，针对革兰氏阴性菌更有效。其抗氧化作用机理是基于它可以贡献一个氢离子或电子给自由基的能力，以及它们在芳香结构中使未配对电子失去配位的能力，从而保护其他生物分子不被氧化。

（3）植物多糖

植物多糖（polysaccharides）是一类从植物中合成的，由 10 个以上单糖及单糖衍生物通过脱水缩合形成的高分子碳水化合物。多糖不仅是动物细胞构成的结构物质和营养需要的能源物质，还具有抗菌、抗病毒、抗感染、抗肿瘤和调节免疫等多种生理功能。目前在动物生产中研究应用较多的有黄芪多糖、白术多糖、牛膝多糖等。值得注意的是，不仅在传统意义上的药用植物中，在非药用植物中也有大量多糖应用在动物生产中，例如海藻多糖、苜蓿多糖等。多糖结构与宿主细胞上受体结构相似，能有效阻断细菌与宿主结合。与菌体细胞结合后通过静电作用使细胞膜、细胞壁损坏或变形，导致菌体内外物质通透。多糖还能靶向作用于细菌 DNA，影响其复制、转录和翻译进程，从而抑制毒力因子的形成。

（4）其他活性物质

此外，植物活性成分还包括有机酸类和生物碱类等，当前《兽药品种目录》中仅有的两种中药类药物——山花黄芩提取物的主要成分是以绿原酸为代表的植物有机酸，主要成分是以血根碱为代表的生物碱。绿原酸的抗菌作用源于增大细菌胞膜通透性和抑制其新陈代谢相关酶活。血根碱可以有效平衡畜禽肠道微生物菌群，不仅能选择性抑制有害微生物，对畜禽上常用的益生菌的最小抑菌浓度则远小于正常使用浓度。

5.1.3　甘草主要活性物质及其药理活性和促生长功能研究进展

甘草，又名甜草根、红甘草、粉甘草、美草、密甘、密草、粉草、甜草、甜根子、棒草等，为被子植物门、双子叶植物纲、蔷薇科、豆科、甘草属多年生草本。在明代《本草纲目》共 52 卷里的 11096 个方剂中，共有 8266 个方剂含有甘草，占比高达 74.5%；在清代汪昂《汤头歌诀》的 300 个方剂中，91 个方剂含有甘草，占比高达 30.3%，足见甘草在中药中的地位和重要性。

5.1.3.1　甘草主要活性物质

（1）三萜皂苷

从甘草中分离出来的活性物质中，三萜皂苷类化合物的含量最高，三萜皂苷的化学结构是指三萜与游离糖结合形成的化合物，易溶于水和有机溶剂，其主要成分为甘草酸和甘草次酸，化学结构式如图 5-1 所示，左为甘草酸，右为甘草次酸。甘草酸含量在不同品种甘草中各不相同。

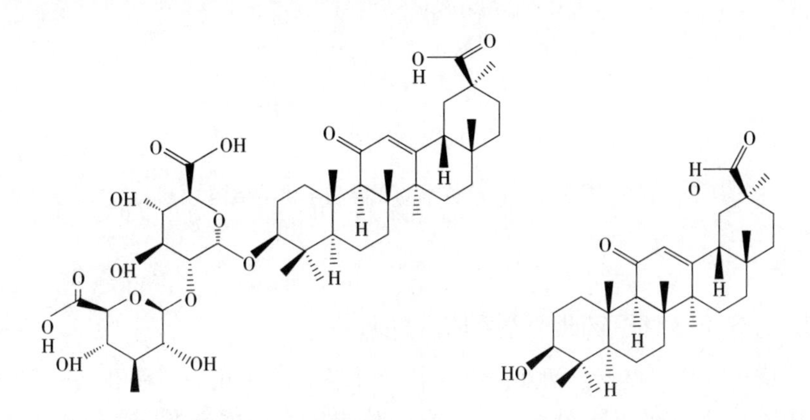

图 5-1　甘草酸和甘草次酸化学结构式

（2）甘草黄酮

甘草提取物的黄色即源于黄酮类化合物，黄酮指的是两个具有酚羟基的苯环（A-与 B-环），通过中央三碳原子连接而成的一系列化合物，其基本母核为 2- 苯基色原酮，甘草黄酮的基本化学结构分为 3 类，如图 5-2 所示：黄酮糖苷类、查尔酮糖苷类和异黄酮糖苷类，例如甘草苷、异甘草苷、新甘草苷、新异甘草苷、甘草素、异甘草素等，在甘草苷中占有 1%~5%。黄酮类化合物结构中常连接有酚羟基、甲氧基、甲基、异戊烯基等官能团。根据 B 环连接位置（2 位或 3 位）、C 环是否成环、C 环氧化程度等因素，将黄酮类化合物分为 7 大类，即黄酮和黄酮醇、二氢黄酮和二氢黄酮醇、异黄酮和二氢异黄酮、查耳酮和二氢查耳酮类、橙酮类、花色素和黄烷醇类等。甘草当中的黄酮种类繁多，包含这 7 大类化合物，通常利用有机溶剂提取。

（3）甘草多糖

除了三萜类皂苷以及黄酮类化合物外，甘草中最主要的活性成分为甘草多糖，甘草多糖是一种从甘草中提取出的一类 α-D-吡喃多糖，其结构由葡萄糖、鼠李糖、阿拉伯糖和半乳糖构成，以葡聚糖为主链。通常用水提醇沉法

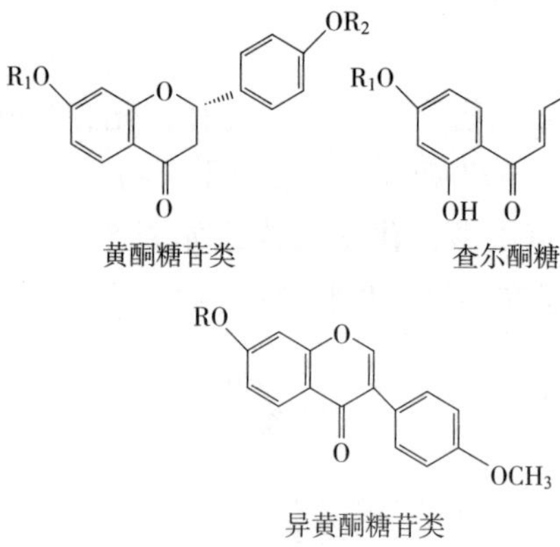

黄酮糖苷类　　查尔酮糖苷类

异黄酮糖苷类

图 5-2　甘草黄酮的 3 类基本化学结构

提取。

5.1.3.2　甘草药理活性研究进展

甘草具有补脾益气、清热解毒、祛痰止咳、缓急止痛、调和诸药等功能。甘草最主要的药理活性有 5 种：抗菌、抗病毒、免疫调节、抗炎和抗氧化。甘草的生物活性全部来自甘草根部的化学成分，到目前为止，已从甘草中分离出 400 多种化合物。三萜皂苷、黄酮类化合物和甘草多糖被认为是甘草生物活性的来源。由于甘草植物种类、产地、采摘和加工的不同，甘草皂苷和黄酮类化合物的含量可能存在较大差异，从而影响甘草的治疗效果。

（1）抗菌

细菌的耐药性是当今世界医疗、卫生、食品和农业共同面临的重大问题之一，这一问题促使人们不断寻找新的、更有效的抗菌药物。崔永明等探究了含有 74.5% 的甘草酸粗品对革兰氏阳性菌和阴性菌的抑菌功能，结果发现甘草酸粗品可抑制金黄葡萄球菌和大肠杆菌的生长和增殖，最小抑菌浓度（Minimum Inhibitory Concentration，MIC）分别为 0.0625 mg/mL 和 0.125 mg/mL，表明甘草酸对两种代表性细菌具有良好的抑制作用。杨翀等研究发现，甘草酸含量为 2.59 mg/mL 的甘草合煎液可以有效地抑制或杀灭黑曲霉和金黄葡萄球菌，对黑曲霉的最小抑菌浓度（MIC）和最小抑菌浓度（Minimum Bactericidal Concentration，MBC）分别为 250 mg/mL 和 500 mg/mL；对金黄葡萄球菌的最小抑菌浓度（MIC）和最小杀菌浓度（MBC）分别为 125 mg/mL 和 500 mg/mL。

吴金梅等发现，甘草总黄酮对常见人畜共患的病原菌——金黄色葡萄球菌有抑菌效果。利用苯唑西林（耐青霉素酶的青霉素类抗生素）和甘草总黄酮分别对 6 种金黄色葡萄球菌进行处理，菌株为 ATCC 25923、ATCC 29213、ATCC 10832、BAA-1707、BAA-1720 和 BAA-1717。结果发现，甘草总黄酮对 BAA-1707、BAA-1720、BAA-1717 菌株的抑制效果远远高于苯唑西林，甘草总黄酮的 MIC 为 4~8 μg/mL；苯唑西林的 MIC 为 128~256 μg/mL。基因表达量结果证明 2 μg/mL 的甘草总黄酮对金黄葡萄球菌 ATCC 29213 致病基因 hla 的相对基因表达抑制效果最强，抑制作用高于对照组的 12 倍。表明了甘草总黄酮对金黄葡萄球菌具有良好的抑制效果。Gaur 等发现，异甘草素和甘草素能够有效抑制耐甲氧西林金黄葡萄球菌（Methicillin-resistant Staphylococcus Aureus），最小抑菌浓度为 50~100 μg/mL，其抑制效果甚至是 β-内酰胺类（青霉素类）抗生素的 16 倍和 8 倍，证明了甘草具有成为抗生素替代品的潜力。

但是对于沙门氏菌来讲，付道斌发现无论是低剂量还是高剂量的甘草多糖（10~200 μg/mL），都不会对沙门氏菌有显著抑制效果。刘宗争等选择了 30 只 14 日龄的雄性肉仔鸡，分成 3 组，分离出一株产气荚膜梭菌（魏氏梭菌）菌株——ATCC 13124，阳性对照组为口服攻毒产气荚膜梭菌菌悬液后不治疗，治疗组攻菌后 2 h，按肉鸡体重，给鸡口服 150 mg/kg 的甘草总黄酮，结果表明，攻菌组的肉鸡羽毛凌乱、精神状态沉郁、食欲下降、出现严重腹泻，小肠外壁形态发黄粗糙，有严重的充血、发炎、坏死等现象，而正常健康的肉鸡小肠肠壁白润光滑，无充血发炎坏死现象。甘草总黄酮治疗组与攻菌组相比，小肠外壁形态及病变症状明显减轻，只有少量的坏死和炎症。实验还发现，甘草查尔酮 A 的 MIC 为 4 μg/mL，MBC 为 8 μg/mL。表明甘草总黄酮对肉鸡的产气荚膜梭菌肠道疾病有显著的缓解和治疗作用。崔鑫等分离了新疆阿克苏地区某奶牛场的 6 份腹泻犊牛粪便中的大肠杆菌，分离鉴定出了 3 株形成生物被膜的阳性菌，其中最强的一株为 XN-3-6，利用甘草提取物对 XN-3-6 进行抑制实验。研究发现，0.63%甘草提取液对该菌株的抑制作用最大，MIC 值为 62.5 mg/mL，OD_{600}值最低，抑制率达到了 85.71%。表明甘草提取物具有成为抗犊牛腹泻药物的潜力。

（2）抗病毒

甘草除了具有抑菌和杀菌的能力外，多项研究证明其对病毒也有一定的抑制作用。2019-nCoV 具有血管紧张素转化酶 2（ACE2）受体，2019-nCoV

可进入能够表达 ACE2 受体的细胞，因此，靶向 ACE2 是预防 2019-nCoV 感染的关键。学者采用分子对接的方法，对中药中能够与 ACE2 结合的化合物进行了筛选，结果表明，甘草中的甘草酸能够与 ACE2 结合，提示甘草酸是潜在的抗 COVID-19 的化合物，所以理论上推测甘草酸对 COVID-19 具有潜在的治疗作用。另外，研究还发现 ACE2 在心脏、肾脏、膀胱、食管和回肠均有表达，且表达量高于肺。因此，甘草酸对于 2019-nCoV 累及的这些器官组织损伤可能具有潜在的预防作用。王岳五等利用 100 μg/mL 的甘草多糖溶液研究发现，甘草多糖溶液对牛艾滋病病毒（BIV）具有抑制作用，抑制率可达 36.2%，且可以抑制腺病毒Ⅲ型（AdVⅢ）和引起婴幼儿的手足口病的柯萨奇病毒（CBV3）对细胞的吸附作用，达到保护细胞的作用，保护率分别可达到 74 .5% 和 59.0%。

（3）免疫调节

现阶段已研究发现，甘草的三萜皂苷可促进淋巴细胞产生 IL-2、IFN-γ，抑制 IL-4、IL-10 的生成，并显著提高白细胞含量。甘草多糖可以提高自然杀伤细胞活性和抗体依赖细胞介导的细胞毒效应，能够对小鼠淋巴细胞的增殖起到激活作用，还可以选择性增强辅助性 T 淋巴细胞的增殖能力和活性，调节多种细胞因子的生成与分泌。

朱子博等利用光果甘草提取甘草酸后废渣的萃取物进行免疫效应研究，发现利用 150 mg/kg 剂量的提取物，通过连续 2 次，一共 4 周的灌胃，可以将小鼠体内超氧化物歧化酶（Superoxide Dismutase，SOD）活力调节回正常水平，有效调节机体氧化应激功能，起到抗氧化、免疫调节的功能。Kaschubek 等用过氧化氢（H_2O_2，0.5 mmol/L）和肿瘤坏死因子 α（TNF-α；10 ng/mL）刺激猪上皮细胞 IPECJ2 诱导氧化应激或炎症应激，发现含有 15 μg/mL、30 μg/mL 和 60 μg/mL 的甘草饲料添加剂都可以使细胞内的活性氧（Reactive Oxygen Species，ROS）显著降低，能够缓解氧化应激和炎症反应。Bachinger 等发现用添加了 1000 μg/mL 甘草根提取物和 80 μg/mL 当归根提取物的饲料添加剂后，可以让猪肠上皮细胞的跨膜电阻值（Trans-epithelial Electric Resistance，TEER）在 24 h 之内提升约 8 倍，48 h 之内提升约 10 倍。通过提高猪肠道上皮细胞的 TEER，从而提高细胞的紧密连接蛋白水平，进而提高猪的肠道上皮细胞性能，表明甘草活性物质可强化猪的肠道屏障功能。

为研究甘草粗提粉对肉鸡免疫力的影响，Jagadeeswaran 等用 54 只商品代肉鸡进行 42 天的实验，将雏鸡随机分为 3 组，每组 18 只，对照组不饲喂甘草粗提粉，实验组饲喂甘草粗提粉，按照剂量分为低、高两组，分别为0.1%和1%。测定3组雏鸡血清总蛋白、白蛋白、球蛋白、白蛋白/球蛋白比值等血清生化指标。体液免疫通过测定对拉尼希特病毒的血凝抑制效价和对绵羊红细胞抗原的血凝抗体效价来评价体液免疫，细胞免疫反应通过测定白细胞总数和分类来测定。研究表明，第42天实验结束时，饲喂0.1%甘草粗提粉的雏鸡对拉氏拉索塔抗原的HI效价最高，比不饲喂甘草粗提粉的效价高26.2%（4.278 vs 3.389），表明甘草粗提粉对雏鸡体内免疫功能具有显著增强作用。胡菁等发现，甘草多糖能提高小鼠的胸腺、脾脏指数和B细胞数量，促进小鼠血清溶血素、IgM和IgG的生成，总体上增强了巨噬细胞的吞噬活性，提高了小鼠的免疫力，抑制了肿瘤S180的生成。李发胜等将卵清蛋白来作为抗原给小鼠注射，再利用甘草多糖灌胃小白鼠，通过考察检测IFN-γ细胞因子的生成水平，来考察甘草多糖对小鼠免疫作用。实验分为4组，分别灌胃0、50 mg/kg、100 mg/kg、200 mg/kg的甘草多糖，结果表明，200 mg/kg甘草多糖组小鼠的IFN-γ细胞因子比不灌胃甘草多糖组高52.3%（0.993 μg/L vs 0.652 μg/L）；

此研究还表明，在不注射抗原的正常情况下，200 mg/kg甘草多糖组小鼠体内的IFN-γ细胞因子比不灌胃甘草多糖组高291.4%（2.231 μg/L vs 0.570 μg/L），表明甘草多糖对小鼠的机体免疫具有增强作用。张泽生等也发现，1000 mg/kg的甘草多糖可以增强网状内皮系统巨噬细胞的校正吞噬指数、脾T淋巴细胞的增殖活性和血清溶血素水平，对小鼠的免疫调节能力有着重要的促进作用。

（4）抗炎

早在1958年，R. S. II. Finney和G. F. Somer就已经发现甘草次酸以及甘草次酸的衍生物具有抗炎功能，这一发现为甘草次酸及其衍生物在炎症性疾病中的临床应用提供了科学依据。黄能慧等人连续10天给大鼠腹腔注射甘草酸240 mg/kg后，抑制了体内棉球肉芽组织的增生，连续7天给小鼠腹腔注射100 mg/kg、300 mg/kg甘草酸，结果发现甘草酸亦能抑制巴豆油诱导的急性耳肿并缓解醋酸诱导的腹腔毛细血管通透性升高症状。唐法娣等人，给大鼠灌胃25 mg/kg、50 mg/kg甘草酸后，发现角叉菜胶引起的胸腔渗出液大量减少，其中的白细胞总数也呈现显著降低，证明甘草酸具有抑制炎症细胞趋化和浸润的作用。

覃瑶等通过建立昆明小鼠（Kunming Mice，KM）的急性及慢性炎症模型，利用6个甘草次酸衍生物来研究其抗炎活性，将160只小鼠按体重随机分为阴性对照组、阳性药物对照组（地塞米松组）和供试品组（甘草次酸、甘草次酸甲酯、甘草次酸乙酯、甘草次酸甲酯-3-*O*-乙酸酯、甘草次酸乙酯-3-*O*-乙酸酯、脱氧甘草次酸、脱氧甘草次酸甲酯）。在小鼠适应性饲养后，连续灌胃给药7天，阴性对照组灌胃给予相同体积的0.5%羧甲基纤维素钠溶液。在最后一次给药后的1小时，在每鼠右耳涂上0.03 mL二甲苯，于15 min后处死小鼠，用直径0.8 cm的打孔器在小鼠的相同位置取两耳片称重，两耳片之差为肿胀度。发现与阴性对照组相比，脱氧甘草次酸、脱氧甘草次酸甲酯、甘草次酸甲酯-3-*O*-乙酸酯及甘草次酸甲酯高、低剂量（高、低剂量分别为10 mg/kg和20 mg/kg）对二甲苯致小鼠耳肿胀均有明显的抑制作用；甘草次酸乙酯-3-*O*-乙酸酯及甘草次酸高剂量对二甲苯致小鼠耳肿胀也有明显的抑制作用。膜性肾小球肾炎是一种肾病综合征，MGN是因为尿液中大量蛋白质和免疫复合物沉积于肾小球上皮下间隙，最终导致成一种慢性肾病。

异甘草素（Isoliquiritigenin，ILQ）是一种黄酮类化合物，具有广泛的药理特性，包括抗氧化和抗炎活性。Yingying等人研究了ILQ对阳离子牛血清白蛋白（C-BSA）诱导的大鼠MGN的改善机制。结果发现，ILQ能显著改善MGN大鼠肾功能障碍及肾脏组织病理改变。经过ILQ处理后，膜性肾小球肾炎大鼠氧化应激反应得到减轻，肾脏的抗氧化状态增强。此外发现，ILQ通过显著刺激Nrf2信号通路，抑制Keap1，从而增加Nrf2核易位，诱导NQO1和HO-1表达。从ILQ处理后MGN大鼠中进行发现，ILQ通过抑制NF-κB信号通路，降低NF-κB p65、IKKβ、COX-2、iNOS、p38-MAPK、p-p38 MAPK、TNF-α、IL-1β、IL-8、ICAM-1、e-选择素和VCAM-1的mRNA和蛋白表达，降低了NF-κB p65的核转位，从而起到抗炎作用。YW等人研究了甘草素对脂多糖（LPS）诱导小鼠单核巨噬细胞白血病细胞（Raw264.7细胞）产生诱导型一氧化氮合成酶（iNOS）和促炎细胞因子的影响，以及对大鼠足趾水肿的影响。用甘草素处理后，Raw264.7细胞可抑制LPS诱导的NF-kB DNA结合活性，其原因是甘草素使得I-kBa的磷酸化和降解受到了抑制。LPS对iNOS蛋白和mRNA水平的影响呈浓度依赖性。甘草素还抑制LPS处理后Raw264.7细胞TNF-α、IL-1β和IL-6的产生。表明甘草素具有抗炎作用，其作用机制是通过抑制巨噬细胞中的NF-kB因子被激活，从而减少iNOS蛋白和促炎细胞因子的产生。

管燕发现甘草黄酮通过抑制肿瘤坏死因子 TNF-α 和白细胞介素 IL-1β 的 mRNA 表达水平，对脂多糖（LPS）诱导的小鼠肺部上急性炎症起到了良好的保护作用，可以改善炎症细胞的出血、浸润、肺泡结构破坏以及水肿现象。吸烟与慢性阻塞性肺病（COPD）发病率增加有关，Yan 等人还发现甘草苷可以抑制香烟烟雾提取物（CSE）诱导的细胞毒性，抑制了 A549 细胞中 TGF-b 和 TNF-a mRNA 的表达，同时也抑制了谷胱甘肽（GSH）的表达和细胞凋亡。随着甘草苷剂量的增加，肺中性粒细胞和巨噬细胞炎症的抑制程度也会增加。此外，抑制香烟烟雾提取物（CSE）诱导释放的 TGF-β、TNF-α 因子，又同时降低了髓过氧化物酶活性，超氧化物歧化酶活性增强。甘草黄酮类成分通过抑制炎症介质的合成与释放，抑制了抑制因子激酶（IKK）激活，进而阻止 NF-kB 的转录从而发挥抗炎作用；甘草查耳酮 A 通过抑制 NO 和前列腺素 E2（PGE2）的产生，降低 iNOS 和 COX-2 的表达。甘草黄酮能够降低 NF-kB 和 T 细胞核因子 kNFAT 转录活性抑制 IL-2 的表达，调节自身免疫性和炎症反应。

（5）抗氧化

赵森铭等人采用硅胶柱色谱法、Sephadex LH-20 凝胶柱色谱法、中压柱色谱法、半制备高效液相色谱法等方法对甘草水提后的药渣进行分离纯化，通过以上方法利用 95%乙醇提取，得到 10 种黄酮化合物：芒柄花素、半甘草异黄酮 B、5，7-二羟基-4′-甲氧基异黄酮-7-*O*-*β*-D-吡喃葡萄糖苷、芒柄花苷、异刺桐素 A、染料木素、2′，4′-二羟基-4-甲氧基查尔酮、4，4′-二羟基-2′-甲氧基查尔酮、苜蓿素、甘草素。通过采用 DPPH 法对化合物 1~10 进行抗氧化活性测定后，10 种化合物中的 6 种：芒柄花素、半甘草异黄酮 B、5，7-二羟基-4′-甲氧基异黄酮-7-*O*-*β*-D-吡喃葡萄糖苷、芒柄花苷、异刺桐素 A、染料木素、2′，4′-二羟基-4-甲氧基查尔酮被检测出有氧化性，其中半甘草异黄酮 B、5，7-二羟基-4′-甲氧基异黄酮-7-*O*-*β*-D-吡喃葡萄糖苷的氧化性最强。衣蕾等人研究甘草多糖对禽类动物体内的抗氧化活性，将 150 只健康罗曼鸡，随机分为 5 组，每组 30 只，除空白对照组外，其余 4 组均用新城疫弱毒疫苗通过点眼滴鼻的方式进行免疫，28 日龄进行二免，分别肌肉注射 1（GPL）mg/mL、2（GPM）mg/mL、4（GPH）mg/mL 的甘草多糖溶液，并设置了两个对照组：免疫对照组和空白对照组。首免之后，实验总周期为 5 周，每周分别采血一次，测定血清总抗氧化能力（T-AOC）、谷胱甘肽过氧化物酶（GSH-Px）、过氧化氢酶（CAT）的活性和超氧化物歧化酶

(SOD)、丙二醛（MDA）的含量。实验结果发现，高剂量的甘草多糖 GPH 可以显著提高血清总抗氧化能力（T-AOC）、谷胱甘肽过氧化物酶（GSH-Px）、过氧化氢酶（CAT）的活性和超氧化物歧化酶（SOD）的含量，表明了甘草多糖可能具备抗氧化活性，改善体内抗氧化能力。Xiang rong 等利用细胞抗氧化活性（CAA）来测量体外细胞抗氧化活性，通过测量甘草查尔酮 A 的半最大效应浓度 EC50 探究甘草查尔酮 A 的抗氧化活性。结果发现，经 PBS 缓冲液处理和未处理的两个组的甘草查尔酮 A 的 EC50 值分别为 58.79 μg/mL 和 46.29 μg/mL，此外，研究还发现甘草查尔酮 A 只需 2~8 μg/mL 就能够可诱导 SOD、CAT 和谷胱甘肽过氧化物酶 1（GPx1）的表达，表明甘草查尔酮 A 具有较强的抗氧化能力。

另外，也可 DPPH 法测量甘草提取物的抗氧化活性，Faruk 等利用 DPPH 法测量 15 种来自不同地区甘草的甘草提取物，土耳其的光果甘草的抗氧化活性最强。陈伟等研究了甘草次酸对哮喘大鼠的抗氧化应激作用，实验取大鼠 60 只，随机分为 6 组，分别为正常对照组，哮喘模型组［哮喘模型组采用卵清白蛋白（Ovalbumin，OVA）致敏法复制支气管哮喘大鼠模型］，地塞米松磷酸钠注射液（DEX）组和甘草次酸低、中、高剂量组（50 mg/kg、100 mg/kg、200 mg/kg 灌胃），每组 10 只。实验开始 7 d 后发现，甘草次酸高、中剂量组大鼠血清 SOD、GSH-Px 水平升高，MDA 水平降低；同时还发现肺组织中 NF-kB、IL-6 及 IL-5 mRNA 和蛋白表达水平降低，其中高剂量组效果最为明显，表明了甘草次酸不仅具有良好的抗氧化作用，同时还可以调节 NF-kB 转录因子信号通路，起到抗肺炎作用。

蔡东森等发现甘草次酸不仅具有良好的抗氧化功能，能够显著增加团头鲂体内超氧化物歧化酶、过氧化氢酶、还原型谷胱甘肽的含量，降低丙二醛的含量，还可以降低团头鲂的体内脏器脂肪含量以及血浆总胆固醇含量，提高脂肪代谢酶活性。表明甘草次酸不仅可以对水产动物团头鲂具有抗氧化作用，还能改善体内脂肪和胆固醇含量。Alessandro 等发现将甘草提取物通过饲喂或直接添加进兔腿肉、汉堡肉排当中后，可以明显降低兔肉和汉堡肉排的不饱和脂肪酸，并且经过冷藏储存后，肉排中的生育酚含量提高，表明甘草提取物不仅是很好的食品领域的天然抗氧化剂替代品，也是良好的天然防腐剂。

5.1.3.3 甘草提高动物生产性能研究进展

甘草除了具有以上抗炎杀菌作用外，还可以显著提高动物生长性能。罗宗刚等研究了甘草提取物对肥育猪生长性能、胴体性状和肉品质的影响。实验选取了240头体重约60 kg杜长大三元杂交猪，随机分成4组，对照组饲喂基础饲粮，而实验组分别按300 mg/kg、600 mg/kg和900 mg/kg添加不同剂量的甘草提取物，实验持续12周。结果发现，甘草提取物对肥育猪末重、平均日增重、平均日采食量、料重比、成活率的提升并未达到统计学显著水平。然而，添加900 mg/kg的高剂量组的肥育猪眼肌面积较对照组提高了34.5%；同时，肌肉中不饱和脂肪酸含量较对照组提高了10%。

双金等研究了甘草浸膏对猪生长性能的影响，两次实验共选取40头中国瘦肉型猪DVI系阉公猪，每次实验用20头猪，对照组和实验组各10头。对照组只喂基础饲粮，实验组饲粮按1%加入甘草浸膏复方添加剂（含80%甘草浸膏），分别在14天、28天、42天、60天称量体重，计算平均日增重。结果发现，重复1中，实验组全程增重比对照组提高23.59%（645.0 g vs 520.0 g），其中以实验第28至42日阶段，两组平均日增重差距最大，比对照组提高33.82%（650.0 g vs 485.7 g）；重复2中，实验组全程增重比对照组提高23.32%（620.0 g vs 501.6 g），其中以实验第42至60天阶段，两组平均日增重差距最大，比对照组提高35.9%（757.1 g vs 557.1 g）。全期的饲料转化率平均可以提高10%，背最长肌的氨基酸总量增加25.12%，半腱肌的氨基酸总量增加18.99%。可见甘草浸膏能够显著提高猪的增重、饲料转化率，并提高氨基酸含量。

王丽荣等选用了400只艾维茵肉仔鸡，平均初始体重为43~44 g，随机分为4组，每组100只，分别饲喂含有0、0.5%、1.0%、1.5%甘草多糖的基础饲粮，分别在第1天、14天、21天、28天、35天和42天，定时空腹测量体重与饲料采食量，计算平均日增重及饲料转化率。研究发现，添加1.0%甘草多糖的实验组，全程平均日增重比对照组提高了16.1%（1906.77g vs 1641.77g），饲料转化率提高了15.9%（1.63 vs 1.94）。Jagadeeswaran等在肉鸡的基础日粮中添加1%的甘草提取物，结果发现，42日龄体重比对照组提高了2%；Ocampo等也发现，与不添加甘草酸的对照组相比，肉鸡饮用水中添加0.03%的甘草酸，增重率提高7.6%，死亡率降低2.2%。综上，国内外研究结果均表明甘草提取物或甘草活性物质对肉鸡生产性能具有显著改善作用。

张巧娥等研究了甘草提取物对滩羊生产性能的影响，实验采用4月龄，平均体重19 kg的滩羊20只，随机分为2组，一组为对照组，另一组为实验组。在总共52天的试验期中，对照组饲喂基础饲粮，实验组除基础饲粮外，另外添加0.04%甘草提取物。结果显示，全期总增重对照组为4110 g，试验组为5440 g，实验组比对照组提高了32.36%；平均日增重对照组为79.04 g，实验组为104.61g，实验组比对照组提高了32.35%。研究者也计算了添加甘草提取物后养殖的总体经济效益，概括如下，对照组每千克饲料成本为0.99元，实验期每只滩羊饲料总成本为36.04元，增重收益为106.86元，经济效益为70.82元；而试验组每千克饲料成本为1.19元，每只滩羊饲料总成本为42.08元，增重收益为141.44元，经济效益为99.36。经济效益从70.82提升到99.36元，一共提升了40.29%。Zhang等选取50只20～30天日龄，平均体重为17.56 kg的滩羊，随机分为5组，分别在每组饲粮中添加0、1 g/kg、2 g/kg、3 g/kg和4 g/kg的甘草提取物，进行120天的饲喂实验。结果表明，饲喂甘草提取物含量为4 g/kg饲粮的滩羊肉中总黄酮含量比对照组提高了4倍（0.20 mg/g vs 0.05 mg/g）；饲喂2 g/kg甘草提取物的饲粮的滩羊肉中，维生素E含量比对照组提高了1.6倍（8 μg/g vs 5 μg/g）；饲喂3 g/kg甘草提取物的饲粮的滩羊肉中，维生素E含量比对照组提高了1.6倍（0.15 μmol/g vs 0.09 μmol/g）。以上结果表明滩羊饲粮中添加甘草提取物，可以提高滩羊肉中的总黄酮、维生素E以及谷胱甘肽的含量。

李晓丽等选用了3000只420日龄海兰褐壳蛋鸡，随机分为5组，每组6个重复，每个重复为100只，分别饲喂含有0、40 mg/kg、80 mg/kg、120 mg/kg、150 mg/kg甘草提取物的基础饲粮40天。结果发现，添加了80 mg/kg甘草提取物的蛋鸡产蛋率最高，为85.91%；料蛋比最低，为2.16%；死淘率最低，为1.05%。而不添加甘草提取物的对照组3个指标分别为84.64%、2.24%、3.36%。表明甘草提取物可以提高海兰褐壳蛋鸡的产蛋率，降低料蛋比，节省成本，降低死淘率。Dogan等研究了甘草对蛋鸡血浆及鸡蛋保健品质的影响。实验选取了40周龄，平均体重为1829g的罗曼褐蛋鸡（Lohman brown laying hens）共100只，随机分成4组，在饲粮中分别添加0、0.5%、1.0%和2.0%的甘草粉，全程共8周。0.5%甘草粉组的蛋鸡，血浆低密度脂蛋白含量比对照组低了15.0%（100.36 mg/dL vs 118.17 mg/dL）；2.0%甘草粉组的蛋鸡，血浆高密度脂蛋白含量比对照组高了62.9%（41.4 mg/dL vs 25.4 mg/dL）；实验第4周，2.0%甘草粉组，蛋黄胆固醇比对照组降低20%（17.5 mg/g vs 21.9 mg/g）；实验第8周，基础饲粮中加入1.0%甘草粉的实验组蛋鸡，蛋黄胆固醇比对照组低了36.7%（15.68 mg/dL vs 24.78 mg/dL）。综上可见，甘草粉通过调控蛋鸡血浆低密度脂蛋白和高密度脂蛋白，最终达到降低蛋黄中胆固醇水平，提高鸡蛋保健品质的目的。

5.2　甘草药渣黄酮对肠道免疫功能影响的研究

5.2.1　微切助互作技术辅助甘草渣总黄酮提取

微切助互作技术（PAI，Press-shear Assisted Interaction）能在低成本的前提下，使封固在天然物料中的活性物质得以高效释放和充分利用，这是技术的突破。本研究创新地利用 PAI 技术对甘草渣进行预处理粉碎，制成甘草渣微切助粉，再提取甘草黄酮并检测其含量，筛选出能够较大程度提高甘草渣中的总黄酮提取率的提取工艺方法。

5.2.1.1　甘草渣不同粉末的制备

将甘草渣用蒸馏水清洗 3 次后置入 60℃ 烘箱进行 7 h 烘干处理，将烘干好的甘草渣投入进中药粉碎机当中，反复粉碎 3 次，每次 2 min，将粉末过 0.25 mm 标准网孔筛获得 60 目甘草渣粉，将甘草渣等分为两份，一部分不处理，另一部分后续进行微切助互作处理，放置干燥处封装备用。

甘草渣是来自鲜甘草根茎部位经过水提法提取后的剩余废渣，根茎粗壮且纤维丰富，常常发生木质化现象，木质化的纤维素构成了细胞壁的主要成分，且将甘草黄酮等活性物质封固在细胞中。为使甘草黄酮得到高效的释放，非常有必要对细胞壁进行“破壁”及“破器”处理，为此本研究对石粉、沸石粉、蒙脱石、NaCl、KCl、碳酸钠、石英砂（二氧化硅）等材料的助剂特性进行了初步评估，并依据其对木质化纤维结构的破坏作用及粉碎细度（80 目筛下物），认为石英砂具有成为良好助剂的潜力。

选取石英砂作为助剂后，考察了其最佳助剂添加比例。采用热回流提取法对分别加入了 0.5%、1.0%、1.5%、2.0%、2.5%、3.0%、3.5%、4.0% 石英砂助剂的甘草渣进行了甘草渣总黄酮的提取，称取甘草渣粗粉和微切助粉各 2 g，采用乙醇溶液作为溶剂，在旋转蒸发器中 50℃加热提取，转速旋钮调整至中档十二点位置，回流加热 60 min，每组重复 5 次，取平均值。当助剂添加量范围在 0.5%~2.0%时，甘草渣中的甘草黄酮的提取率也随着助剂的增加而提高，最高达到 0.5327%；而当助剂添加量范围在 2.0%~4.0%时，甘草渣中的甘草黄酮的提取率随着助剂的增加没有显著变化，因此选取 2.0%作为助剂添加量。

因此根据上述助剂类型和添加量的结果，使用食品级锐性及脆性材料石英砂作为助剂对甘草渣进行粉碎，利用微切助互作技术，取2.0%的助剂对一部分粉末进行超微粉碎处理，具体方案为：助剂选取二氧化硅，按照质量比将2.0%的助剂添加到等量经过粉碎后的甘草渣粗粉中，充分混合后加入到高能振动研磨机（容积为1.2 L，钢棒长174 mm，直径为18 mm）中进行研磨，高能振动研磨机的参数设置为：循环冷却水温度为20℃；频率16 Hz；总消耗功率为0.75 kW；总共研磨时间20 min。研磨处理完毕后得到甘草渣2%石英砂助剂微切粉，高温灭菌1 h，放置-20℃冰箱中保存备用，粗粉碎和微切助互作前处理后的甘草渣如图5-3所示，左图为未经过微切助互作前处理的粗粉碎甘草渣，右图为经过微切助互作前处理后的甘草渣。

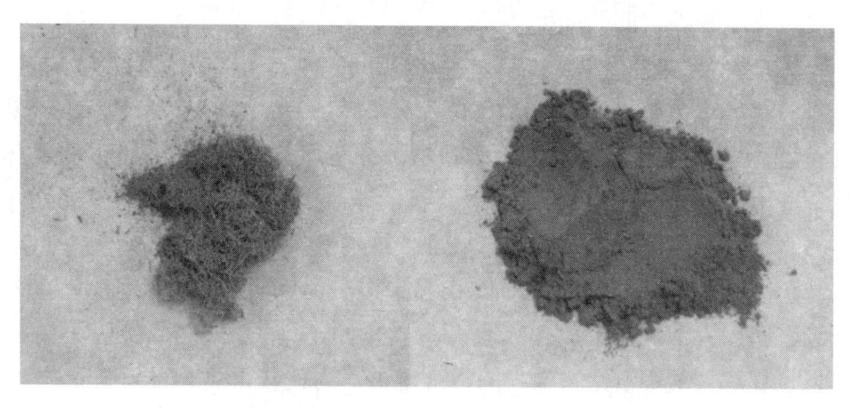

图5-3　粗粉碎甘草渣（左）和PAI前处理甘草渣（右）

5.2.1.2　不同乙醇浓度对甘草渣总黄酮提取率的影响

精确称取甘草渣粗粉和微切助粉各2 g，采用乙醇溶液作为溶剂，分别控制乙醇浓度体积比50%、60%、70%、80%、90%、100%（V/V）在旋转蒸发器中，转速旋钮调整至中档十二点位置，50℃回流加热60 min。

提取结果如图5-4所示，图中不同字母标注代表具有显著差异。单因素实验设计考察不同乙醇浓度对甘草渣总黄酮提取率的实验数据表明：乙醇浓度在60%的条件下提取率最高，甘草渣总黄酮的提取率为0.5302%，50%以上的乙醇浓度提取率间没有显著差异，但考虑溶剂成本损耗问题，选择乙醇浓度60%。

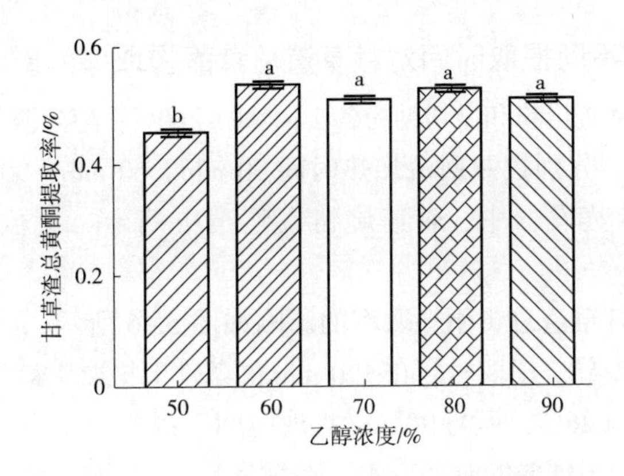

图 5-4　乙醇浓度对甘草渣总黄酮提取率的影响

5.2.1.3　不同料液比对甘草渣总黄酮提取率的影响

精确称取甘草渣粗粉和微切助粉各 2 g，采用 60%乙醇溶液作为溶剂，分别控制料液比 1∶10、1∶20、1∶30、1∶40、1∶50（*M/V*），在旋转蒸发器中，转速旋钮调整至中档十二点位置，50℃回流加热 60 min 。

不同料液比的甘草渣总黄酮提取率结果如图 5-5 所示，图中不同字母标注代表具有显著差异。料液比在 1∶20 的条件下提取率最高，甘草渣总黄酮的提取率为 0.5302%，料液比 1∶20 和 1∶30 的提取率结果相近，与其他料液比的提取率具有显著差异。从经济成本角度考虑，1∶20 的性价比明显更高，在现实生产中能够做到节约成本，因此溶剂料液比选择 1∶20。

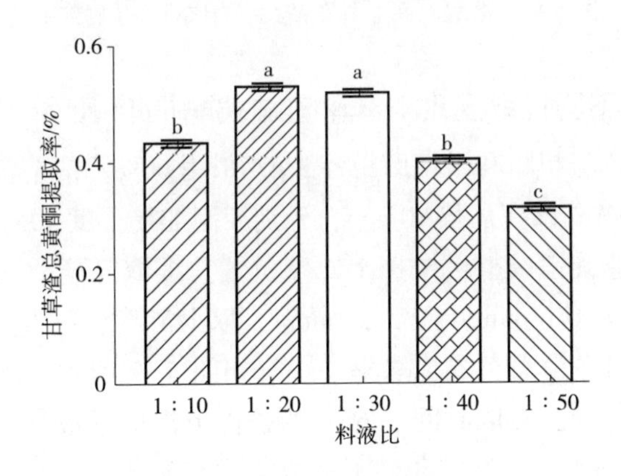

图 5-5　料液比对甘草渣总黄酮提取率的影响

5.2.1.4 不同提取时间对甘草渣总黄酮提取率的影响

精确称取甘草渣粗粉和微切助粉各 2 g，采用 60%乙醇溶液作为溶剂，料液比 1∶20（*M/V*），分别控制回流加热时间 30 min、60 min、90 min、120 min、150 min，在旋转蒸发器中，转速旋钮调整至中档十二点位置，温度控制在 50℃。

提取时间对甘草渣总黄酮提取率的影响如图 5-6 所示，图中不同字母标注代表具有显著差异。提取时间在 120 min 的条件下提取率最高，甘草渣总黄酮的提取率为 0.6026%，但与 90 min 提取时间下提取率无明显差异，而提取时间 120 min 花费了更多的时间成本，在现实生产中选择 90 min 作为最佳提取时间。

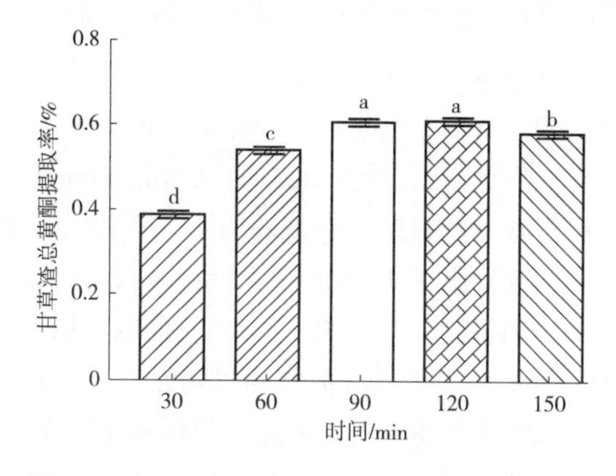

图 5-6　提取时间对甘草渣总黄酮提取率的影响

5.2.1.5 不同提取温度对甘草渣总黄酮提取率

精确称取甘草渣粗粉和微切助粉各 2 g，采用 60%乙醇溶液作为溶剂，料液比 1∶20（*M/V*），回流加热 90 min，分别控制加热温度 50℃、60℃、70℃、80℃、90℃，转速旋钮调整至中档十二点位置。提取完毕后，将提取液用高速离心机过滤（1000 r/min，4℃，20 min），取上清液，备用。

提取时间对甘草渣总黄酮提取率的影响如图 5-7 所示，图中不同字母标注代表具有显著差异。提取时间在 60℃的条件下提取率最高，甘草渣总黄酮的提取率为 0.7046%，与 70℃条件下提取率没有显著差异，与其他温度下提取率差异显著。因此提取温度选择 60℃。

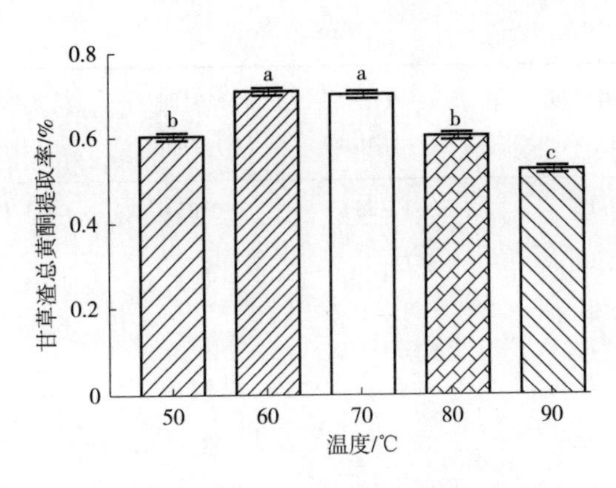

图 5-7　提取温度对甘草渣总黄酮提取率的影响

5.2.1.6　甘草渣总黄酮提取的正交试验优化

基于单因素 4 个因素的实验结果：乙醇浓度 60%、料液比 1∶20、提取时间 90 min 和提取温度 60℃，建立 L_9（3^4）正交实验因素水平表，因素见表 5-2。

表 5-2　正交实验因素水平表

水平	乙醇浓度(*A*)/%	料液比(*B*)/(*M/V*)	提取时间(*C*)/min	提取温度(*D*)/℃
1	55	1∶15	75	55
2	60	1∶20	90	60
3	65	1∶25	105	65

正交试验结果与分析见表 5-3，由表中可知，以 2%二氧化硅为助剂的微切助互作技术辅助提取甘草渣总黄酮的最佳工艺条件为：$A_3B_1C_1D_2$，即乙醇浓度为 65%，料液比为 1∶15，提取时间为 75 min，提取温度为 60℃。各因素对总黄酮提取率的影响次序为：*A*（%）>*B*（*M/V*）>*C*（min）>*D*（℃）。

表 5-3　正交实验水平表

序号	乙醇浓度（*A*）/%	料液比（*B*）/（*M/V*）	提取时间（*C*）/min	提取温度（*D*）/℃	总黄酮提取率/%
1	1（55）	1（1∶15）	1（75）	1（55）	0.6504
2	1	2（1∶20）	2（90）	2（60）	0.6071

续表

序号	乙醇浓度（A）/%	料液比（B）/（M/V）	提取时间（C）/min	提取温度（D）/℃	总黄酮提取率/%
3	1	3（1：25）	3（105）	3（65）	0.5632
4	2（60）	1	2	3	0.745
5	2	2	3	1	0.7188
6	2	3	1	2	0.6809
7	3（65）	1	3	2	0.8232
8	3	2	1	3	0.7991
9	3	3	2	1	0.652
K_1	1.8207	2.2186	2.1304	2.0212	
K_2	2.1447	2.125	2.0041	2.1112	
K_3	2.2743	1.8961	2.1052	2.1073	
k_1	0.6069	0.7395	0.7101	0.6737	
k_2	0.7149	0.7083	0.668	0.7037	
k_3	0.7581	0.632	0.7017	0.7024	
极差 R	0.1512	0.1075	0.0421	0.03	
因素主次顺序			$A>B>C>D$		
优水平	A_3	B_1	C_1	D_2	
优组合			$A_3B_1C_1D_2$		

5.2.1.7 正交试验结果的验证实验

基于正交试验结果，采取正交试验结果中优组合的工艺条件，即乙醇浓度为65%，料液比为1：15（M/V），提取时间为75 min，提取温度为60℃，以2%二氧化硅作为助剂运用微切助互作技术辅助提取甘草渣总黄酮，进行5次平行验证实验，得率分别为0.8673%、0.8453%、0.8526%、0.8702%和0.8508%，所得总黄酮平均提取率为0.8572%，此结果大于正交试验表中所有因素水平组合的试验结果，总黄酮提取率数据较为可靠，达到了优化工艺的目的。

5.2.1.8　不同前处理甘草渣总黄酮提取率对比

选取未经过 2%二氧化硅作为助剂的微切助互作技术粉碎的甘草渣粗粉（Coarse Grinding Products，CGP）和微切助互作的微切粉（PAI），基于正交试验结果的最终提取工艺进行热回流提取实验，比较提取率差异，实验重复 5 次。

不同处理方法提取率差异如图 5-8 所示。CGP 甘草渣粗粉的总黄酮提取率为 0.5471%，PAI 的微切粉提取率为 0.8572%，提取率提高了 56.6%，结果表明微切助互作技术能够有效提高甘草渣总黄酮的提取率。

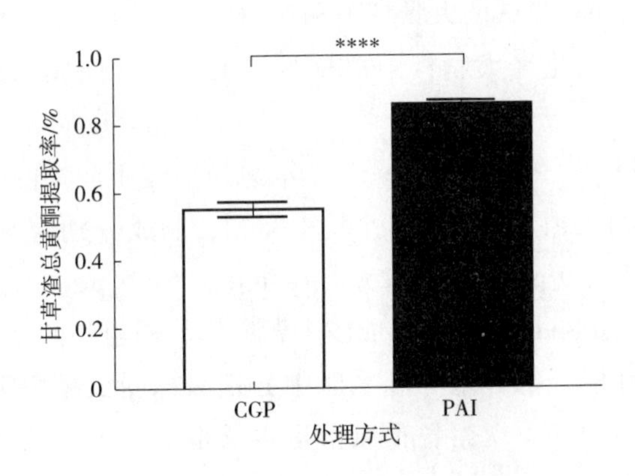

图 5-8　不同前处理甘草渣总黄酮提取率对比

甘草黄酮往往被细胞壁封固在甘草细胞及细胞器中，普通机械冲击力及剪切力的粉碎作用很难起到破壁破器的效果，因此甘草黄酮很难被释放出来，即便利用试剂提取也是如此，因此要获得较高产率的甘草黄酮，必须解决细胞的破壁破器难题。

本研究中，通过微切力促使脆性及锐性助剂破坏细胞壁（破壁）和细胞器（破器），使多种活性物质得以高效释放；微切力促使助剂与不同活性物质间产生成盐、微乳糜、酶促等互作效应，提高活性物质的溶解性及生物利用率；微切助互作技术生产出的天然产品可替代饲用抗生素，防治动物疾病，提高生产性能（生长速度、饲料转化效率、成活率等），改善产品品质，降低生产成本且不产生药残和引发细菌耐药性等问题。

鲜甘草经过工业提取三萜皂苷、甘草多糖以及部分提取液制成甘草浸膏之后，甘草渣当中的三萜皂苷和甘草多糖类生物活性物质含量大大降低，而由于甘草黄酮具有溶于有机溶剂的性质，因此甘草黄酮在甘草渣中含有更多的甘草黄酮残留。因为甘草黄酮的提取率偏低，含量不高，且提取难度大，若将甘草黄酮提取后纯化，则存留的甘草黄酮量会更少，还会消耗更多的成本。而乙醇作为在这 3 种甘草活性物质提取中广泛应用的有机溶剂，提取后的甘草渣总黄酮粗品中，也会留有微量的三萜皂苷以及甘草多糖，与甘草黄酮纯品的成分相比有着特殊性，因此不做进一步的纯化。

5. 2. 2　甘草渣总黄酮体外抑菌和抗氧化活性研究

5. 2. 2. 1　甘草渣总黄酮 MIC 测定

分别吸取 100 μL 受试菌大肠杆菌和沙门氏菌于 100 mL LB 液体培养基中置于摇床中复苏并活化（大肠杆菌摇晃时间 12 h，沙门氏菌摇晃时间 8 h），备用。

双倍梯度稀释：灭菌蒸馏水稀释甘草渣总黄酮至不同梯度浓度，分别定量加入加热溶解后的无菌 LB 固体培养基中搅匀，制成分别含有1000. 0 μg/mL、500. 0 μg/mL、250. 0 μg/mL、125. 0 μg/mL、62. 5 μg/mL、31. 3 μg/mL、15. 6 μg/mL、7. 8 μg/mL、3. 9 μg/mL 甘草渣总黄酮粗品的 9 种不同培养皿，每种 5 个重复。在以上每种培养基平皿中分别涂抹受试细菌菌液，然后置于 37℃培养箱中培养 48 h。观察各平皿菌落生长情况，确定甘草渣粗黄酮的最小抑菌浓度（MIC）。

结果显示，大肠杆菌的 MIC 为 15. 6 μg/mL，沙门氏菌的 MIC 为 500 μg/mL，见表 5-4。甘草渣总黄酮粗品对大肠杆菌具有良好的抑制效果，但相对而言对沙门氏菌的抑制作用比较弱。大肠杆菌和沙门氏菌同样都为革兰氏阴性菌，在农业畜禽生产中，动物肠道疾病主要的致病菌为大肠杆菌和沙门氏菌，因此结果有一定的代表性。

表 5-4　抑菌实验结果

试验号	甘草渣总黄酮浓度/（μg/mL）	大肠埃希氏杆菌	沙门氏菌
1	1000. 0	—	—
2	500. 0	—	—
3	250. 0	—	+
4	125. 0	—	+
5	62. 5	—	+

续表

试验号	甘草渣总黄酮浓度/（μg/mL）	大肠埃希氏杆菌	沙门氏菌
6	31.3	—	+
7	15.6	+	+
8	7.8	+	+
9	3.9	+	+

注 "+"表示有菌生长；"—"表示无菌生长。

5.2.2.2 甘草渣总黄酮抑菌活性研究

选取外径8.0 mm，内径6.0 mm牛津杯若干，高温灭菌备用。依据甘草渣总黄酮对大肠杆菌和沙门氏菌的MIC结果，利用无菌蒸馏水分别配制两种不同浓度的甘草渣总黄酮溶液，备用。移取0.1 mL的受试菌菌液于LB固体培养基中涂抹均匀，将牛津杯轻置于培养基上，移取200 μL试液注入牛津杯中；阳性对照组则移取200 μL不同抗生素溶液注入牛津杯中；空白组移取200 μL无菌生理盐水。在37℃下，培养24 h，观察并测量抑菌圈直径（mm），实验重复5次。

结果显示，大肠杆菌组给予31.3 μg/mL甘草渣总黄酮水溶液，沙门氏菌组给予500.0 μg/mL甘草渣总黄酮水溶液。结果如图5-9和表5-5所示，甘草渣总黄酮粗品对大肠杆菌产生的抑菌圈直径为11.3 mm，对沙门氏菌产生的抑菌圈直径为10.1 mm。表明甘草渣总黄酮对大肠杆菌和沙门氏菌都具有一定的抑制效果，而且对大肠杆菌的抑制活性要大于沙门氏菌。

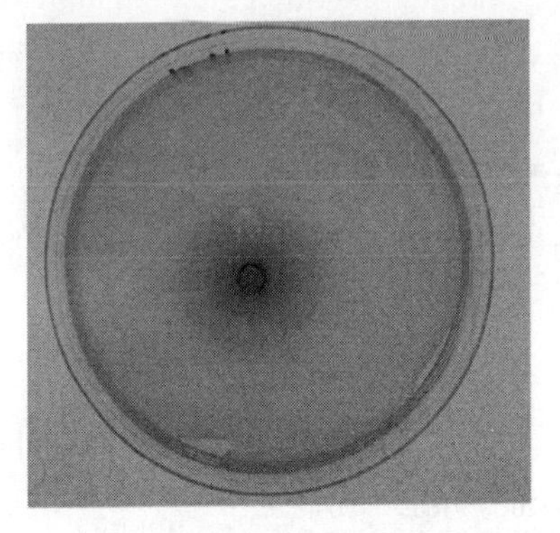
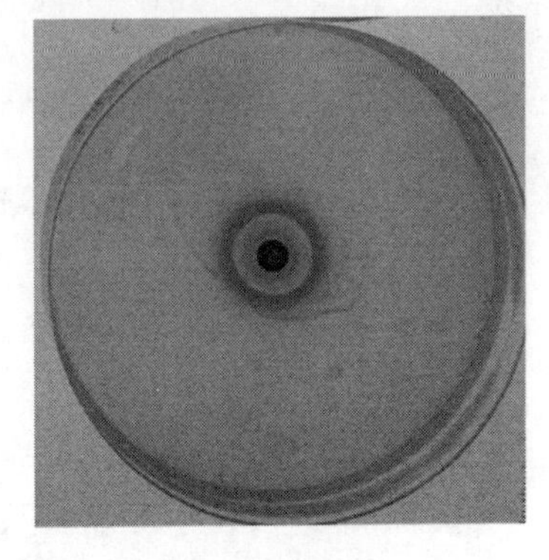

图5-9 大肠杆菌（左）和沙门氏菌（右）牛津杯实验

表 5-5 抑菌活性实验结果

样品	不同受试菌的抑菌圈直径/mm	
	大肠杆菌	沙门氏菌
空白组（无菌生理盐水）	—	—
甘草渣总黄酮	11.3	10.1
阳性抗生素对照	26	28

注 “—”表示无抑菌圈形成。

5.2.2.3 甘草渣总黄酮 DPPH 自由基清除活性研究

取 2 mL DPPH 溶液，加入无水乙醇至 3 mL，于最大吸收峰 517 nm 处测定吸光度，数值为 A_0；实验组取 2 mL DPPH 溶液，加入不同浓度梯度的样品液至 3 mL，于最大吸收峰 517 nm 处测定吸光度，数值为 A。空白对照为 1 mL 无水乙醇溶液，实验组取测定吸光值共重复 5 次。按照前述公式计算 DPPH 自由基清除率。

实验结果如图 5-10 所示，不同浓度的甘草渣总黄酮溶液对 DPPH 自由基的清除能力随着浓度的增加逐渐增强，浓度对抑制率呈正相关。在甘草渣总黄酮浓度分别为 40 μg/mL、80 μg/mL、120 μg/mL、160 μg/mL、200 μg/mL 的条件下，DPPH 自由基清除实验抑制率分别为（82.14±0.5)%、（72.40±0.2)%、(76.64±0.4)%、(80.64±0.3)%、(83.80±0.4)%。其中甘草渣总黄酮浓度为 200 μg/mL 时，抑制率最高，为 83.80%，且显著高于对照组 100 μg/mL 浓度维生素 C 条件下（82.14±0.5)% 的抑制率。这表明甘草渣总黄酮粗品对 DPPH 自由基有较好的清除效果（表 5-6）。

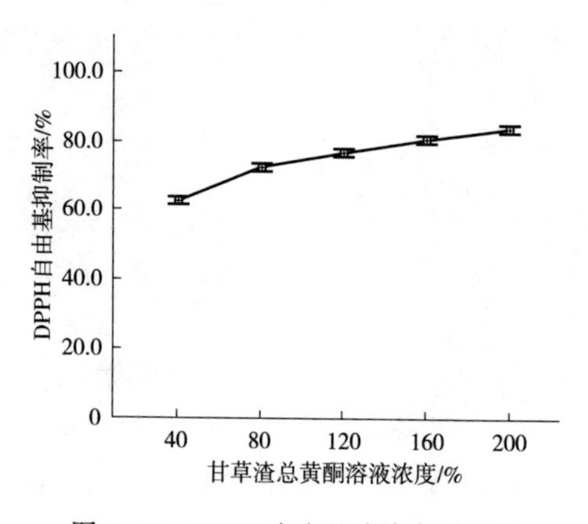

图 5-10 DPPH 自由基清除实验结果

表5-6 不同浓度甘草渣总黄酮DPPH自由基清除能力

维生素C 100μg/mL	甘草渣总黄酮 40μg/mL	甘草渣总黄酮 80μg/mL	甘草渣总黄酮 120 μg/mL	甘草渣总黄酮 160 μg/mL	甘草渣总黄酮 200 μg/mL
(82.14±0.5)%	(62.72±0.4)%	(72.40±0.2)%	(76.64±0.4)%	(80.64±0.3)%	(83.80±0.4)%

本研究利用甘草渣总黄酮粗品检测了其对大肠杆菌和沙门氏菌的抑制活性，通过检测甘草渣总黄酮对DPPH的抑制率探究其体外抗氧化能力，发现甘草渣总黄酮对大肠杆菌和沙门氏菌具有良好的抑制作用，并且具有体外抗氧化活性。Reda等研究发现，在肉鸡饲粮中添加500 mg/kg的甘草粉后，肠道中大肠杆菌和沙门氏菌的生物量均有所降低，大肠杆菌的降低幅度大于沙门氏菌（大肠杆菌降低了27.86%，沙门氏菌降低了21.92%）。而黄酮作为酚类化合物，其抑菌机理为通过破坏细胞膜和细胞壁，导致细胞的电子传递和营养吸收体系受到阻碍，从而抑制菌体细胞。黄酮还可以阻碍菌体细胞的核苷酸、DNA和RNA的产生，抑制ATP合成，从而起到抑菌效果。甘草黄酮被证明对两类革兰氏阳性菌金黄色葡萄球菌和枯草杆菌有良好的抑制作用，且高于链霉素对照，而对例如大肠杆菌、沙门氏菌等革兰氏阴性菌的抑制能力相较革兰氏阳性菌弱些，因此实验结果大体符合以上结果。而甘草渣总黄酮粗品对大肠杆菌和沙门氏菌的抑制程度存在着差异。

甘草渣总黄酮对大肠杆菌有较好的抑菌效果，而对沙门氏菌的抑制作用要差一些，这可能是由于大肠杆菌和沙门氏菌最大的生物结构特征差异为有无荚膜。荚膜作为细菌表面的特殊结构，其特性则是位于细胞壁表面的一层松散的黏液物质，主要由葡萄糖与葡萄糖醛酸聚合物组成，因此荚膜具有亲水性，表面带正电荷，具有一定的屏障作用，可一定程度地抵挡杀菌物质。而甘草渣总黄酮粗品中主要成分为黄酮类物质，黄酮类物质具有亲酯性和一定的疏水性，易溶于有机溶剂，因此甘草渣总黄酮可能更容易破坏大肠杆菌的细胞壁与细胞膜，而甘草渣总黄酮粗品中可能含有微量的三萜皂苷和甘草多糖类物质，这些物质也会协同黄酮类物质抑制细菌。

大肠杆菌和沙门氏菌是最常见的两种畜禽肠道疾病致病菌，造成腹泻、肠炎等疾病症状，同时也容易对畜禽产品的食品安全性造成威胁，大肠杆菌更易使得畜类动物染病，而沙门氏菌更易使得禽类动物染病，所以抗大肠杆菌和沙门氏菌是降低安全风险的中重要一环；畜禽动物也存在发生热应激的风险，而动物在发病时，细菌感染、病毒感染、热应激、氧化、炎症和免疫功能受损之间存在着相互关联，当动物体内的氧化自由基过多，这些自由基会直接关联体内炎症和热应激反应的发生，因此考虑使用天然植物活性成分甘草黄酮替代饲用抗生素具有一定的理论基础和实验结果的支撑。

5.2.3 甘草渣总黄酮对小鼠生长及结肠免疫因子的影响

甘草及其活性物质已被许多研究者证明对畜禽类动物具有一定的促进生长功能，主要表现为提高动物的采食量、饲料转化率、动物体肌肉比例和氨基酸含量等，并且还具有良好的免疫调节功能，保护并促进动物体健康。而本研究所使用的植物提取物为甘草渣总黄酮粗品，与单一的甘草活性物质纯品（例如甘草苷、异甘草苷、甘草素、异甘草素、甘草酸、甘草次酸、甘草多糖等）相比有显著的成分差异。为此，接下来选择小鼠进一步进行体内实验，考察其对小鼠体重、血清中白细胞介素-6（IL-6）、白细胞介素-10（IL-10）、白细胞介素-1β（IL-1β）、肿瘤坏死因子-α（TNF-α），结肠组织中超氧化物歧化酶（SOD）、丙二醛（MAD）和过氧化氢酶（CAT）等细胞因子水平的影响。对甘草渣总黄酮在哺乳动物肠道中发挥的作用进行评估。

5.2.3.1 喂食甘草总黄酮对小鼠体重影响

各取雌性和雄性昆明小鼠各40只，进行一周适应期饲养，记录体重后随机将小鼠分为两组，每组雌雄各10只，雌雄鼠分笼饲养。对照组小鼠每隔一天灌胃无菌生理盐水0.2 mL。实验组以相同剂量和间隔，使用200 μg/g的甘草渣总黄酮灌胃。灌胃实验共持续35天。每7天分别记录实验组和对照组小鼠的体重情况，持续至实验结束。

灌胃200 μg/g甘草渣总黄酮后，实验组雌鼠体重除在14天时略高于对照组外，总体上与对照组增长速度一致；雄鼠体重在7天和14天实验组略高于对照组；28天和35天时实验组略低于对照组。对照组和实验组的体重趋势稳步增长，两组之间的总体增长并无显著差异（图5-11、图5-12）。

5.2.3.2 甘草总黄酮对肠道微观结构的影响

在最后一次灌胃12 h后，安乐死全部小鼠，进行心脏采血，于离心机中1000 g离心10 min，取血清，于-20℃下贮存。打开小鼠腹腔，迅速剖取结肠，将整个肠道自盲肠到肛门段铺平，截取结肠远端部分并沿肠系膜纵向剪开，用生理盐水清理结肠内容物，将肠组织剪成两段，称重后一段置于-20℃贮存，另一段用4%多聚甲醛固定。对取得的肠组织进行切片及苏木精—伊红染色（hematoxylin-eosin staining，HE）。

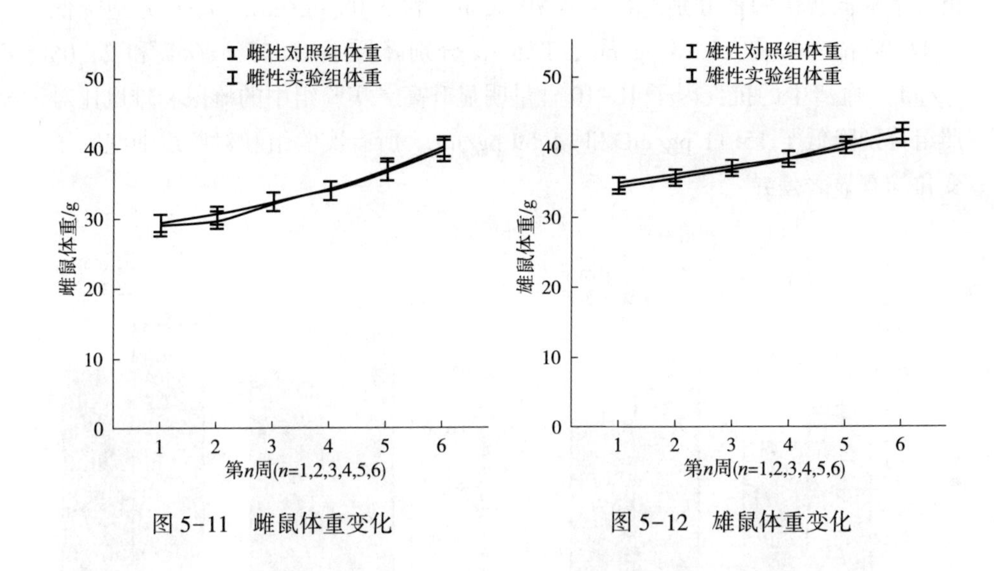

图 5-11　雌鼠体重变化　　　　图 5-12　雄鼠体重变化

肠组织的切片及 HE 染色结果如图 5-13 所示，图 5-13（a）为使用生理盐水灌胃的小鼠肠道切片的 HE 染色，可见肠道中肠绒毛间隙大，且有肠绒毛断裂的迹象；图 5-13（b）为甘草渣总黄酮灌胃的小鼠肠道切片，肠绒毛致密且无断裂迹象。

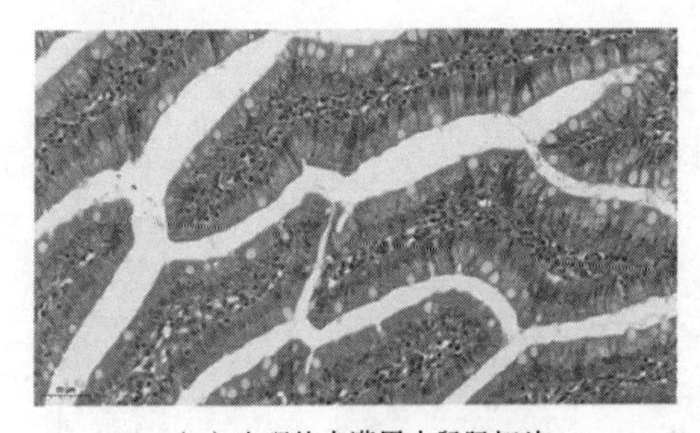

（a）生理盐水灌胃小鼠肠切片

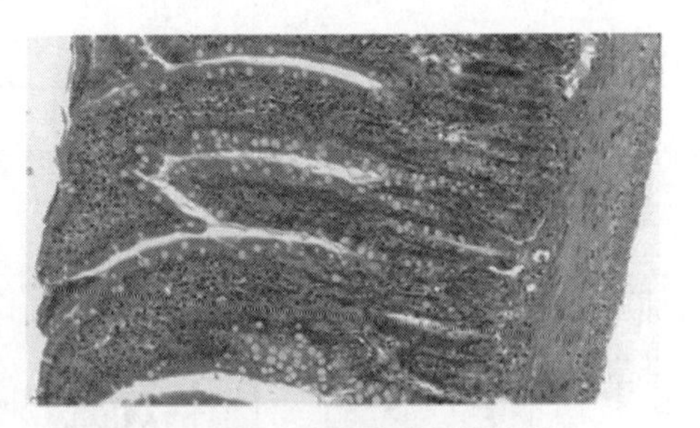

（b）甘草渣总黄酮灌胃小鼠肠切片

图 5-13　肠组织切片

5.2.3.3　甘草总黄酮对血清中 IL-1β、IL-6、IL-10 和 TNF-α 含量的影响

取实验组和对照组小鼠血清进行免疫因子含量测定。细胞因子变化情况如图 5-14 至图 5-17 所示，实验组在每隔一天灌胃一次 0.2 mL 甘草渣总黄酮溶液后，实验组雌鼠和雄鼠血清中的炎症因子 IL-1β、IL-6、TNF-α 较对照

组含量降低，IL-1β 分别降低了 4.70 pg/mL 和 5.08 pg/mL；IL-6 分别降低了 11.90 pg/mL 和 15.18 pg/mL；TNF-α 分别降低了 18.75 pg/mL 和 24.05 pg/mL。血清中的抗炎因子 IL-10 含量明显升高，实验组中的雌鼠和雄鼠比对照组分别降低了 15.11 pg/mL 和 14.59 pg/mL。所有实验组和对照组细胞因子变化均有显著差异。

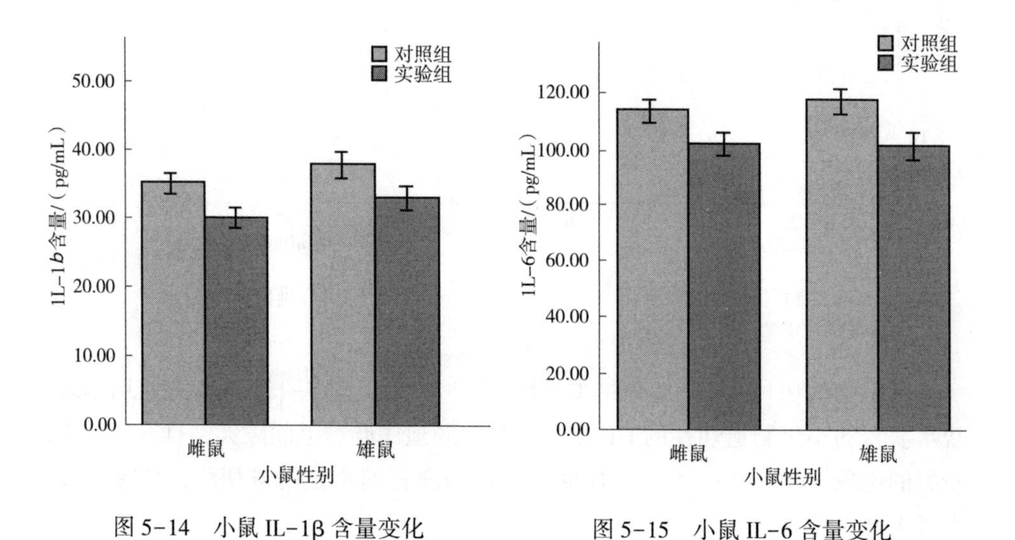

图 5-14　小鼠 IL-1β 含量变化　　图 5-15　小鼠 IL-6 含量变化

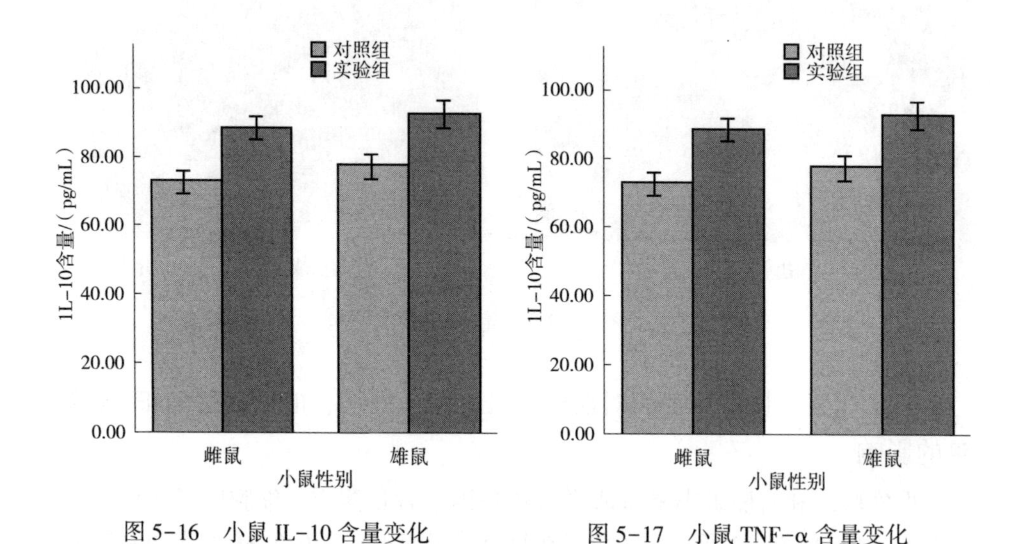

图 5-16　小鼠 IL-10 含量变化　　图 5-17　小鼠 TNF-α 含量变化

5.2.3.4 甘草总黄酮对肠道中SOD、MDA和CAT因子含量的影响

取-20℃保存的肠道组织，按肠道重量（g）比溶液体积（mL）1∶9的比例加入预冷生理盐水，冷水浴条件制成匀浆，4℃、2500 r/min离心10 min并收集上清液，使用商品化的试剂盒对上清液当中的超氧化物歧化酶（SOD）、丙二醛（MAD）、过氧化氢酶（CAT）的含量进行检测并计算，保留小数点后1位。

肠道组织中的SOD、MDA、CAT含量如图5-18～图5-20所示，实验组在每隔一天灌胃一次0.2 mL甘草渣总黄酮溶液后，肠道组织中的SOD和CAT含量显著升高，MAD的含量降低。实验组雌鼠和雄鼠的SOD含量比对照组分别高16.42 U/mg prot和19.26 U/mg prot；CAT含量比对照组分别高1.47 U/mg prot和1.49 U/mg prot。MDA含量相比对照组分别降低了0.86 nmol/mL和1.06 nmol/mL。

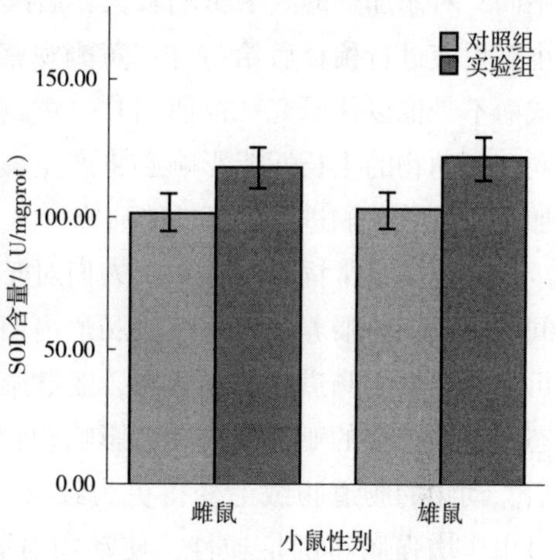

图5-18 小鼠SOD含量变化

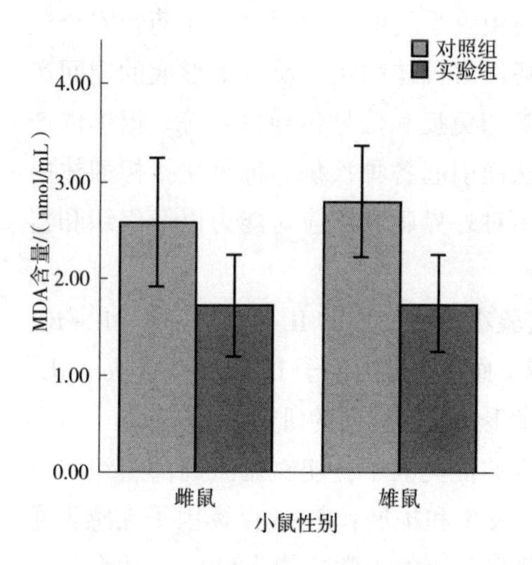

图5-19 小鼠MDA含量变化

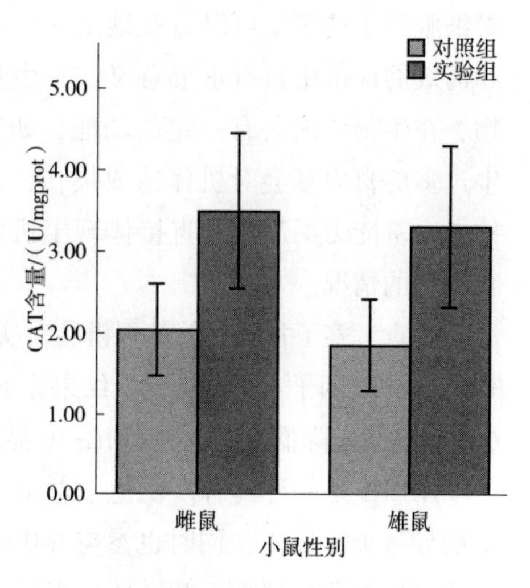

图5-20 小鼠CAT含量变化

甘草黄酮作为饲料添加剂已经有一定的研究基础，本研究以甘草渣总黄酮粗品对昆明小鼠进行灌胃，并对小鼠的生长性能和抗病能力进行了测定。不同于以往研究，应用甘草渣总黄酮进行灌胃并不会使小鼠体重较对照组明显增加。这种结果可能是因为以往研究使用家禽作为实验动物，由于哺乳动物的消化系统与家禽不同，较高酸性的消化液可能会造成消化和吸收情况的不同，对添加剂的效果影响较大，后续研究可以对甘草黄酮进行包被或者对小鼠胃液进行稀释后给与甘草黄酮观察生长性能；另外，我们采用灌胃的方式而不是像以往研究一样使用甘草黄酮作为饲料添加剂，由于饲喂方式的不同，对动物的生长性能影响必将产生影响，可在后续研究中在饲料中直接添加甘草渣总黄酮进行生长性能研究。

动物的日常饲养中，由于人们对于养殖动物的饲料配比比较固定，长时间的单一饲料喂养，容易形成肠道内菌群的组成固定以及抗逆性变差，动物可能长期处于肠道亚健康状态，亚健康状态虽然不会使动物表现出明显的病态，但是长期的亚健康状态会影响动物的生长性能。使用甘草渣总黄酮灌胃后，动物的肠道肠绒毛变得更为致密，对营养物质的吸收能起到积极作用，且由于增强肠道的抗逆性，使动物对肠道细菌引起的疾病具有更强的抵抗能力。

细胞因子和抗氧化指标已经成为研究免疫系统状态的前沿和热点，通过对细胞因子的测定可以直观地反映体内免疫系统的活化程度，在药物安全性和药效的评价中具有重要意义。自由基作为机体内化学反应中形成的中间产物，在生物体内具有一定的功能，如参加免疫和信号传导过程等。但体内产生过多的自由基会对机体造成损伤，从而引起各种疾病。抗氧化指标即体内抗自由基能力的反应，直接体现了机体对外界刺激的应对能力以及组织和器官损伤的情况。

本章考察了甘草渣总黄酮粗品对实验小鼠血清中的IL-1β、IL-6、IL-10、TNF-α免疫因子水平的影响。结果显示，血清中促炎因子IL-1β、TNF-α、IL-6的含量明显降低，抗炎因子IL-10显著升高，与以前的研究结果一致。

IL-1β是一种具有广泛生物学效应的促炎因子，能够刺激局部组织间质从而导致炎症发生，同时也参与肿瘤的发生和扩展；IL-6促炎因子在感染或组织损伤过程中释放，扰乱体内多处器官系统的正常功能；TNF-α能激活中性粒细胞和淋巴细胞，从而使血管内皮细胞通透性增加，调节其他组织代谢活性，并促使其他细胞因子的合成和释放，是炎症反应过程中最为重要的炎性介质；IL-10则是一种参与炎症和免疫抑制的细胞因子，与血液、消化以及心血管系统疾病密切相关，对以上疾病有一定的良性调节作用。多种细胞因子的改变可以说明，甘草渣总黄酮可以提高免疫系统的活性，提高免疫系统对外来疾病的反应能力。普通的动物饲料长期喂养，动物虽处于正常的生长状态，但由于饲料组成固定且单一，可能会造成肠道出现一定的溃疡和肠黏膜萎缩，进而造成其免疫系统持续的低强度反应。通过测量血清细胞因子的含量说明，甘草渣总黄酮的灌服可以有效降低免疫系统的低强度反应，促进了动物的健康。通过甘草渣总黄酮灌胃，小鼠结肠抗氧化指标变化明显，其中MDA含量显著降低，SOD和CAT的含量明显升高。MDA是自由基引起脂质过氧化反应产生的代谢物，反映了细胞的损伤程度，MDA的含量可以反映体内细胞受自由基攻击程度。体内MDA含量降低表明自由基含量减少，机体受到自由基攻击的程度显著降低。机体内含有多种对抗自由基的化合物，其中SOD可以清除自由基，从而保护机体免受自由基的损伤，对治疗由自由基引起的疾病如氧中毒、急性炎症和各类自身免疫性疾病具有良好效果。SOD清除自由基产生的中间产物是H_2O_2，相较于自由基具有更高的细胞毒性，CAT是一种具有催化过氧化氢分解成氧和水的酶，存在于细胞的过氧化物酶体内，降低机体受到损伤的风险。SOD和CAT含量的升高说明了机体抗自由基能力显著增强，对疾病的预防有积极作用。

5.3　文冠果多酚对致病菌ETEC抑菌活性研究

5.3.1　文冠果及文冠果活性成分

文冠果又叫作木瓜、土木瓜，是一种重要的药用植物，主要种植分布地在中国北部，北至内蒙古，南至河南南部及安徽省萧县等地。文冠果生态适应性强，可以在各种恶劣条件下正常生长和发育。

文冠果如今被称为在21世纪里最有开发潜力的植物，其含有多种化学成分，主要包含脂肪酸、蛋白质、皂素和黄酮类化合物，另外还有多糖、生物碱、三萜类等。Liyew Yizengaw Yitayih等人分别采用醋酸乙酯、石油醚、甲醇3种溶剂提取文冠果叶中的植物化学成分并对其进行分类研究，研究发现文冠果叶存在生物碱、黄酮、酚类、醌类、甾体、萜类、皂苷、鞣质和葫芦素。

（1）蛋白质

文冠果种仁中的蛋白质含量很高，而且与大豆蛋白相比，文冠果蛋白的质量更好。文冠果蛋白质中含有 17 种氨基酸，其中 7 种是人体必需氨基酸，其含量为 7.91 mg/100 mg 并占总氨基酸含量的 24.10%。这表明，文冠果蛋白质是一种具有较高质量的蛋白质。

（2）皂苷

皂苷也叫作皂素，是以甾体或者三萜类化合物为苷元的一类糖苷，易吸水且极性较大，具有抗病毒、抗肿瘤、改善记忆的功效。邱悦等人用文冠果叶皂苷抑制胰脂肪酶，研究数据可知其对胰脂肪酶抑制率很高，表明文冠果皂苷可以用来减肥。王冠英等人研究发现文冠果果壳总皂苷提取物有良好的抗氧化、抗肿瘤的活性，具有开发成抗氧化剂和抗肿瘤药的潜力。

（3）脂肪酸

文冠果油含有多种脂肪酸，必需脂肪酸含量很高，是一种高档的食用油。文冠果油有较好的稳定性，酸值为 0.25 mg/g，低于花生油和玉米油；碘值为 15.67 g/100 g，高于花生油；皂化值为 189.67 mg/g，高于菜籽油，更容易被人体吸收。文冠果油不饱和脂肪酸含量为 90.84%，高于大豆油、花生油等常用食用植物油，含常用食用油中所没有的神经酸，有独特的营养价值。

（4）多酚类物质

YANG C Y 等人通过研究分离文冠果壳中多酚类物质，将其中多酚分离出 37 种，包含一些常见的表儿茶素、槲皮苷、芦丁等。并通过 ABTS 试验结果得出多酚类物质表现出很强的抗氧化活性，是一种有综合利用价值的纯天然抗氧剂。王慧芳等人研究表明文冠果叶总黄酮不但具有较强的抗氧化能力，还有着良好的抑菌活性，表明该植物可作为天然抗氧化剂和抑菌剂。Henghui Zhang 等人发现文冠果花中提取的总黄酮表现出对自由基积极的清除作用，抗菌实验结果表明文冠果花对枯草芽孢杆菌、大肠杆菌等有较强的生长抑制活性，其中抗大肠杆菌活性最强。

（5）其他成分

程文明等人从文冠果果壳中采用柱色谱和光谱方法分离鉴定出两种甾醇类化合物：一种是含量为 171 mg 的（3β，15α，$20R$，$24R$）-三豆甾-7-反-烯-3-醇，另一种是（3β，15α，$20R$，$24S$）-豆甾-7-反-22-二烯-3-醇。Lang Y 等人发现文冠果油中还含有一种罕见的功能性成分和药用成分即含量约为 3%的神经酸。Ji X F 等人研究发现神经酸可以用来治疗动脉粥样硬化和阿尔茨海默病。

5.3.2 文冠果多酚提取分离鉴定及抑菌活性研究

5.3.2.1 文冠果多酚提取物颜色鉴定及含量测定

将文冠果叶粉碎过筛后，加入60%乙醇后进行多酚提取操作，在提取液中加入酒石酸亚铁溶液，观察反应后溶液颜色，进行实验记录并由此分析提取液中是否含有较多的多酚物质。

在10 mL EP管中加入2 mL多酚提取液及3 mL酒石酸亚铁溶液，摇晃均匀，标记为A管。另取一10 mL EP管中加入2 mL 60%乙醇及3 mL酒石酸亚铁溶液，摇晃均匀，标记为B管。将A、B进行对照，结果见图5-21，B中溶液发生了很深的颜色反应，证明提取液中多酚物质含量较高。

图5-21 多酚提取物颜色鉴定结果

（A：酒石酸亚铁溶液+60%乙醇。B：酒石酸亚铁溶液+多酚提取液）

文冠果多酚含量的测定步骤如下：

①首先通过测绘没食子酸标准曲线，作为标准测定计算多酚含量。

②配制0.2 mg/mL没食子酸标准溶液和10% Na_2CO_3溶液，并将标准溶液稀释至0.04 mg/mL。

③取6个10 mL EP管，分别加入0、200 μL、400 μL、800 μL、1000 μL的0.04 mg/mL的标准溶液，加入10%的Na_2CO_3溶液1000 μL，500 μL的1 mol/L福林酚，最后加入去离子水定容至5 mL。

④将上述溶液摇晃均匀放置反应1 h，以去离子水标零测定762 nm波长下溶液吸光度。

⑤最后，以没食子酸浓度为x轴，OD_{762nm}为y轴，整理实验数据，绘制标准曲线。

在762 nm的波长下，测定没食子酸反应溶液在每个浓度水平下的吸光度。在表5-7中记录实验数据。

根据表5-7，得出文冠果多酚浓度与OD_{762}的关系，并绘制标准曲线，见图5-22。

表 5-7　没食子酸标准曲线数据

标品体积/μL	浓度/（mg/mL）	OD_{762nm}
0	0	0. 011
200	0. 008	0. 157
400	0. 016	0. 319
600	0. 024	0. 468
800	0. 032	0. 632
1000	0. 040	0. 791

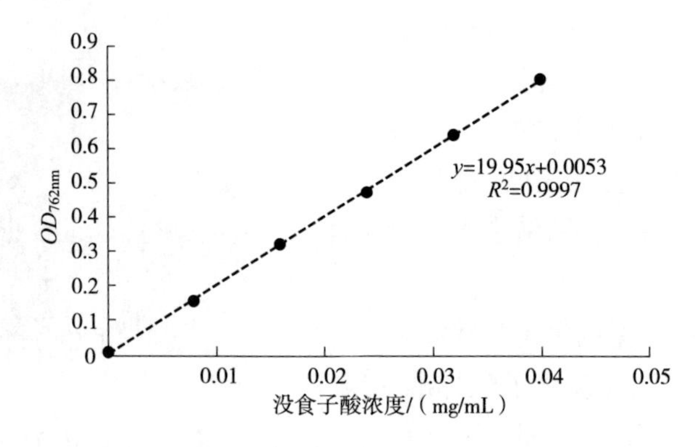

图 5-22　没食子酸标准曲线

根据没食子酸标准曲线，根据公式即可计算所得溶液中多酚浓度 c：

$$c = \frac{A - 0.0053}{19.95} \tag{5-1}$$

式中：A——溶液样品的吸光度。

多酚提取率 Y：

$$Y = cVn \times 1000 \times 100\%/m \tag{5-2}$$

式中：c——反应溶液多酚浓度，mg/mL；

V——反应溶液体积，mL；

n——稀释的总倍数，n=液料比×提取液稀释倍数；

m——文冠果叶粉末质量，g。

5. 3. 2. 2　文冠果叶多酚提取工艺的单因素实验研究

(1) 超声辅助对文冠果叶多酚提取率的影响

向 50mL 的离心管中倒入准确称量的文冠果叶粉末 1. 00 g，随后向离心管中加入体积分数为60%的乙醇15 mL，将配好的混合液体放入60℃恒温振荡水槽中30 min进行浸提。浸提结束后，离心获取上清液，并且计算文冠果多酚提取率。分别设置无超声组、浸提前超声辅助组（60℃　30 min）和浸提后超声辅助组（60℃　30 min）进行文冠果多酚的提取，并且对比提取率。

由图5-23对比知，超声辅助对文冠果叶多酚提取率有影响，超声在后文冠果叶多酚提取率最高，故后续实验均采用浸提在前超声在后的提取方式进行提取工艺研究。

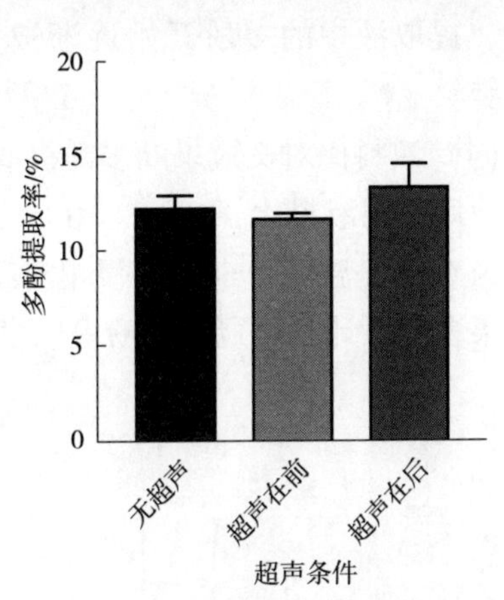

图5-23　超声辅助对文冠果叶多酚提取率影响的对比

（2）乙醇体积分数对文冠果叶多酚提取率的影响

使用不同体积分数的乙醇（40%、50%、60%、70%、80%），与文冠果叶粉末按照15∶1的比例混合，并在温度为60℃下提取30 min后于功率600 W下超声波辅助提取30 min，计算文冠果多酚提取率。

由图5-24可见，乙醇体积分数对文冠果叶多酚提取具有显著影响，由曲线变化得知乙醇体积分数在60%以下，多酚物质易溶于乙醇，乙醇体积分数增加有助于多酚物质的提取率提高，由图可得多酚提取率在乙醇体积分数为60%时最高，为13.54%；当乙醇体积分数继续增大，文冠果叶中的脂溶性成分更容易析出，导致多酚提取率反而降低。

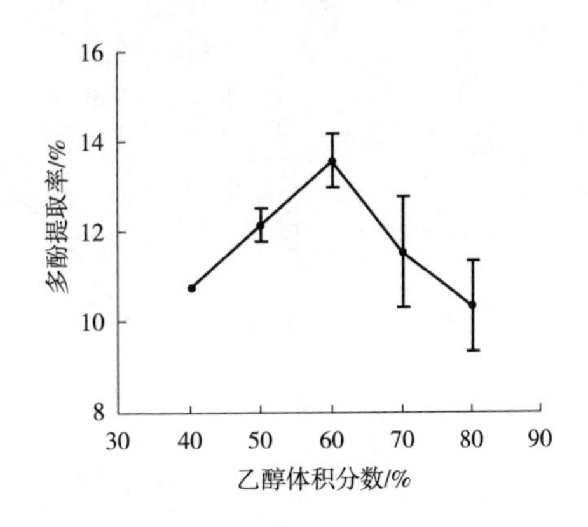

图5-24　乙醇体积分数对文冠果叶多酚提取率的影响

（3）水浴浸提时间对文冠果叶多酚提取率的影响

准确称量文冠果叶粉末1.00 g于50 mL离心管中，随后加入15 mL体积分数为60%的乙醇溶液。将配置好的溶液放置于60℃电热恒温振荡水槽中，分别静置恒温浸提10 min、20 min、30 min、40 min、50 min，计算文冠果多酚提取率。

由图5-25可见，提取时间对文冠果叶多酚的提取影响很大。随着提取时间的增加，多酚提取率先增加后降低，提取40 min提取率最高，为11.47%。其原因是浸提时间短时多酚与文冠果叶中其他生物活性物质形成的复合物不易分离，短时间的浸提使多酚溶出少；而当浸提时间进一步延长时，提取液中的多酚开始逐渐被氧化，导致时间太长多酚提取率呈现降低趋势。

（4）液料比对文冠果叶多酚提取率的影响

使用不同液料比（5∶1、10∶1、15∶1、20∶1、25∶1），并在乙醇体积分数为60%、温度为60℃、浸提时间为30 min、超声处理30 min条件下提取文冠果多酚，计算文冠果多酚提取率。

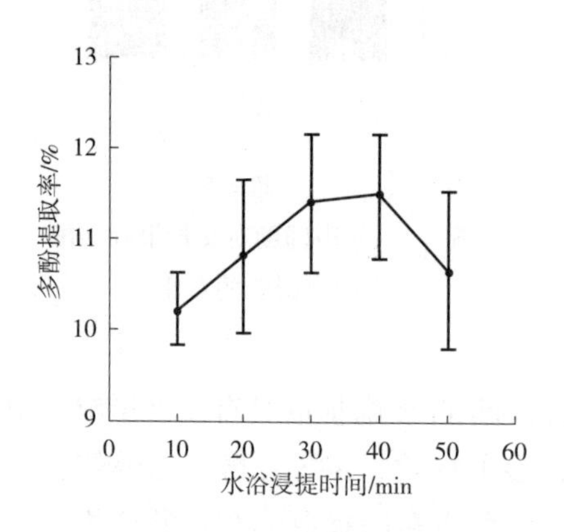

图5-25　水浴浸提时间对文冠果叶多酚提取率的影响

由图5-26可见，液料比对文冠果叶多酚的提取有明显影响。随着液料比的增加，多酚的提取率也随之提高。当液料比低于20∶1时，提取率随比值的增加而显著增加，在20∶1时达到最大值11.9%。液料比高于20∶1后，提取率增加趋势变缓。本着节约成本的原则，认为液料比为20∶1为最适液料比条件，选用液料比条件为20∶1进行后续实验。

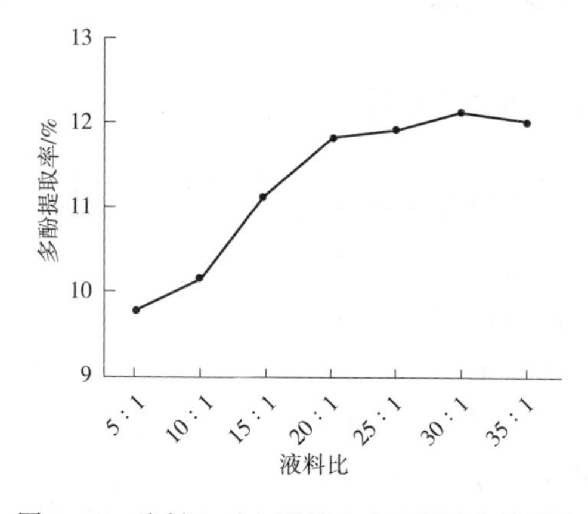

图5-26　液料比对文冠果叶多酚提取率的影响

(5) 浸提温度对文冠果叶多酚提取率的影响

准确称量文冠果叶粉末 1.00 g 于 50 mL 离心管中，加入 15 mL 体积分数为60%的乙醇。将配置好的溶液分别放置于 40℃、50℃、60℃、70℃、80℃电热恒温振荡水槽中，恒温浸提 30 min，计算文冠果多酚提取率。

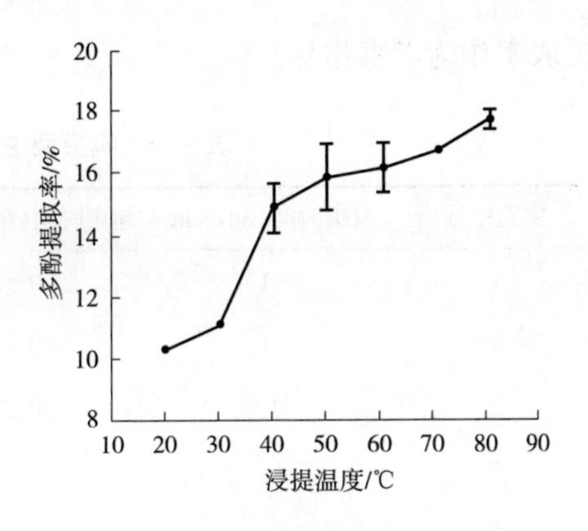

图 5-27　浸提温度对文冠果叶多酚提取率的影响

由图 5-27 可见，浸提温度对文冠果叶多酚提取具有显著影响，并且随着浸提时间的延长，文冠果叶多酚提取率呈上升趋势。本着安全、节能和高效原则，选择 60℃作为浸提温度进行后续实验，其原因是温度升高，分子运动加快，利于细胞壁的破裂和多酚类物质的溶出。

5.3.2.3　响应面法优化文冠果叶多酚提取工艺

(1) 响应面方案设计

根据实验结果对比分析，从单因素实验结果中选择了 3 个有明显影响的因素：提取时间、超声时间和乙醇体积分数进行响应面优化实验。响应面优化设计选用 BBD 设计的 3 因素、3 水平（表 5-8）。

表 5-8　响应面水平设计

水平	浸提时间（*A*）/min	超声时间（*B*）/min	乙醇体积分数（*C*）/%
-1	30	20	50
0	40	30	60
1	50	40	70

(2) 响应面优化拟合模型及方差分析

通过使用 Design-Expert V8.0.6 软件设计实验并完成实验结果见表 5-9。在使用计算机分析和处理数据后，得出了一个二阶回归方程模型：

$$Y=15.01-0.14A+0.35B+0.11C-0.53AB-0.19AC+0.16BC-2.36A^2-1.29B^2-2.34C^2$$

其中 A 代表浸提时间，B 代表超声时间，C 代表乙醇体积分数，以 Y 多酚提取率作为考察指标。

表 5-9　响应面法实验方案及结果

实验序号	浸提时间(*A*)/min	超声时间(*B*)/min	乙醇体积分数(*C*)/%	多酚得率/%
1	-1	0	1	10.47
2	-1	0	-1	10.29
3	1	0	1	9.97
4	0	0	0	14.85
5	1	0	1	10.53
6	0	-1	-1	10.87
7	0	0	0	14.92
8	-1	-1	0	10.71
9	0	0	0	15.12
10	0	0	0	14.96
11	-1	1	0	12.45
12	0	-1	1	11.18
13	0	1	1	12.21
14	1	-1	0	11.35
15	0	0	0	15.22
16	1	1	0	10.96
17	0	1	-1	11.27

表 5-10　响应面模型拟合方差分析

方差来源	平方和	自由度	均方差	*F* 值	*P*>*F*	显著性
模型	61.80	9	6.87	102.18	<0.0001	* *
A	0.16	1	0.16	2.33	0.1705	
B	0.96	1	0.96	14.27	0.0069	* *
C	0.095	1	0.095	1.41	0.2741	
AB	1.12	1	1.12	16.72	0.0046	* *
AC	0.14	1	0.14	2.04	0.1966	

续表

方差来源	平方和	自由度	均方差	F 值	P>F	显著性
BC	0.099	1	0.099	1.48	0.2637	
A^2	23.37	1	23.37	347.68	<0.0001	**
B^2	6.99	1	6.99	103.97	<0.0001	**
C^2	23.12	1	23.12	344.00	<0.0001	**
残差	0.47	7	0.067			
失拟值	0.38	3	0.13	5.46	0.0673	不显著
纯误差	0.092	4	0.023			
合计	62.28	16				

注　*差异显著（$P<0.05$），**差异极显著（$P<0.01$）。

由表 5-10 可见，模型 $P<0.0001$，差异极显著，失拟值 $P>0.05$，不显著，模型 $R^2=0.9924$，${}_{\text{Adj}}R^2=0.9827$，${}_{\text{Pred}}\ R^2=0.9005$，拟合度较好，模型可用。

（3）响应面实验中各因素交互作用分析

关于浸提时间与超声时间对多酚提取率的交互影响，如图 5-28 和图 5-29 所示。从图中可以看出，图有一个具有大弯曲梯度的表面梯度，并且在浸提时间与超声波时间的共同作用下响应值是敏感的。从图中可以看出，提取率的改变随坡度的增大而加快。图 5-28 等高图中图形接近于圆形，说明交互作用并不明显。

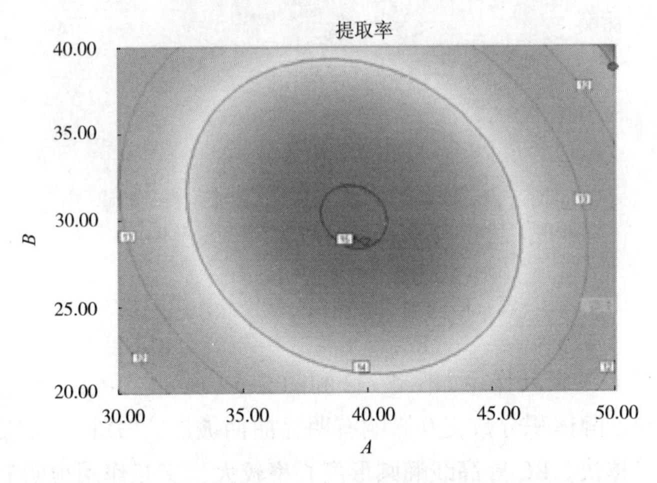

图 5-28　浸提时间与超声时间交互作用影响——等高图

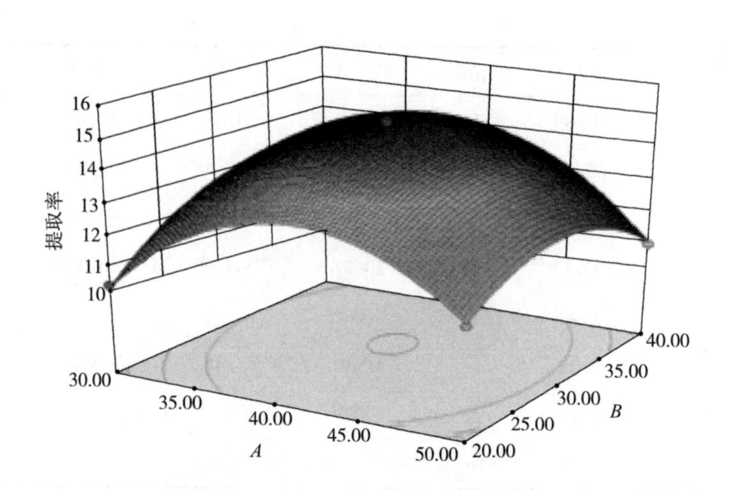

图 5-29　浸提时间与超声时间交互作用影响——3D 图

因素 *A* 与 *C* 的交互作用如图 5-30 和图 5-31 所示。由图中可知，浸提时间与乙醇体积分数交互影响坡度较大，响应值敏感，等高线椭圆形离心率较小，交互作用一般。

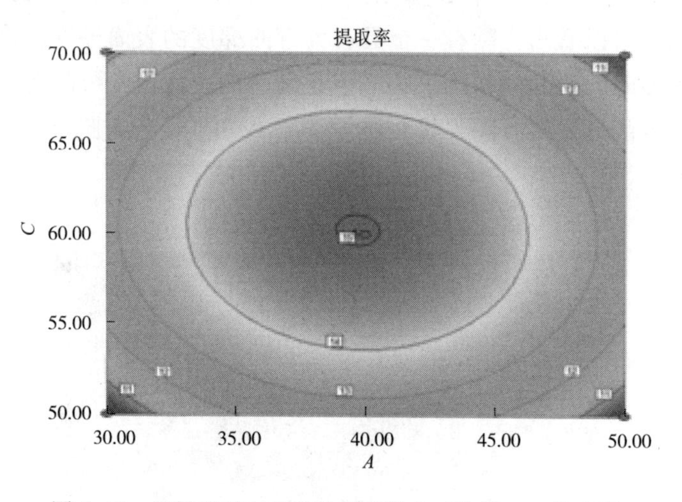

图 5-30　浸提时间与乙醇体积分数交互作用——等高图

因素 *B* 与 *C* 的交互作用如图 5-32 和图 5-33 所示。由图中可见，超声辅助提取时间与乙醇体积分数交互影响有明显曲面坡度，3D 图形坡度越大多酚提取率变化得越快。BC 等高线椭圆形离心率较大，交互作用很明显。

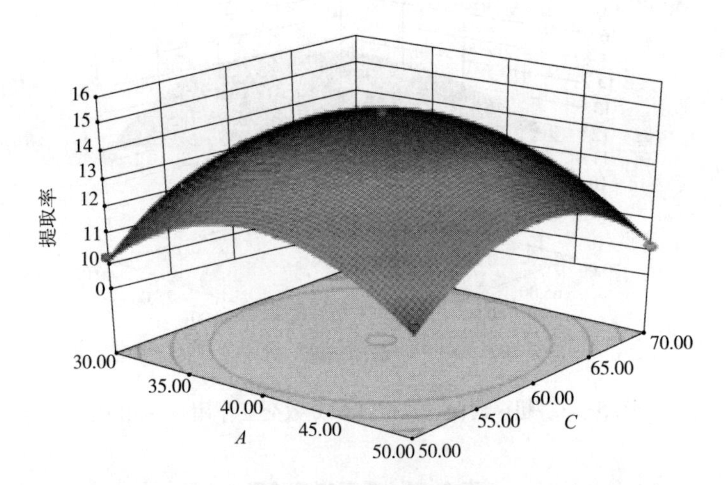

图 5-31　浸提时间与乙醇体积分数的交互作用——3D 图

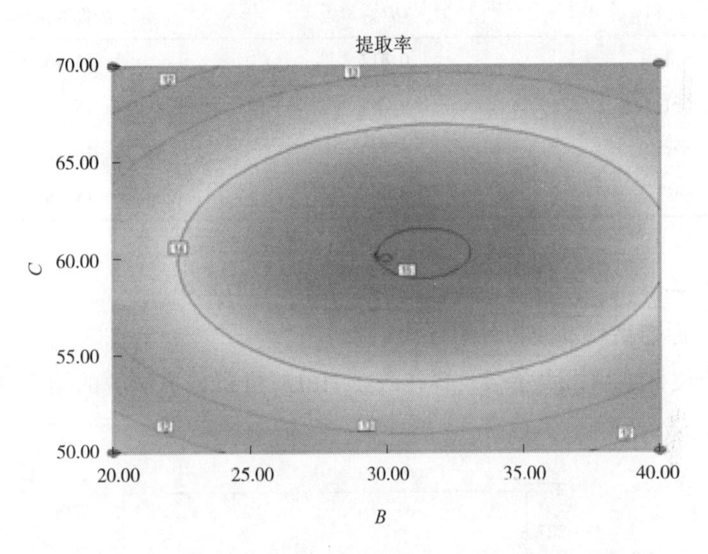

图 5-32　超声时间与乙醇体积分数交互作用影响——等高图

（4）响应面优化方案预测及验证实验

最终经模型分析，得出文冠果多酚提取最佳工艺条件：浸提时间为 39.52 min，超声时间 31.46 min，乙醇体积分数为 60.3%，为证最优结果，以最优条件进行 3 组平行提取，实验结果见表 5-11。验证实验结果表明，使用响应面模型的重复验证实验和预测提取率平均相对偏差较小，表明重复性良好，与实际情况吻合良好。

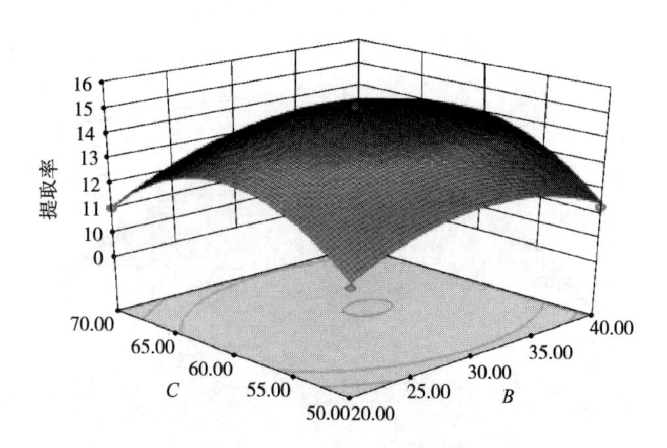

图 5-33　超声时间与乙醇体积分数交互作用——3D 图

表 5-11　验证实验结果

组别	OD_{762}	多酚提取率/%
平行 1	0. 812	15. 16
平行 2	0. 808	15. 10
平行 3	0. 799	14. 92
平均值	0. 806	15. 06

5. 3. 2. 4　HPLC 法分离鉴定文冠果多酚成分

(1) 标准品高效液相色谱分离结果

多酚类标准品没食子酸及鞣花酸在 HPLC 进行分离洗脱的结果如图 5-34 所示。

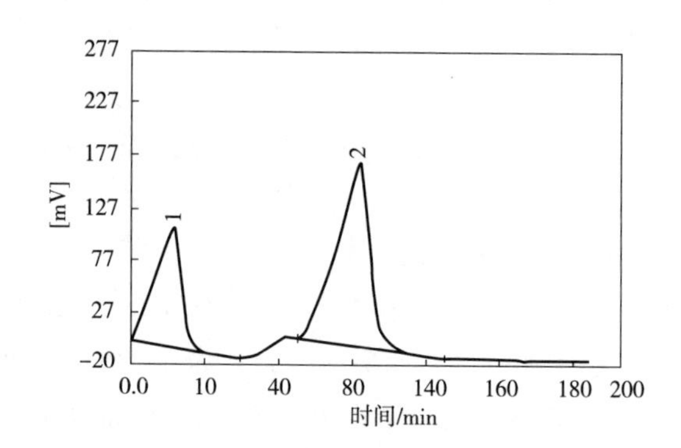

图 5-34　没食子酸及鞣花酸色谱检测结果

(1：鞣花酸；2：没食子酸)

由图5-34可知，2号出峰组分为没食子酸，由两者结构观察知没食子酸极性比鞣花酸大，因此没食子酸保留时间更长，为9.31167 min，鞣花酸保留时间为1.74833 min。

（2）文冠果多酚样品高效液相色谱分离结果

文冠果多酚样品经HPLC分离洗脱结果如图5-35所示。根据保留时间判断组分，文冠果多酚样品可分离出6种组分，其组分分析结果见表5-12。

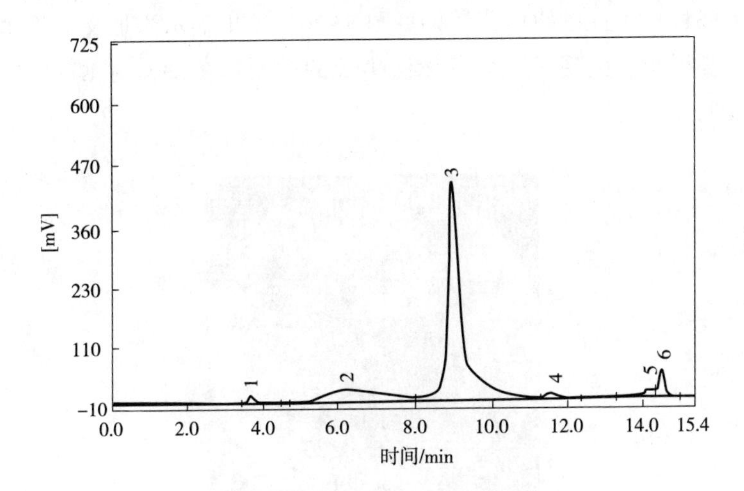

图5-35 多酚样品色谱检测结果

表5-12 多酚样品色谱检测结果

组分	保留时间/min	峰高/mV	峰面积/mV. sec	面积百分比/%
1	3. 68000	13. 47	156. 16	1. 0592
2	6. 06750	23. 55	2413. 88	16. 3726
3	8. 97083	433. 87	11085. 74	75. 1912
4	11. 53417	11. 66	266. 56	1. 8080
5	14. 20417	14. 40	198. 51	2. 0247
6	14. 46583	55. 91	522. 54	3. 5442

根据图5-35和表5-12分析所得，样品中组分3的保留时间为8.97083 min，分析可知含量最高的组分3为没食子酸，面积百分比为75.1912%，故初步判断文冠果多酚的主要成分是没食子酸。

5.3.2.5 文冠果多酚的抑菌活性研究

（1）文冠果多酚对产肠毒素大肠杆菌生长活性的抑制作用

以产肠毒素大肠杆菌 ETEC 为供试菌种，在平板中放入牛津杯，在其中 3 个牛津杯中加入 200 μL 的最优条件下提取的文冠果多酚提取液，分别标号为 1、2、3，作为实验组 3 个重复；另外在牛津杯中加入与多酚提取液同等条件下处理过的体积分数为 60.3%的乙醇溶液，编号为 0，作为空白对照。文冠果多酚对大肠杆菌 ETEC 的抑菌效果见图 5-36，结果显示添加文冠果多酚提取液的牛津杯很明显出现了致病菌无法生长的透明抑菌圈，对 ETEC 生长抑制效果十分明显。

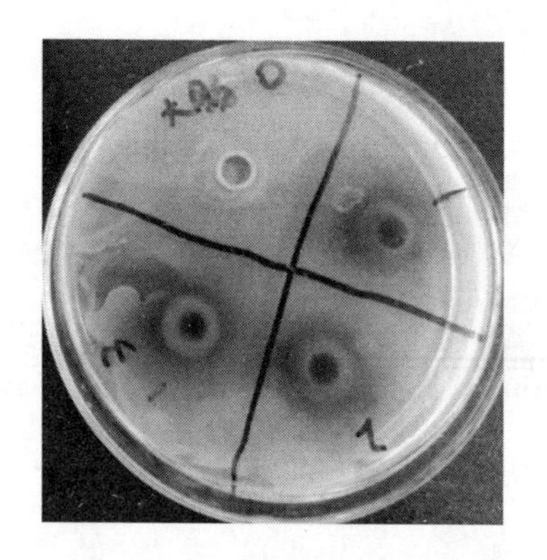

图 5-36　文冠果多酚对 ETEC 的抑菌效果

（2）文冠果多酚对金黄色葡萄球菌生长活性的抑制作用

以金黄色葡萄球菌为供试菌种，按照上述相同的操作设置实验组和对照组，并进行编号。对金黄色葡萄球菌的抑菌效果见图 5-37。

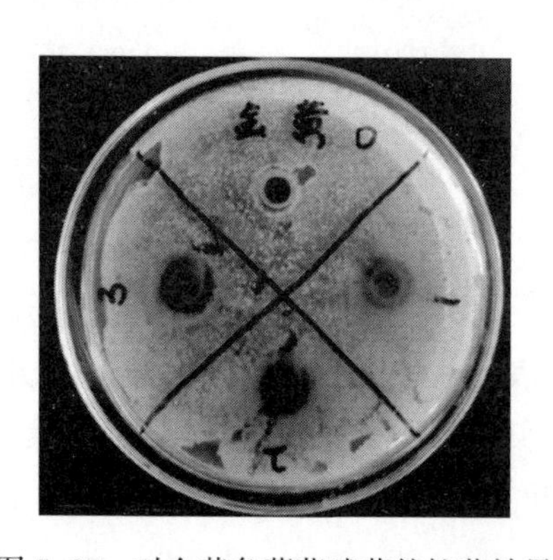

图 5-37　对金黄色葡萄球菌的抑菌效果

添加 60.3%乙醇的牛津杯外无抑菌圈，添加多酚提取液的 3 个牛津杯存在明显抑菌圈。多酚提取物对金黄色葡萄球菌抑菌结果见表 5-13。文冠果叶多酚对金黄色葡萄球菌生长活性有抑制效果。

表 5-13　金黄色葡萄球菌抑菌圈

加入物质	平行 1/cm	平行 2/cm	平行 3/cm
60.3%乙醇	0.6	0.6	0.6
文冠果多酚提取物	1.2	1.1	1.1

（3）文冠果多酚对枯草芽孢杆菌生长活性的抑制作用

以金黄色葡萄球菌为供试菌种，按照上述相同的操作设置实验组和对照组，并进行编号。对枯草芽孢杆菌的抑菌效果见图 5-38。

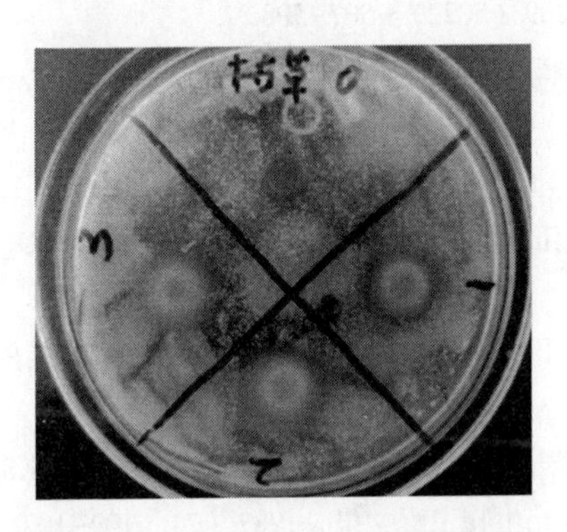

图 5-38　对枯草芽孢杆菌的抑菌效果

乙醇的抑制范围与牛津杯外径相等，添加多酚提取液的牛津杯附近出现明显抑菌圈。多酚提取物对枯草芽孢杆菌抑制实验结果见表 5-14。研究结果表明，文冠果叶中提取的多酚对枯草芽孢杆菌存在一定的抑菌效果。

表 5-14　枯草芽孢杆菌抑菌圈

加入物质	平行 1/cm	平行 2/cm	平行 3/cm
60.3%乙醇	0.6	0.6	0.6
文冠果多酚提取物	1.3	1.3	1.4

参考文献

[1] 印遇龙. 中国生猪产业与饲料行业发展建议 [J]. 中国科学院院刊，2018，33（12）：1337-1341.

[2] 杨正时. 动物病原性大肠杆菌与大肠杆菌病 [J]. 中国兽医科技，1987，6：25-29 .

[3] 王春江，赵献军，赵宝，等. 陕西省致仔猪腹泻 ETEC 的分子流行病学调查 [J]. 西北农林科技大学学报（自然科学版），2010（7）：21-26.

[4] 周庆雨，陆春权，王建，等. 连云港地区仔猪腹泻的病因学调查 [J]. 中国兽医杂志，2010（9）：30-31.

[5] Stirm S，Orskov I，Orskov F. K88，an episomedetermined protein antigen of *Escherichia coli* [J]. Nature，1966，209（5022）：507-508.

[6] Nagy B，Fekete P Z. Enterotoxigenic *Escherichia coli*（ETEC）in farm animals [J]. Vet Res，1999，30（2-3）：259-284.

[7] 房海. 大肠埃希氏菌 [M]. 石家庄：河北科学技术出版社，1997，436-440.

[8] 夏式阶，赵太铣，张玉换，等. 仔猪肠道致病菌的调查 [J]. 山西农业科学，1987，12：13-14.

[9] 印遇龙，杨哲. 天然植物替代饲用促生长抗生素的研究与展望 [J]. 饲料工业，2020，41（24）：1-7.

[10] 李丰生，陈添弥，黄翠芬. 用遗传工程技术构建含 *E. coli* K88ac 和 LT（A-B+）两种抗原基因的菌株 [J]. 生物工程学报，1987（2）：102-107，163.

[11] 许崇波，卫广森. 表达大肠杆菌 K88ac-ST1-LTB 融合蛋白基因工程菌株的构建 [J]. 生物工程学报，2002（2）：216-220.

[12] 孔庆军，任雪艳，李卓夫. 大肠杆菌黏附素蛋白与热稳定肠毒素融合基因植物表达载体的构建 [J]. 家畜生态学报，2005（4）：16-19.

[13] You J，Xu Y，He M，et al. Protection of mice against enterotoxigenic *E. coli* by immunization with a polyvalent enterotoxin comprising a combination of LTB，STa，and STb [J]. Appl Microbiol Biotechnol，2011，89（6）：1885-1893.

[14] 尤建嵩，牛冬燕，崔乃忠，等. 大肠杆菌耐热肠毒素 b 及其致动物腹泻的机理. 中国兽医科学，2006，36（10）：847-851.

[15] 张恒慧，王晓丽，王坤，等. 一种生物活性肽的制备装置 [P]. 山西省：CN216445271U，2022-05-06.

[16] 徐永平，张恒慧，金礼吉，等. 一种动物食疗性卵黄抗体全蛋液膏状制剂及其制备方法 [P]. 辽宁省：CN102308914B，2013-08-14.

[17] 徐永平，张恒慧，金礼吉，等. 动物食疗性卵黄抗体蛋黄液膏状制剂及其制备方法［P］. 辽宁省：CN102429097B，2013-06-12.

[18] 徐永平，张恒慧，金礼吉，等. 一种动物食疗性卵黄抗体提纯粉膏状制剂及其制备方法［P］. 辽宁省：CN102334612B，2013-04-10.

[19] 尤建嵩. 产肠毒素大肠杆菌多价肠毒素疫苗的研究［D］. 大连：大连理工大学，2011.

[20] 韩翰乾. PAI 技术辅助提取甘草渣总黄酮及其对小鼠肠道免疫功能影响的研究［D］. 大连：大连理工大学，2022.

[21] Li XiaoYu, Jin LiJi, McAllister Tim A, et al. Chitosan-Alginate Microcapsules for Oral Delivery of Egg Yolk Immunoglobulin (IgY) [J]. Journal of Agricultural and Food Chemistry, 2007, 55 (8): 2911-2917.

[22] Zhang Henghui, Xu Yongping, Zhang Zhijun, et al. Protective immunity of a Multivalent Vaccine Candidate against piglet diarrhea caused by enterotoxigenic *Escherichia coli* (ETEC) in a pig model [J]. Vaccine, 2018, 36 (5): 723-728.

[23] Zhang H, Wang X, He D, et al. Optimization of Flavonoid Extraction from Xanthoceras sorbifolia Bunge Flowers, and the Antioxidant and Antibacterial Capacity of the Extract [J]. Molecules, 2022, 27, 113.

[24] Zhang H, Zhang Z, He D, et al. Optimization of Enzymatic Hydrolysis of Perilla Meal Protein for Hydrolysate with High Hydrolysis Degree and Antioxidant Activity [J]. Molecules, 2022, 27, 1079.

[25] 张恒慧，尤建嵩，贺东亮，等. 抗仔猪腹泻重组复合多价疫苗的抗原制备及其条件优化［J］. 现代畜牧兽医，2021（4）：14-20.

[26] 张恒慧，王晓丽，赵润柱，等. 三菌型高活菌浓度微生态制剂发酵工艺的研究［J］. 饲料研究，2021，44（5）：70-74.

[27] 王慧芳，赵飞燕，刘勇军，等. 文冠果叶总黄酮微波辅助酶提取工艺的优化及其抗氧化、抑菌活性［J］. 中成药，2020，42（2）：290-296.

[28] 李静舒，张恒慧，贺东亮. 高活菌数微生态制剂的制备及其抑菌活性研究［J］. 饲料研究，2020，43（1）：96-100.

[29] 张恒慧，尤建嵩，徐永平，等. 抗仔猪腹泻产肠毒素大肠杆菌疫苗的研究进展［J］. 中国畜牧兽医，2015，42（2）：347-351.

[30] 王文文. 仔猪产肠毒素大肠杆菌（ETEC）F4ac 受体基因的鉴定及功能验证［D］. 北京：中国农业大学，2016.

[31] 张恒慧. 抗仔猪腹泻多价肠毒素及菌毛复合疫苗的研制［D］. 大连：大连理工大学，2013.

[32] 李晓宇. 口服微囊化卵黄免疫球蛋白（IgY）的制备及性能研究［D］. 大连：大连理工大学，2008.

[33] 李治学. 新型氧化锌对断奶仔猪生产性能与肠道功能的影响及其作用机制研究 [D]. 杭州：浙江大学，2015.

[34] 熊海涛. 丁酸钠对仔猪抗大肠杆菌感染的作用及其机制研究 [D]. 浙江大学，2016.

[35] 王园. 豆粕固态发酵条件及其对断奶仔猪饲用效果的研究 [D]. 北京：中国农业大学，2014.

[36] Hu Y, Dun Y, Li S, et al. Dietary Enterococcus faecalis LAB31 Improves Growth Performance, Reduces Diarrhea, and Increases Fecal Lactobacillus Number of Weaned Piglets [J]. Plos One, 2015, 10 (1): e0116635.

[37] Chen L, Xu Y, Chen X, et al. The Maturing Development of Gut Microbiota in Commercial Piglets during the Weaning Transition [J]. Frontiers in Microbiology, 2017, 8, 1688.

[38] 黄玉军. 缓解氧化应激 Lactobacillus fermentum L8 的筛选及益生机制研究 [D]. 扬州：扬州大学，2016.

[39] 王腾浩. 新型丁酸梭菌筛选及其对断奶仔猪生长性能和肠道功能影响的研究 [D]. 杭州：浙江大学，2015.

[40] 杜候军. 德氏乳杆菌缓解仔猪肠道氧化应激作用研究 [D]. 长沙：湖南农业大学，2016.

[41] Hu L, Geng S, Li Y, et al. Exogenous Fecal Microbiota Transplantation from Local Adult Pigs to Crossbred Newborn Piglets [J]. Frontiers in Microbiology, 2017, 8.

[42] 侯淑玲. 哺乳期灌服德氏乳杆菌对仔猪肠道氧化应激干预效果研究 [D]. 长沙：湖南农业大学，2017.

[43] Moon H W, Bunn T O. Vaccines for preventing enterotoxigenic *Escherichia coli* infections in farm animals [J]. Vaccine, 1993, 11 (2): 213-200.

[44] Joffré E, Von M A, Svennerholm A M, et al. Identification of new heat-stable (STa) enterotoxin allele variants produced by human enterotoxigenic *Escherichia coli* (ETEC) [J]. International Journal of Medical Microbiology, 2016, 306 (7): 586-594.

[45] You J, Xu Y, He M, et al. Protection of mice against enterotoxigenic E. coli by immunization with a polyvalent enterotoxin comprising a combination of LTB, STa, and STb [J]. Applied Microbiology & Biotechnology, 2011, 89 (6): 1885-1893.

[46] You J, Xu Y, Li H, et al. Chicken egg yolk immunoglobulin (IgY) developed against fusion protein LTB-STa-STb neutralizes the toxicity of *Escherichia coli* heat-stable enterotoxins [J]. J Appl Microbiol, 2014, 117 (2): 320-328.

[47] 李玲. 黄柏碱抗 ROS 介导的氧化应激相关机制研究 [D]. 重庆：西南大学，2017.

[48] 芬妮. 绿茶提取物微胶囊化及其对新鲜干酪抗氧化、抗菌性及品质特性的影响 [D]. 哈尔滨：东北农业大学，2018.

[49] 李娜. 紫苏精油提取及其防腐复合材料的制备和性能研究 [D]. 太原：中北大学，2018.

[50] 景俊年. 紫苏叶油浸剂预防仔猪早期断奶综合征效果研究［D］. 北京：中国农业大学，2019.

[51] Benucci I, Río S S, Cerreti M, et al. Application of enzyme preparations for extraction of berry skin phenolics in withered winegrapes [J]. Food Chemistry, 2017, 237, 756-765.

[52] Partridge J, Halling P J, Moore B D. Practical route to high activity enzyme preparations for synthesis in organic media [J]. Chemical Communications, 1998, 120 (7): 841-842.

[53] Rodoni S, Muhlecker W, Anderl M, et al. Chlorophyll Breakdown in Senescent Chloroplasts (Cleavage of Pheophorbide a in Two Enzymic Steps) [J]. Plant Physiology, 1997, 115 (2): 669-676.

[54] Sila A, Bougatef A. Antioxidant peptides from marine by-products: Isolation, identification and application in food systems. A review [J]. Journal of Functional Foods, 2016, 21, 10-26.

[55] 李新国. 精氨酸在早期断奶仔猪营养中的应用研究［D］. 长沙：湖南农业大学，2010.

[56] 邱玉朗，万伶俐，魏炳栋，等. 日粮大豆活性肽对仔猪生长和相关理化指标及抗氧化性能的影响［J］. 畜牧与兽医，2011，43（7）：22-25.

[57] Shahidi F, Zhong Y. Bioactive peptides [J]. Journal of Aoac International, 2008, 91 (4): 914-931.

[58] Pantarotto D, Briand J P, Prato M, et al. Translocation of bioactive peptides across cell membranes by carbon nanotubes [J]. Chemical Communications, 2004.

[59] Boackle R J, Johnson B J, Caughman G B. An IgG primary sequence exposure theory for complement activation using synthetic peptides [J]. Nature, 1979, 282 (5740): 742-743.

[60] Hammar P, Córdova A, Himo F. Density functional theory study of the stereoselectivity in small peptide-catalyzed intermolecular aldol reactions [J]. Tetrahedron Asymmetry, 2008, 19 (13): 1617-1621.

[61] Xu C, Wang J, Liu H. A Hamiltonian Replica Exchange Approach and Its Application to the Study of Side-Chain Type and Neighbor Effects on Peptide Backbone Conformations [J]. Journal of Chemical Theory & Computation, 2008, 4 (8): 1348.

[62] Bernardini R D, Harnedy P, Bolton D, et al. Antioxidant and antimicrobial peptidic hydrolysates from muscle protein sources and by-products [J]. Food Chemistry, 2010, 124 (4): 1296-1307.

[63] Rui L, Xing L, Fu Q, et al. A Review of Antioxidant Peptides Derived from Meat Muscle and By-Products [J]. Antioxidants, 2016, 5 (3): 32.

[64] Bougatef A, Nedjar—Arroume N, Manni L, et al. Purification and identification of novel antioxidant peptides from enzymatic hydrolysates of sardinelle (Sardinella aurita) by-products

proteins [J]. Food Chemistry, 2010, 118 (3): 559-565.

[65] Hu F, Ci A T, Wang H, et al. Identification and hydrolysis kinetic of a novel antioxidant peptide from pecan meal using Alcalase [J]. Food Chemistry, 2018, 261, 301-310.

[66] 贺东亮. 紫苏多肽分离纯化及其抗肿瘤活性研究 [D]. 太原: 中北大学, 2019.

[67] Liu Y F, Oey I, Bremer P, et al. Bioactive peptides derived from egg proteins: A review [J]. Critical Reviews in Food Science & Nutrition, 2017.

[68] 汪以真. 猪乳铁蛋白基因克隆、表达及其产物对断奶仔猪生长、免疫和抗菌肽基因表达影响的研究 [D]. 杭州: 浙江大学, 2004.

[69] 易宏波. 抗菌肽 CWA 对断奶仔猪肠道炎症和肠道屏障功能的作用及其机制 [D]. 杭州: 浙江大学, 2016.

[70] 韩菲菲. 不同日龄仔猪抗菌肽和乳铁蛋白基因表达的差异及断奶日龄对其基因表达影响的研究 [D]. 杭州: 浙江大学, 2004.

[71] Li N, Zhang Z J, Li X J, et al. Microcapsules biologically prepared using Perilla frutescens (L.) Britt. essential oil and their use for extension of fruit shelf life [J]. Journal of the Science of Food & Agriculture, 2017, 98 (3).

[72] Khanaree C, Pintha K, Tantipaiboonwong P, et al. The effect of Perilla frutescens leaf on 1, 2-methylhydrazine induced initiation of colon carcinogenesis in rats [J]. Journal of Food Biochemistry, 2018.

[73] Senavong P, Kongkham S, Saelim S, et al. Neuroprotective effect of Perilla extracts on PC12 cells [J]. Planta Medica, 2016, 81 (S 01): S1-S381.

[74] 任永欣. 紫苏叶挥发油的抗炎作用及机理研究 [D]. 成都: 成都中医药大学, 2002.

[75] Li H Z, Zhang Z J, Hou T Y, et al. Optimization of ultrasound-assisted hexane extraction of perilla oil using response surface methodology [J]. Industrial Crops & Products, 2015, 76, 18-24.

[76] Li N, Zhang Z J, Li X J, et al. Microcapsules biologically prepared using Perilla frutescens (L.) Britt. essential oil and their use for extension of fruit shelf life [J]. Journal of the Science of Food & Agriculture, 2017.

[77] 周美玲. 紫苏挥发油及其主要成分紫苏醛和柠檬烯对小鼠生长和免疫功能的影响 [D]. 扬州: 扬州大学, 2014.

[78] 崔丽霞. 紫苏花色苷提取纯化及其微胶囊化研究 [D]. 太原: 中北大学, 2018.

[79] Yang J H, Yoo J M, Lee E, et al. Anti-Inflammatory effects of Perillae Herba ethanolic extract against TNF-Î±/IFN-Î³-stimulated human keratinocyte HaCaT cells [J]. Journal of Ethnopharmacology, 2017.

[80] 贾青慧, 沈奇, 陈莉. 紫苏籽蛋白质与氨基酸的含量测定及营养评价 [J]. 食品研究与开发, 2016, 37 (10): 6-9.

[81] 姜文鑫, 王晓飞, 崔玲玉, 等. 紫苏分离蛋白酶解制备抗菌肽的工艺优化 [J]. 食品研

究与开发，2015（3）：138-142.
[82] 单颖. 单核细胞增生李斯特菌：无菌斑马鱼感染模型及 Mmp-9 在抗细菌感染中的作用机制［D］. 杭州：浙江大学，2016.
[83] Kimmel C B, Ballard W W, Kimmel S R, et al. Stages of embryonic development of the zebrafish [J]. Developmental Dynamics, 2010, 203 (3): 253-310.
[84] Haffter P, Granato M, Brand M, et al. The identification of genes with unique and essential functions in the development of the zebrafish, Danio rerio [J]. Development, 1996, 123 (6): 1-36.
[85] Li M, Zhao L, Pagemccaw P, et al. Zebrafish genome engineering using the CRISPR-Cas9 system [J]. Science, 2016, 8 (11): 2281-2308.
[86] 葛泰根. 离子液体对斑马鱼氧化应激、运动能力以及生殖系统的影响［D］. 镇江：江苏大学，2016.
[87] 邓觅. F-53B 对斑马鱼甲状腺功能和抗氧化能力的影响及机制研究［D］. 南昌：南昌大学，2018.
[88] Giraldez A J, Mishima Y, Rihel J, et al. Zebrafish MiR-430 Promotes Deadenylation and Clearance of Maternal mRNAs [J]. Science, 2006, 312 (5770): 75-79.
[89] Black D D, Ellinas H. Apolipoprotein synthesis in newborn piglet intestinal explants [J]. Pediatric Research, 1992, 32 (5): 553-558.
[90] Levesque C L, Turner J, Li J, et al. In a Neonatal Piglet Model of Intestinal Failure, Administration of Antibiotics and Lack of Enteral Nutrition Have a Greater Impact on Intestinal Microflora Than Surgical Resection Alone [J]. Jpen J Parenter Enteral Nutr, 2017, 41 (10): 992-992.
[91] Yuan D, Hussain T, Tan B, et al. The Evaluation of Antioxidant and Anti-Inflammatory Effects of Eucommia ulmoides Flavones Using Diquat-Challenged Piglet Models [J]. Oxidative Medicine and Cellular Longevity, 2017, 2017 (9): 8140962.
[92] Nitta M, Kobayashi H, Ohnishi-Kameyama M, et al. Essential oil variation of cultivated and wild Perilla analyzed by GC/MS [J]. Biochemical Systematics & Ecology, 2006, 34 (1): 25-37.
[93] Sanbongi C, Takano H N, Sasa N, et al. Rosmarinic acid in perilla extract inhibits allergic inflammation induced by mite allergen, in a mouse model [J]. Clinical & Experimental Allergy, 2010, 34 (6): 971-977.
[94] Chumphukam O, Pintha K, Khanaree C, et al. Potential anti-mutagenicity, antioxidant, and anti-inflammatory capacities of the extract from perilla seed meal [J]. Journal of Food Biochemistry, 2018 (11): e12556.
[95] Zhu J, Qiao F. Optimization of ultrasound-assisted extraction process of perilla seed meal proteins [J]. Food Science & Biotechnology, 2012, 21 (6): 1701-1706.

[96] 盛彩虹，刘晔，刘大川，等. 紫苏分离蛋白功能性研究 [J]. 食品科学，2011，32 (17)：137-140.
[97] 刘春. 大豆生物活性蛋白的制备、功能性质及输送特性研究 [D]. 广州：华南理工大学，2017.
[98] Yang H P, Wang S Y, Song W, et al. Study on Extracting Rice Bran Oil from Rice Bran by Aqueous Enzymatic Method [J]. Food Science, 2004, 25 (8): 106-109.
[99] Osborne T B, Mendel L B. Nutritive Properties of Proteins of the Maize Kernel [J]. Journal of Biological Chemistry, 1914, 18 (4): 269-286.
[100] 任健. 葵花籽水酶法取油及蛋白质利用研究 [D]. 无锡：江南大学，2008.
[101] 薛照辉. 菜籽肽的制备及其生物活性的研究 [D]. 长沙：华中农业大学，2004.
[102] Verheul M, Spfm R. Structure of whey protein gels, studied by permeability, scanning electron microscopy and rheology [J]. Food Hydrocolloids, 1998, 12 (1): 17-24.
[103] Pane K, Durante L, Crescenzi O, et al. Antimicrobial Potency of Cationic Antimicrobial Peptides can be Predicted from their Amino Acid Composition: Application to the Detection of "Cryptic" Antimicrobial Peptides [J]. Journal of Theoretical Biology, 2017, 419, 254-265.
[104] Anusha M B, Shivanna N, Kumar G P, et al. Efficiency of selected food ingredients on protein efficiency ratio, glycemic index and in vitro digestive properties [J]. Journal of Food Science & Technology, 2018, 55 (5): 1913-1921.
[105] Ihekoronye A I. Estimation of the biological value of food proteins by a modified equation of the essential amino acid index and the chemical score [J]. Molecular Nutrition & Food Research, 2010, 32 (8): 783-788.
[106] Schaafsma G, Miller G D, Tomé D. The protein digestibility-corrected amino acid score [J]. Journal of Nutrition, 2000, 130 (7): 1865S.
[107] Rosa-Millán J D L, Orona-Padilla J L, et al. Physicochemical, functional and ATR-FT-IR molecular analysis of protein extracts derived from starchy pulses [J]. International Journal of Food Science & Technology, 2018.
[108] Steven Carter, Stephen Rimmer, Ramune Rutkaite, et al. Highly Branched Poly (N-isopropylacrylamide) for Use in Protein Purification [J]. Biomacromolecules, 2006, 7 (4): 1124-1130.
[109] Stokkum I H M V, Laptenok S P. Quantitative Fluorescence Spectral Analysis of Protein Denaturation [J]. Methods Mol Biol, 2014, 1076 (17): 43-51.
[110] Eto T, Akagi K, Takashima E, et al. Development of a pressure cell using a beta-titanium alloy for a Differential Scanning Calorimeter [J]. Journal of Physics Conference Series, 2018, 969.
[111] Korhonen H, Pihlanto A. Bioactive peptides: Production and functionality [J]. Internation-

al Dairy Journal, 2006, 16 (9): 945-960.

[112] Patel S. A critical review on serine protease: Key immune manipulator and pathology mediator [J]. Allergologia Et Immunopathologia, 2017: S0301054616301641.

[113] 任娇艳. 草鱼蛋白源抗疲劳生物活性肽的制备分离及鉴定技术研究 [D]. 广州: 华南理工大学, 2008.

[114] 游丽君. 泥鳅蛋白抗氧化肽的分离纯化及抗疲劳、抗癌功效研究 [D]. 广州: 华南理工大学, 2010.

[115] 汪建斌. 大豆蛋白酶法水解产物抗氧化特性及产品的研究与开发 [D]. 北京: 中国农业大学, 2002.

[116] Kaufman M B, Simionatto C. A review of protease inhibitor-induced hyperglycemia [J]. Pharmacotherapy, 2012, 19 (1): 114-117.

[117] Wilkesman J. Cysteine Protease Zymography: Brief Review [J]. Methods in Molecular Biology, 2017, 1626: 25.

[118] Noman A, Xu Y, Al-Bukhaiti W Q, et al. Influence of enzymatic hydrolysis conditions on the degree of hydrolysis and functional properties of protein hydrolysate obtained from Chinese sturgeon (Acipenser sinensis) by using papain enzyme [J]. Process Biochemistry, 2018: S1359511317315313.

[119] Ezquerra J M, García-Carreño F L, Civera R, et al. pH-stat method to predict protein digestibility in white shrimp (Penaeus vannamei) [J]. Aquaculture, 1997, 157 (3-4): 251-262.

[120] Sharma O P, Bhat T K. DPPH antioxidant assay revisited [J]. Food Chemistry, 2009, 113 (4): 1202-1205.

[121] Das A, Sarkar S, Karanjai M, et al. RSM Based Study on the Influence of Sintering Temperature on MRR for Titanium Powder Metallurgy Products using Box-Behnken Design [J]. Materials Today Proceedings, 2018, 5 (2): 6509-6517.

[122] Zhang Y, Shen Y, Zhang H, et al. Isolation, purification and identification of two antioxidant peptides from water hyacinth leaf protein hydrolysates (WHLPH) [J]. European Food Research & Technology, 2017, 244 (1): 1-14.

[123] Wang X, Yu H, Xing R, et al. Purification and identification of antioxidative peptides from mackerel (Pneumatophorus japonicus) protein [J]. Rsc Advances, 2018, 8 (37): 20488-20498.

[124] Zheng Y, Yan L, Zhang Y. Purification and identification of antioxidative peptides of palm kernel expeller glutelin-1 hydrolysates [J]. Rsc Advances, 2017, 7 (85): 54196-54202.

[125] Li X R, Chi C F, Li L, et al. Purification and Identification of Antioxidant Peptides from Protein Hydrolysate of Scalloped Hammerhead (Sphyrna lewini) Cartilage [J].

Marine Drugs, 2017, 15 (3): 61.

[126] Altria K D, Smith N W, Turnbull C H. A review of the current status of capillary electrochromatography technology and applications [J]. Chromatographia, 1997, 46 (11-12): 664-674.

[127] Ó'Fágáin C, Cummins P M, O'Connor B F. Gel-Filtration Chromatography [J]. Methods in Molecular Biology, 1994, 36 (1): 1.

[128] Walton H F. Ion-Exchange Chromatography [J]. Methods of Biochemical Analysis, 1976, Chapter 8 (5): Unit8. 2.

[129] Horváth C. Reversed-phase chromatography [J]. Trends in Analytical Chemistry, 1981, 1 (1): 6-12.

[130] Hsu K C. Purification of antioxidative peptides prepared from enzymatic hydrolysates of tuna dark muscle by-product [J]. Food Chemistry, 2010, 122 (1): 42-48.

[131] Berg G B V D, Hanemaaijer J H, Smolders C A. Ultrafiltration of protein solutions; the role of protein association in rejection and osmotic pressure [J]. Journal of Membrane Science, 2017, 31 (2): 307-320.

[132] Saranya R, Jayapriya J, Selvi A T. Purification, characterization, molecular modeling and docking study of fish waste protease [J]. International Journal of Biological Macromolecules, 2018: S0141813018315149.

[133] Mallik A K, Noguchi H, Rahman M M, et al. Facile preparation of an alternating copolymer-based high molecular shape-selective organic phase for reversed-phase liquid chromatography [J]. Journal of Chromatography A, 2018.

[134] Coyle J T, Puttfarcken P. Oxidative stress, glutamate, and neurodegenerative disorders [J]. Science, 1993, 262 (5134): 689-695.

[135] López-López J G, Pérez-Vizcaíno F, Cogolludo A L, et al. Nitric oxide- and nitric oxide donors-induced relaxation and its modulation by oxidative stress in piglet pulmonary arteries [J]. British Journal of Pharmacology, 2010, 133 (5): 615-624.

[136] Xiaosai R, Crupper S S, Schultz B D, et al. Escherichia coli Expressing EAST1 Toxin Did Not Cause an Increase of cAMP or cGMP Levels in Cells, and No Diarrhea in 5-Day Old Gnotobiotic Pigs [J]. Plos One, 2012, 7 (8): 424-424.

[137] Cheng G, Hao H, Xie S, et al. Antibiotic alternatives: the substitution of antibiotics in animal husbandry [J]. Frontiers in Microbiology, 2014, 5 (2): 217.

[138] Howard D H. Resistance-induced antibiotic substitution [J]. Health Economics, 2010, 13 (6): 585.

[139] Santa-Ana-Tellez Y, Mantel-Teeuwisse A K, Leufkens H G M, et al. Effects of over-the-counter sales restriction of antibiotics on substitution with medicines for symptoms relief of cold in Mexico and Brazil: time series analysis [J]. Health Policy & Planning, 2016,

31 (9): 1291.

[140] Stainier D Y R, Raz E, Lawson N D, et al. Guidelines for morpholino use in zebrafish [J]. Plos Genetics, 2017, 13 (10): e1007000.

[141] Gut P, Reischauer S, Stainier D Y R, et al. Little Fish, Big Data: Zebrafish as a Model for Cardiovascular and Metabolic Disease [J]. Physiological Reviews, 2017, 97 (3): 889-938.

[142] Holden J A, Layfield L L, Matthews J L. The Zebrafish [J]. Upbo Org, 2013, 17 (3): 225-231.

[143] Koleva I I, Niederländer H A G, Beek T A V, et al. Application of ABTS radical cation for selective on-line detection of radical scavengers in HPLC eluates [J]. Analytical Chemistry, 2001, 73 (14): 3373.

[144] Benzie I F, Strain J J. The Ferric Reducing Ability of Plasma (FRAP) as a Measure of "Antioxidant Power": The FRAP Assay [J]. Analytical Biochemistry, 1996, 239 (1): 70-76.

[145] Ichinose G A, Myers S C, Ford S R, et al. Relative Surface-wave Amplitude and Phase Anomalies from the Democratic People's Republic Korea Announced Nuclear Tests [J]. Geophysical Research Letters, 2017, 44 (17).

[146] Guo H D, Wan L Z, Huang C Y, et al. Effect of Nutritional Parameters and Temperature on the Growth of Pleurotus nebrodensis Mycelium, and an Optimized Cultivation Mode [J]. 食用菌学报, 2006, 13 (1): 74-76.

[147] Heidelberg S B . Enhanced Green Fluorescent Protein [M]. Springer Berlin Heidelberg, 2006.

[148] Cera K R, Mahan D C, Reinhart G A. Effect of weaning, week postweaning and diet composition on pancreatic and small intestinal luminal lipase response in young swine [J]. Journal of Animal Science, 1990, 68 (2): 384-391.

[149] Gresse R, Chaucheyras-Durand F, Fleury M A, et al. Gut Microbiota Dysbiosis in Postweaning Piglets: Understanding the Keys to Health [J]. Trends in Microbiology, 2017, 25, 851-873.

[150] Qadri F, Svennerholm A M, Faruque A S G, et al. Enterotoxigenic Escherichia coli in Developing Countries: Epidemiology, Microbiology, Clinical Features, Treatment, and Prevention [J]. Clin. microbiol. rev, 2005, 18 (3): 465-483.

[151] Mirhoseini A, Amani J, Nazarian S. Review on pathogenicity mechanism of enterotoxigenic *Escherichia coli* and vaccines against it [J]. Microb Pathogenesis, 2018, 117, 162.

[152] Savarino S J, Mckenzie R, Tribble D R, et al. Prophylactic Efficacy of Hyperimmune Bovine Colostral Antiadhesin Antibodies Against Enterotoxigenic Escherichia coli Diarrhea: A Randomized, Double-Blind, Placebo-Controlled, Phase 1 Trial [J]. Journal of Infec-

tious Diseases, 2017, 216 (1): 7-13.

[153] Gaastra W, Svennerholm A M. Colonization factors of human enterotoxigenic *Escherichia coli* (ETEC) [J]. Trends in Microbiology, 1996, 4 (11): 444-452.

[154] 李晓宇，甄宇红，金礼吉，等. 产肠毒素大肠杆菌（ETEC）的两种抗原制品对蛋鸡免疫原性的对比研究 [J]. 中国免疫学杂志，2005，22（11）：1014-1017.

[155] 李晓宇，徐永平，李淑英，等. 特异性卵黄抗体在防治仔猪大肠杆菌性腹泻中的应用 [J]. 中国饲料，2003，21：3-5.

[156] 王林会. 基于荚膜及外毒素的免疫策略防治金黄色葡萄球菌感染效果研究 [D]. 大连：大连理工大学，2013.

[157] Yun J, Björkman S, Pöytäkangas M, et al. The effects of ovarian biopsy and blood sampling methods on salivary cortisol and behaviour in sows [J]. Research in Veterinary Science, 2017, 114, 80-85.

[158] Fablet C, Renson P, Pol F, et al. Oral fluid versus blood sampling in group-housed sows and finishing pigs: Feasibility and performance of antibody detection for porcine reproductive and respiratory syndrome virus (PRRSV) [J]. Veterinary Microbiology, 2017, 204, 25-34.

[159] Walter K R, Lin X, Jacobi S K, et al. Dietary arachidonate in milk replacer triggers dual benefits of PGE 2 signaling in LPS-challenged piglet alveolar macrophages [J]. Journal of Animal Science and Biotechnology, 2019, 10 (2): 13.

[160] Sánchezillana Á, Solberg R, Lliso I, et al. Assessment of phospholipid synthesis related biomarkers for perinatal asphyxia: a piglet study [J]. Scientific Reports, 2017, 7.

[161] Ruiz V L A, Bersano J G, Carvalho A F, et al. Case-control study of pathogens involved in piglet diarrhea [J]. Bmc Research Notes, 2016, 9 (1): 1-7.